INSTRUMENTATION ENGINEERING

계측공학의 이해

최부희 지음

씨마스

머리말

우리는 일상생활 속에서 시간, 질량, 부피, 무게, 온도, 압력, 소음, 진동 등의 물리량을 알게 모르게 느끼며 생활한다. 물리량을 인체의 오감으로 느낄 때 "오늘은 날씨가 후덥지근하다"든가 "차량 소음이 너무 시끄럽다"는 표현을 한다.

이와 같은 표현은 계량화 되지 않은 감정의 표현이므로 공학에서는 계량화된 수치와 단위가 요구된다. 따라서 어떤 물리량을 정확하게 표현하기 위해서는 각종 측정기를 이용하여 올바른 측정을 해야 한다.

계측공학은 물리량의 측정에 필요한 계측 이론과 측정된 데이터의 통계적 처리 방법 등을 연구하는 분야로, 공학적 설계와 연구 개발 및 측정 분야에 공통적으로 요구되는 필수적인 응용과학 학문이다.

계측제어공학은 제어 시스템에 관한 제어 이론 및 계측에 대한 학문 분야로, 계측공학에서 다루는 계측 기기를 근간으로 하고 있다. 현대의 계측제어공학은 각종 프로세스 산업의 생산 공정과 전력 및 수자원 설비 등의 자동화와 정보화에 기여하는 종합 기술 분야로 발전하고 있다.

이 책은 이론에 치우치지 않고 실제 계측 기기 교정 기관이나 정밀 측정 분야의 실무에 적용할 수 있도록 기계 물리량의 측정과 계측 통계 및 불확도의 계산에 대하여 전체 5장으로 나누어 엮었다.

제1장에서는 계측의 개요, 신호 변환, 신호 처리를, 제2장에서는 시간·주파수 및 회전 속도, 질량, 부피, 밀도, 힘, 토크 및 동력 측정을, 제3장에서는 압력, 유량, 온도, 습도 측정을, 제4장에서는 진동, 소음 및 조도 측정을, 마지막 제5장에서는 계측 통계 및 측정 불확도의 표현에 대해서 다루었다.

이 책에서는 계측 기기의 기초 개념과 원리 및 측정을 쉽게 해설하여 공학을 처음 접하는 비전공자들도 이해할 수 있도록 구성하였다. 따라서 본서는 기계 및 자동화 계열의 대학 교재로 사용할 수 있으리라 생각된다. 또한, 계측 기기 표준 교정 분야의 연구원과 정밀 측정 및 품질 관리 분야에서 측정, 검사, 시험, 교정 등의 업무를 하는 현장 기술자에게도 유용한 기술 자료로 활용되길 기대한다.

이 책은 저자가 다년간 계측공학을 강의하면서 1994년에 출간된 공업계측제어 이론을 전면 개편하여 최근의 강의 자료 및 권위 있는 국내외 서적과 기술 자료를 참고하였다. 끝으로 이 책을 기꺼이 출판해 주신 씨마스출판사 관계자 분들의 협조에 감사드린다.

글쟁이 움터에서 저자 최부희

차 례

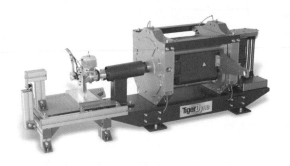

제2장

역학량의 측정

차 례

제3장

**유체와
열의 측정**

제4장
진동, 소음 및 조도 측정

제5장
계측 통계 및 불확도의 표현

계측의 역사

　　고대에는 지렛대의 원리를 응용하여 자에 눈금을 표시하고 무게를 잴 수 있는 저울을 사용하였으며, 물시계도 시간을 계측하기 위한 고대의 기술 중 하나였다. 계측은 오랜 역사를 가지고 있으나 오늘날 자동 제어 시스템에서 사용되는 계측은 20세기에 들어와서 급속도로 발전하였다. 특히, 1950년대 중반부터 트랜지스터가 상용화되면서 전기 신호를 이용한 계측이 빠르게 발달하였다. 이후 반도체 기술이 발전함에 따라 다양한 센서들이 개발되고 이에 따라 지금과 같은 형태의 계측 시스템들이 보급되기 시작하였다.

　　한편, 컴퓨터와 마이크로프로세서의 발달은 계측 분야에 디지털 계측 방식을 도입하게 만들어 획기적인 도약을 이루게 하였다. 기존의 아날로그 신호를 이용한 계측은 센서의 신호를 장거리로 전송할 때 발생하는 오차와 전압 강하 등의 문제가 있었으나 디지털 방식의 계측 기술은 이러한 문제점을 해결할 수 있었다.

　　또한, 반도체의 발달로 대용량 메모리를 사용하고 디지털 방식으로 계측한 데이터를 실시간으로 제어에 적용하게 되었고 이에 따라 통계적인 처리를 통해 제어 시스템 전반의 동향과 문제점을 분석할 수 있게 되었다.

계측 기기의 발명은 선사시대부터 시작되어 16~17세기에 가속화되었고, 18세기에 황금기를 맞이함.

막대 저울

지렛대의 원리 발견

아르키메데스(Archimedes, 약 B.C 287~B.C 212)

B.C 5000년경 금의 무게를 재는데 간단한 막대 저울을 사용, 그 후 30 g의 무게를 0.01 mg까지 잴 수 있게 됨.

1949년 프랑스의 조셉 베랑제(Joseph Beranger)가 일상에 편리한 막대 저울을 발명함.

지렛대의 원리

로마 시대의 막대 저울

천칭

- 1640년 이탈리아의 광부들이 10.34 m보다 깊은 곳에서는 물을 펌프로 올릴 수 없다는 사실을 알고서야 대기압의 존재가 알려지기 시작
- 1644년 토리첼리(Evangelista Torricelli)가 한쪽 끝이 막힌 1 m 길이의 관으로 실험

토리첼리의 실험

토리첼리(1608~1647)

 기압계

온도계

용수철저울

- 1592년 이탈리아의 갈릴레이(Galileo Galilei)가 공기의 팽창을 이용하여 고안
- 1701년 독일의 화렌하이트(Gabriel Daniel Fahrenheit)가 액체를 이용한 화씨온도계 발명
- 1742년 스웨덴의 셀시우스(Anders Celsius)가 지금과 비슷한 섭씨온도계 발명

갈릴레이(1564~1642)

- 1676년 영국의 로버트 훅(Robert Hooke)이 용수철과 같은 탄성 물질이 늘어나는 길이는 가해진 힘에 비례한다는 법칙(Hooke's low)을 발견, 이 원리를 이용한 것이 용수철저울임.
- 용수철의 위쪽 끝을 고정하고 물체를 매달아 용수철이 늘어나는 길이로 무게 측정

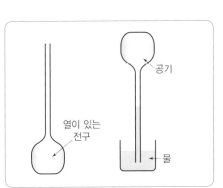

갈릴레이의 공기 온도계

용수철저울

로버트 훅(1635~1703)

계측의 응용 분야

- 화학 공장의 프로세스 제어, 제철소의 제철 공정, 반도체 설비 및 자동화 설비 등
- 항공기, 통신 위성, 우주 왕복선 등의 우주 항공 분야
- 분산 제어 시스템 및 물류 관리를 위한 계측 시스템의 구축
- 스마트 그리드 도입 분석을 통한 다양한 기능 수행에 응용

1783년 스위스의 드 소쉬르(H. de Saussure)가 수증기 양 측정용 모발 습도계를 발명

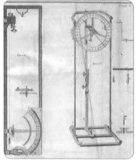

소쉬르의 습도계   소쉬르(1740~1799)

1750~1800년에 방적기, 와트의 증기 기관, 철선, 가스 등이 발명

1800~1850년 전지, 증기 기관차, 발전기, 전신 등이 발명

습도계 > 전동기

1821년 영국의 마이클 패러데이(Michael Faraday)와 1831년 미국의 조셉 헨리(Joseph Henry)가 모형을 만들어서 입증

1873년 프랑스의 제노브 그람(Zennobe Gramme)이 최초의 전동기를 만듦.

최초의 전동기

마이클 패러데이
(1791~1867)

1849년 프랑스의 의젠 부르동(Eugene Bourdon)이 부르동관 압력계 발명

부르동 압력계

부르동(1808~1884)

1950년대 중반 트랜지스터의 상용으로 전기 신호를 이용한 계측이 발달

1850~1900년에 제강법, 전화, 전깃불, 자동차, 라디오 등이 발명

압력계

압전기

전자석

트랜지스터의 상용화

20세기에 들어서 비행기, 텔레비전, 원자 폭탄, 컴퓨터, 레이저 광선 등이 발명

1825년 영국의 윌리엄 스터전(William Sturgeon)이 발명, 1829년 미국의 조셉 헨리(Joseph Henry)가 발전시킴.

최초의 전자석

1883년 프랑스의 피에르 퀴리(Pierre Curie)와 자크 폴 퀴리(Jacques Paul Curie) 형제가 압전기 발명

윌리엄 스터전
(1783~1850)

피에르의 압전기

피에르 퀴리
(1859~1906)

계측의 기초

계측의 개요

○ 단원 목표

1. 계측의 정의와 SI 단위에 대하여 올바르게 설명할 수 있다.
2. 계측 방법에 따라 올바르게 계측 시스템의 특성을 설명할 수 있다.
3. 측정값의 오차 및 측정 불확도에 대하여 올바르게 설명할 수 있다.

1·1·1 개요

어떤 대상에 대하여 측정measurement을 한다는 것은 그 대상에 대하여 관심이 있고, 자세하게 알고 싶기 때문이다. 본 절에서는 측정과 계측instrumentation의 올바른 용어 정의와 분류에 대하여 기술한다.

1. 계측의 정의

계측이란 자연 현상의 물리량인 무게나 길이, 압력, 온도 등을 계측기를 이용하여 계산하고 측정하는 것이다. 또한, 공업 계측이란 각종 공업 측정 기구나 제어 장치 등을 사용하여 원료, 에너지 수지, 기계나 장치의 상태 등을 측정하여 기록하고 제어하는 것으로, 목적은 측정 대상의 상태를 계측하고 시스템의 실제 출력 값과 목표 값 사이의 오차를 줄이기 위함이다.

기계가 고속화되고 연속 운전 등이 가능해짐에 따라 기계를 자동으로 조작할 수 있게 되었는데, 이를 자동 제어, 혹은 제어라고 한다. 그리고 제어의 목적을 달성하기 위해 제어 시스템의 상태를 측정하고 출력 신호를 발생시키는 것을 계측이라고 한다.

이와 같이 계측 기술은 주로 프로세스 산업이나 장치 산업 분야에서 그 생산 설비를 보다 합리적으로 운전하기 위해 공업 계측이 중심이 된다.

• 측정: 측정하고자 하는 대상을 기준량과 비교하여 기준량에 몇 배인가를 수치로 표현하는 조작이다. 즉, 어떤 척도에 따라 물리량으로 정량화하는 것으로, 자로 물건의 길이를 재거나 저울로 몸의 질량을 재는 것 등이 측정에 속한다.

- 계측: 계측은 측정보다 넓은 의미를 가진다. 물리량을 정량화하는 것은 측정과 같으나 계측의 목적과 방법은 매우 다르다. 즉, 계측이란 연구, 해석, 감시, 제어 등의 목적을 실현하기 위한 대책과 수단을 포함하여 측정하기 위한 시스템이다. 따라서 계측 시스템은 측정 원리, 측정용 센서, 계측 회로 등을 포함하여 계측 계획 및 결과에 대한 운용 등을 포함한다.

2. 계측기의 분류

일반적으로 계측기는 계측 기기, 전기 계측기, 측정 기기 등을 포함하는 포괄적 개념으로 사용되지만, 다음과 같이 분류할 수 있다.

1) 계측 기기

- 측정 기기: 마이크로미터, 게이지 블록, 투영기 등
- 시험 기기: 재로 시험기, 유분석 시험기
- 측량 기기: 레벨 측량기

2) 전기 계측기

- 전기 계기: 지시계기, 기록계, 전력량계 등
- 전기 측정기: 전류 · 전압 및 전력 측정기, IC 측정기, 파형 측정기 등
- 공업 계기: 질량계, 압력계, 유량계, 온도계, 지시 기록계, 조절계 등

3) 전자 응용 장치

- X선 장치: 방사선 측정기
- 초음파 응용 장치: 초음파 탐상기
- 컴퓨터 및 관련 장치: 보안 시스템, 모바일 네트워크

⑴⑴② 계측 단위

어떤 물리량을 측정할 때 물리량 수치와 단위를 같이 표시한다. 즉, 단위란 어떤 물체의 형태나 양을 정확히 나타내는 기본량으로, 현재 기본 단위는 국제단위계(SI)를 사용하고 있다.

1. 단위계의 분류

단위계에는 절대 단위계, 중력 단위계, 국제단위계(SI)로 분류된다.

1) 절대 단위계

- MKS 단위계: 기본 단위로서, 미터(m), 킬로그램(kg), 초(s)를 사용한 단위계이다.
- CGS 단위계: 기본 단위로서, 센티미터(cm), 그램(g), 초(s)를 사용한 단위계이다.
- 야드 파운드 단위계: 기본 단위로서, 야드(yd), 파운드(lb), 초(s)를 사용한 단위계이다.

2) 중력 단위계

- 미터식 중력 단위계: MKS 단위계의 기본 단위로, 질량의 단위 대신 힘의 단위를 사용하며, 질량 1 kg의 물체에 작용하는 중력의 크기, 즉 중량킬로그램(kgf)을 사용한 단위계이다.
- 야드 파운드 중력 단위계: 야드(yd), 중량 파운드(lbf), 초(s)를 사용한 단위계이다.

3) 국제단위계(SI)

국제단위계는 1995년 제20차 국제도량형총회(CGPM; General Conference of Weights and Measures)에서 결정된 것으로, 세계 여러 국가에서 사용하며 SI_{Système International d'Unités} 단위라 한다. 국제단위계는 7가지의 기본 단위와 여러 가지의 유도 단위로 구성되어 있다.

- SI 기본 단위: 미터, 킬로그램, 초, 암페어, 켈빈, 몰, 칸델라(7개의 기본 단위)
- SI 유도 단위: 라디안, 스테라디안, 뉴턴, 파스칼, 제곱미터 등

2. SI 기본 단위

SI 단위는 기본 단위와 유도 단위의 두 부류로 분류된다. SI 기본 단위는 길이, 질량, 시간, 전류, 열역학적 온도, 물질량 및 광도로 구성되어 있으며, 보조 단위(보충 단위)에는 평면각과 입체각이 있다. 1960년 제11차 국제도량형총회에서 처음으로 '국제단위계' 체계를 정비할 때에는 기본 단위와 유도 단위 외에 보충 단위까지 모두 세 부류가 채택되었다.

즉, 평면각의 단위 라디안과 입체각의 단위 스테라디안이 보충 단위에 속하였다. 여기서 라디안은 길이의 단위(m)를 길이의 단위(m)로 나눈 것으로 '1'이고, 스테라디안은 넓이의 단위(m^2)를 길이 단위의 제곱(m^2)으로 나눈 것으로 역시 '1'이다. 처음에는 일반 유도 단위와 구별하여 보충 단위라고 부르기도 하였다. 그러나 사용해 본 결과 이들만 다른 유도 단위와 구별하여 별개의 부류로 둘 특별한 이유가 없다고 여겨져 1995년 제20차 CGPM에서 이 부류를 없애기로 함에 따라 라디안과 스테라디안이 유도 단위에 속하게 되었다.

과학적인 관점에서 볼 때 SI 단위를 이와 같이 두 부류로 나누는 것은 어느 정도 임의적이다. 왜냐하면 그러한 분류가 물리학적으로 꼭 필요한 것은 아니기 때문이다. 그러나 국제도량형총회는 국제 관계, 교육 및 과학적 연구 활동에 있어서 실용적이고 범세계적인 단일 단위 체계가 갖는 이점을 배제할 수 없었다. 독립된 차원을 가지는 것으로 간주되는 명확히 정의된 일곱 개의 단위들을 선택하여 국제단위계를 형성하는 데 바탕을 삼기로 결정한 것이다. 즉 미터, 킬로그램, 초, 암페어, 켈빈, 몰, 칸델라의 7개 단위가 그것이다. 이 SI 단위를 기본 단위라고 한다.

〈표 1.1〉 SI 기본 단위의 명칭과 기호

기본량	SI 기본 단위	
	명칭	기호
길이	미터	m
질량	킬로그램	kg
시간	초	s
전류	암페어	A
열역학적 온도	켈빈	K
물질량	몰	mol
광도	칸델라	cd

1) 길이의 단위(미터)

"미터는 진공 상태에서 빛이 1/299 792 458초 동안 진행한 경로의 길이이다."(제17차 CGPM/1983)

이 정의의 결과로 빛의 속력은 정확히 299 792 458 m/s이다. 빛의 속력은 기본 물리 상수의 하나로서, 그 값이 일정하고 변하지 않는다는 바탕 위에 모든 물리학 법칙이 세워진다. 그러나 실제 그 값이 얼마인가 하는 것은 측정 단위에 의하여 정해진다. 그러므로 미터와 시간의 단위가 독립적으로 정의되었을 때에는 빛의 속력도 측정에 의해서 그 값이 결정되므로 이에 따른 불확도를 가질 수밖에 없다.

즉, 미터의 정의가 바뀌기 전의 빛의 속력은 보통 299 792 458 m/s로 나타내었는데, 이때 괄호 속의 숫자는 불확도를 나타내는 것으로 1(1 표준 편차)값을 나타내었고, 또는 문헌에 따라 신뢰 수준 99 %를 갖는 확장 불확도 값으로 4×10^{-9}으로 표시하기도 하였다. 그러나 현재는 빛의 속력이 미터의 정의에서 보이는 값을 갖는 것으로 고정된다는 의미를 갖는다. 따라서 불확도가 영(0)인 정확한 값이 되고, 그 대신 미터의 정의가 빛의 속력에 바탕을 두게 된 것이다.

2) 질량의 단위(킬로그램)

"킬로그램은 질량의 단위이며, 국제 킬로그램 원기의 질량과 같다."(제3차 CGPM/1901)

1889년 제1차 CGPM에서 백금-이리듐으로 만들어진 국제 킬로그램 원기를 인가하여, "이제부터는 이 원기를 질량의 단위로 삼는다."라고 선언하였고, CGPM에서 지정한 상태 하에 국제도량형국(BIPM)에 보관하도록 하였다.

제3차 CGPM(1901)에서 위의 정의에서 보는 바와 같이 '질량'의 단위라고 강조한 것은 그간 흔히 '무게重量'의 뜻과 혼동되어 사용해 왔기 때문에 이 무게라는 단어의 의미가 때로 는 질량을, 때로는 역학적 힘을 나타내는 데 사용되므로 이러한 모호함을 없애고 질량을 뜻함을 명백히 하기 위한 것이다.

'무게'는 우리가 어떤 물체를 들 때 느끼는 것, 즉 '힘'과 같은 성질의 양을 나타내는 것으로, 물체의 무게는 그 질량과 중력 가속도를 곱한 것과 같다. 그러나 중력 가속도는 지구상에서 위치에 따라 다르므로 무게도 위치에 따라 달라진다. 편의상 표준 무게를 정의하여 사용할 수 있는데, 한 물체의 표준 무게는 그 질량과 표준 중력 가속도의 곱이 된다. 현재 국제적으로 정한 표준 중력 가속도는 $9.80665 \, \text{m/s}^2$이며, g_n으로 표시한다.

3) 시간의 단위(초)

"초는 세슘-133 원자의 바닥상태에 있는 두 초미세 준위 사이의 전이에 대응하는 복사선의 9 192 631 770 주기의 지속 시간이다.(제13차 CGPM/1967~1968) 이 정의에서 세슘 원자는 온도가 0 K인 바닥상태에 있는 원자를 가리킨다."(CIPM/1997)

시간의 단위인 초는 예전에는 평균 태양일의 1/86 400로 정의되었다. 여기서 '평균 태양일'의 정확한 정의는 천문학 이론에 바탕을 두고 있고, 이렇게 정의된 초를 평균 태양초라고 한다. 측정에 의해 밝혀진 바로는 지구 자전의 불규칙성을 이론적으로 설명할 수 없다는 것과 이 불규칙성으로 인해 이 정의로는 시간의 단위를 우리가 요구하는 정확도로 실현할 수 없다는 것이다.

1956년 국제도량형위원회(CIPM)는 시간의 단위를 좀 더 엄밀하게 정의하기 위하여 국제천문학연맹이 태양년을 기초로 한 정의를 채택하였고, 1960년 제11차 CGPM에서 비준되었다. 이것이 바로 역표초이며, 그 정의는 "초는 역표시로 1900년 1월 0일 12시에 내한 태양년의 1/31556925.9747이다." 다시 말해서, 평균 태양초는 지구의 자전 주기를 기준으로 하였으나 역표초는 지구의 공전 주기를 기준으로 한 것이다. 위 정의를 바꾸어 표현하면, 이렇게 정의된 초로는 1태양년이 약 31 556 926초가 된다는 의미이다. 또한, 하루의 길이가 86 400초이므로 1년은 약 365.2422일이 된다는 것을 알 수 있고, 여기서 365일을 빼고 남는 부분이 윤년의 근원이 된다.

4) 전류의 단위(암페어)

"암페어는 무한히 길고 무시할 수 있을 만큼 작은 원형 단면적을 가진 두 개의 평행한 직선 도체가 진공 중에서 1미터의 간격으로 유지될 때, 두 도체 사이에 매 미터당 2×10^{-7} 뉴턴의 힘을 생기게 하는 일정한 전류이다."(제9차 CGPM/1948)

1946년 처음 암페어를 정의할 때는 원문에서 '힘의 MKS 단위'라는 표현을 사용하였다. 그러나 제9차 CGPM에서 이 단위의 명칭으로 '뉴턴'이 채택되어 위의 정의는 이 새로운 명칭으로 대치되었다. 이 정의에 따라 진공의 투자율은 정확히 $4\pi \times 10^{-7}\ H \cdot m^{-1}$로 고정된다.

전류와 저항에 대한 소위 '국제' 전기 단위는 1893년 시카고에서 열린 국제전기협의회(International Electrical Congress)에서 도입되었고, '국제' 암페어와 '국제' 옴의 정의는 1908년 런던국제회의에서 확정되었다. 제8차 CGPM(1933)에서 '국제' 단위를 소위 '절대' 단위로 대치시키자는 만장일치의 요구가 이미 있었지만, 이들을 폐기하자는 공식적인 결정은 제9차 CGPM(1948)에서 비로소 취해졌다. 이 회의에서 CIPM(1946)에 의해 제안된 위의 정의에 따라 전류의 단위로 암페어를 채택하였다.

5) 열역학적 온도의 단위(켈빈)

"열역학적 온도 단위인 켈빈은 물 삼중점의 열역학적 온도의 1/273.16이다."(제13차 CGPM/1967~1968)

열역학적 온도 단위는 실질적으로 제10차 CGPM(1954)에서 정해졌는데, 여기서 물의 삼중점을 기본 고정점으로 선정하고, 이 고정점의 온도를 정의에 의해서 273.16 K로 정하였다. 제13차 CGPM(1967~1968)에서 '켈빈도'(기호 °K) 대신 켈빈(기호 K)이라는 명칭을 사용하기로 채택하였고, 열역학적 온도의 단위를 위와 같이 정의하였다. 온도 눈금을 정의해 오던 종래의 방법 때문에, 기호 T로 표시되는 열역학적 온도를 물의 어는점인 기준 온도 $T_0 = 273.15\ K$와의 차이로 나타내는 것이 일반 관례로 남아 있다. 이 온도 차이를 섭씨온도라고 하며, 기호는 t로 표시하고, 다음 식으로 정의된다.

$t = T - T_0$ 섭씨온도의 단위는 섭씨도(기호 °C)이며, 정의에 의해 켈빈과 그 크기가 같다.

온도 차이 혹은 온도 간격은 켈빈이나 섭씨도로 표현할 수 있다. 섭씨도로 표시된 섭씨온도 t의 수치는 다음과 같이 주어진다.

$$t(°C) = T(K) - 273.15$$

켈빈과 섭씨도는 모두 1989년 CIPM 권고 사항 5에서 채택된 '국제온도눈금 1990'(ITS-90)의 단위이다. 여기서 주목할 것은 물의 삼중점의 온도와 섭씨온도의 기준점이다. 원래 섭씨온도의 정의는 얼음의 녹는 온도가 기준점이었는데 물의 삼중점을 더 정확하게 현시할 수 있기 때문에 이를 기준점으로 삼은 것이다. 물의 삼중점은 273.16 K가 되고, 이 값은 위 식에서 0.01 ℃가 됨을 알 수 있다. 다시 말해 섭씨온도의 기준점은 물의 삼중점보다 0.01 ℃(또는 0.01 K) 낮은 것을 알 수 있다.

6) 물질량의 단위(몰)

"몰(mole)은 탄소-12의 0.012 kg에 들어 있는 원자의 개수와 같은 수의 구성 요소를 포함한 어떤 계의 물질량이다. 몰을 사용할 때에는 구성 요소를 반드시 명시해야 하며, 이 구성 요소는 원자, 분자, 이온, 전자, 기타 입자 또는 이 입자들의 특정한 집합체가 될 수 있다."(제14차 CGPM/1971)

이 정의에서 탄소-12는 바닥상태에 정지해 있으며 속박되어 있지 않은 원자를 가리킨다.(CIPM/1980)

화학의 기본 법칙이 발견된 이래 '그램원자', '그램분자'와 같은 물질량의 단위들이 화학 원소나 화합물의 양을 표시하는 데 사용되어 왔다. 이들 단위는 실제 상대적 질량인 '원자량' 또는 '분자량'과 직접적인 관계가 있다. 처음에는 '원자량'을 일반적으로 16으로 합의된 산소의 원자량을 기준으로 정하였다. 그러나 물리학자가 질량 분석기로 산소의 동위원소를 분리하여 그중 하나에 16이란 값을 부여하였다. 그 후 물리학자와 화학자는 질량수 12인 탄소 동위원소(탄소-12, ^{12}C)에 상대 원자량 12라는 값을 부여하는 데 합의하였다. 이제 남은 일은 탄소-12에 상당하는 질량을 정하여 물질량의 단위를 정의하는 것이었다. 이 질량은 국제적인 합의에 의하여 0.012 kg으로 정해졌고, '물질량'이란 양의 단위의 명칭은 몰mole로 정해졌다. IUPAP, IUPAC, ISO의 제안에 따라 CIPM은 1967년에 몰에 대한 정의를 내리고, 이를 1969년에 재확인하였다. 그리고 1971년 제14차 CGPM에서 이 정의를 채택하였다.

7) 광도의 단위(칸델라)

"칸델라는 진동수 540×10^{12} Hz인 단색광을 방출하는 광원의 복사도가 어떤 주어진 방향으로 매 스테라디안(sr)당 1/683 W일 때 이 방향에 대한 광도이다."(제16차 CGPM/1979)

이전에 여러 나라에서 사용되었던 불꽃이나 백열 필라멘트 표준에 기초를 둔 광도의 단위는 1948년 백금 응고점에서 유지된 플랑크 복사체(흑체)의 광휘도에 기초를 둔 '신촉광新燭光'으로 대치되었다. 이러한 내용은 1937년 이전에 국제조명위원회(CIE)와 CIPM에 의해 마련되어 1946년 CIPM에 의해 공포되었으며, 1948년 제9차 CGPM에서 비준되었다. 이때에 광도 단위에 대한 새로운 국제 명칭 칸델라(기호 cd)가 채택되었다. 1946년에 공포된 칸델라의 정의는 1967년 제13차 CGPM에서 수정되었다. 즉, "칸델라는 $101\,325\,N/m^2$의 압력 하에서 백금 응고점에 유지된 흑체의 표면 $1/600\,000\,m^2$의 수직 방향에 대한 광도이다."로 정의되었다. 그러나 고온에서 플랑크 복사체를 현시하는 데는 실험적으로 어려움이 많고 또한 광 복사 출력을 측정하는 복사 측정 방법에 의해 제공된 새로운 가능성 때문에 1979년 제16차 CGPM은 위와 같이 칸델라에 대한 새로운 정의를 채택하였다.

3. SI 유도 단위

SI 기본 단위로 표현할 수 없는 단위는 기본 단위들을 곱하거나 나누어서 구성할 수 있다. 이 단위를 유도 단위라고 하며, 속도의 단위인 m/s, 가속도의 단위인 m/s^2은 유도 단위의 대표적인 예이다. 따라서 힘과 압력의 단위는 다음과 같이 조립할 수 있다.

| 힘 | 뉴턴 | $N = kg \cdot m/s^2$ |
| 압력 | 파스칼 | $Pa = N/m^2$ |

유도량	SI 유도 단위			
	명칭	기호	다른 SI 단위 표시	SI 기본 단위로 표시
평면각	라디안	rad		$m \cdot m^{-1} = 1$
입체각	스테라디안	sr		$m^2 \cdot m^{-2} = 1$
주파수	헤르츠	Hz		s^{-1}
힘	뉴턴	N		$m \cdot kg \cdot s^{-2}$
압력, 응력	파스칼	Pa	N/m^2	$m^{-1} \cdot kg \cdot s^{-2}$
에너지, 일, 열량	줄	J	$N \cdot m$	$m^2 \cdot kg \cdot s^{-2}$
일률, 전력	와트	W	J/s	$m^2 \cdot kg \cdot s^{-3}$
전하량, 전기량	쿨롬	C		$s \cdot A$
전위차, 기전력	볼트	V	W/A	$m^2 \cdot kg \cdot s^{-3} \cdot A^{-1}$
전기 용량	패럿	F	C/V	$m^{-2} \cdot kg^{-1} \cdot s^4 \cdot A^2$
전기 저항	옴	Ω	V/A	$m^2 \cdot kg \cdot s^{-3} \cdot A^{-2}$
전기 전도도	지멘스	S	A/V	$m^{-2} \cdot kg^{-1} \cdot s^3 \cdot A^2$
자기력 선속	웨버	Wb	$V \cdot s$	$m^2 \cdot kg \cdot s^{-2} \cdot A^{-1}$
자기력 선속 밀도	테슬라	T	Wb/m^2	$kg \cdot s^{-2} \, A^{-1}$
인덕턴스	헨리	H	Wb/A	$m^2 \cdot kg \cdot s^{-2} \cdot A^{-2}$
섭씨온도	섭씨도	℃		K
광선속	루멘	lm	$cd \cdot sr$	$m^2 \cdot m^{-2} \cdot cd = cd$
조명도(광조도)	럭스	lx	lm/m^2	$m^2 \cdot m^{-4} \cdot cd = m^{-2} \cdot cd$
(방사능 핵종의)방사능	베크렐	Bq		s^{-1}
흡수 선량, 비(부여)에너지, 커마	그레이	Gy	J/kg	$m^2 \cdot S^{-2}$
선량당량, 환경 선량당량, 방향 선량당량, 개인 선량당량, 조직 선량당량	시버트	Sv	J/kg	$m^2 \cdot s^{-2}$
촉매 활성도	캐탈	kat		$mol \cdot s^{-1}$

1) 라디안(rad)

라디안radian은 한 원의 원둘레에서 그 원의 반지름과 같은 길이의 호를 자르는 두 반지름 사이의 평면각이다. 즉, 원의 반지름과 같은 길이의 원둘레에 대한 중심각이다. 예를 들어, 직각은 $\pi/2$ rad이 된다. 왜냐하면 원의 둘레가 반지름의 2π 배이고 직각은 그 1/4이기 때문이다.

2) 스테라디안(sr)

스테라디안_steradian_은 공의 표면에서 그 공의 반지름의 제곱과 같은 넓이의 표면을 자르고 그 꼭짓점이 공의 중심에 있는 입체각이다. 즉, 공의 반지름의 제곱과 같은 넓이를 가진 공의 표면에 대한 중심 입체각이다. 따라서 공의 전 표면적은 반지름 제곱의 4π 배이므로 전체 공의 입체각은 4πsr이 된다.

1960년 국제단위계를 도입할 당시에는 이들을 보충 단위라는 부류로 분류하고 이들의 특성에 대해서는 미결 상태에 두었다. 뒤에 평면각은 일반적으로 두 길이의 비로, 입체각은 면적과 길이의 제곱과의 비로 표현된다는 것을 고려하여 이들이 무차원 유도 단위로 간주되어야 한다고 결정하였다.

즉, 라디안과 스테라디안은 같은 차원을 갖지만, 서로 다른 성질을 갖는 양들을 구별하기 위하여 유도 단위의 표현에 유용하게 사용할 수도 있고 생략할 수도 있는 무차원 유도 단위이다. 실제로 기호 rad과 sr은 필요한 곳에 쓰이나 유도 단위 '1'은 일반적으로 숫자와 조합하여 쓰일 때 생략된다. 광도 측정에서는 보통 스테라디안(기호 sr)이 단위 표시에 사용된다.

4. 접두어

국제단위계에 사용되는 접두어는 제11차 CGPM(1960)에서 SI 단위의 십진 배량과 십진 분량에 대하여 일차로 10^{12}부터 10^{-12} 범위에 접두어와 그 기호들을 채택하였다. 그리고 제12차 CGPM(1964)에서 10^{-15}과 10^{-18}에 대한 접두어가 추가되었다. 이후 제19차 CGPM(1991)에서는 10^{21}, 10^{24}, 10^{-21}, 10^{-24}에 대한 접두어가 추가되었다.

〈표 1.3〉 국제단위계의 접두어

인자	접두어	기호	인자	접두어	기호
10^{24}	요타(yotta)	Y	10^{-1}	데시(deci)	d
10^{21}	제타(zetta)	Z	10^{-2}	센티(centi)	c
10^{18}	엑사(exa)	E	10^{-3}	밀리(milli)	m
10^{15}	페타(peta)	P	10^{-6}	마이크로(micro)	μ
10^{12}	테라(tera)	T	10^{-9}	나노(nano)	n
10^{9}	기가(giga)	G	10^{-12}	피코(pico)	p
10^{6}	메가(mega)	M	10^{-15}	펨토(femto)	f
10^{3}	킬로(kilo)	k	10^{-18}	아토(atto)	a
10^{2}	헥토(hecto)	h	10^{-21}	젭토(zepto)	z
10^{1}	데카(deca)	da	10^{-24}	욕토(yocto)	y

SI 단위 이름과 기호 표기 방법

1. 기호는 대문자로 쓰지 않는다. 그러나 단위의 이름이 사람 이름에서 유래한 경우에는 기호의 첫 글자를 대문자로 쓸 수 있다.

    ㉠ 켈빈 단위는 기호 K로 표기한다.

2. 기호는 복수일 경우라도 표기 방식을 바꾸지 않으며 's'를 붙이지 않는다.

3. 기호가 문장의 끝에 오는 경우가 아니라면, 마침표를 쓰지 않는다.

4. 몇 개의 단위를 곱하여 조합된 단위는 중간점을 넣거나 한 칸 띄운다.

    ㉠ $N \cdot m$ 혹은 $N\ m$

5. 한 단위를 다른 단위로 나누어 조합된 단위는 사선이나 음의 지수로 표기한다.

    ㉠ m/s 혹은 $m \cdot s^{-1}$

6. 조합하여 얻어진 단위에는 한 개의 사선만이 허용된다. 복잡한 조합에 대해 괄호 혹은 음의 지수를 사용하는 것은 허용된다.

    ㉠ m/s^2 혹은 $m \cdot s^{-1}$는 되지만, $m/s/s$는 안 된다.

    $m \cdot kg/(s^3 \cdot A)$ 혹은 $m \cdot kg \cdot s^{-3} \cdot A^{-1}$은 되지만, $m \cdot kg/s^3/A$나 $m \cdot kg/s^3 \cdot A$는 안 된다.

7. 숫자와 기호 사이는 한 칸 띄운다.

    ㉠ 5 kg은 되지만 5kg은 안 된다.

8. 단위 기호와 단위 이름을 혼용해서는 안 된다.

❸ 계측의 분류

물질의 양 또는 상태를 결정하기 위한 계측의 분류법은 측정값의 취득 방식과 계측 방식에 따라 다음과 같이 분류된다.

1. 측정값의 취득 방식에 따른 분류

기계, 기구 및 장치 등을 이용하여 물질의 양 또는 상태를 결정하기 위한 조작을 측정이라 하며, 측정값의 취득 방식은 직접 측정, 간접 측정, 비교 측정, 절대 측정 등으로 구분된다.

1) 직접 측정

직접 측정은 측정하고자 하는 양을 직접 접촉시켜 그 크기를 구하는 방법으로, 마이크로미터나 체중계 등의 측정기를 사용한다.

2) 간접 측정

간접 측정은 측정량과 일정한 관계가 있는 몇 개의 양을 측정하고, 이로부터 계산에 의해 측정값을 유도하는 방식이다. 예를 들면, 시간당 변위량을 측정하여 속도를 구하는 경우나 사인 바sine bar에서 높이를 구하여 각도를 측정하는 것 등이 있다.

3) 비교 측정

비교 측정은 이미 알고 있는 기준 치수(게이지 블록)와 비교하여 측정하는 방법으로, 다이얼 게이지, 전기 마이크로미터 등을 이용한다.

4) 절대 측정

정의에 따라서 결정된 양을 사용하여 기본량만의 측정으로 유도하는 것을 절대 측정이라고 한다. 압력을 U자관 압력계로 수은주의 높이·밀도·중력 가속도를 측정한 후 유도하여 측정값을 결정한다.

2. 측정값의 계측 방식에 따른 분류

측정값을 기준량과 비교하기 위한 방법을 원리적으로 분류하면 편위법, 영위법, 치환법, 보상법 등으로 구분된다.

1) 편위법

측정하려는 양의 작용에 의하여 계측기 지침에 편위를 일으켜서 이 편위를 눈금과 비교함으로써 측정하는 방식을 편위법이라고 한다.

편위법을 이용한 측정 방식에는 스프링 지시 저울, 부르동관 압력계, 다이얼 게이지, 코일형 전압계 및 전류계 등이 있다. 편위법은 정밀도가 낮으나 조작이 간단하여 널리 사용된다.

2) 영위법

측정하려는 양과 같은 종류를 크기를 조정할 수 있는 기준량만큼 준비하여 기준량을 측정량에 평행시켜 계측기의 지시가 0 위치를 나타낼 때의 기준량의 크기로부터 측정량의 크기를 간접으로 측정하는 방식을 영위법이라고 한다.

영위법을 이용한 측정 방식에는 마이크로미터, 휘스톤 브리지, 전위차계 등이 있다. 영위법은 알고 있는 양의 정밀도가 눈금에 의한 정밀도보다 정확하므로 정밀한 측정이 가능하다.

3) 치환법

지시량과 미리 알고 있는 양으로부터 측정량을 구하기 위하여 같은 조건에서 측정량과 기준량을 측정하고 비교하여 측정값을 구하는 방식을 치환법이라고 한다.

예를 들면, 다이얼 게이지를 이용하여 길이를 측정하고자 할 때 정반에 게이지 블록을 놓고 영점을 맞춘 후 측정물을 비교 측정했을 때 지시 눈금의 차를 읽어서 높이를 측정하는 방식이다.

4) 보상법

측정량과 크기가 거의 같은 미리 알고 있는 양의 분동을 준비하여 분동과 측정량의 차이로부터 측정량을 구하는 방식을 보상법이라고 한다.

예를 들면, 천칭을 이용하여 물체의 질량 M을 측정할 때 분동과 물체의 불평형 정도를 읽어서 물체의 질량을 구하는 방식이다.

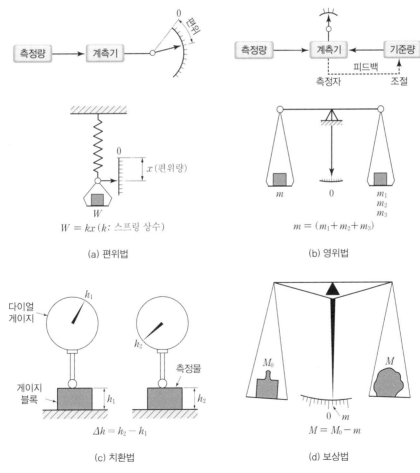

[그림 1.1] **측정 방식의 분류**

❹ 계측 시스템

물리량을 계측하고 시스템의 실제 출력 값과 목표 값 사이의 오차를 줄이기 위해서는 우선 물리량이 전기적인 신호로 변환되는 원리를 이해해야 한다. 이러한 신호 변환에서 중심이 되는 항목은 시스템의 요구 조건에 적합한 변환기의 정밀도, 분해능, 선형성, 반복성 및 응답 속도를 얻는 것이다. 이들 물리량이 데이터로 처리되는 변환 장치는 변환기를 거치면서 전기적인 양(전류, 전압, 저항, 주파수 등)으로 형태가 변화되며, 얻고자 하는 데이터를 출력하는 특성을 갖는다.

1. 계측계의 구성

계측계는 측정 대상물에 대하여 얻은 아날로그 양을 검출부에서 변환하고, 이런 계측 정보는 증폭기를 거쳐 지시계 또는 기록계에 나타낸다. 계측계의 기본 구성은 다음과 같다.

1) 검출부

검출부의 입력 신호는 각각의 측정 대상에 따라 다양하지만, 검출부의 출력 신호는 변위, 압력, 전압(전류) 중 어느 하나가 되어 증폭부나 표시부에 전달된다.

2) 증폭부

검출부에서 나온 신호의 레벨이 낮은 경우 신호를 증폭시키는 변환기의 일종이다.

3) 표시부

검출부와 증폭부를 거쳐서 처리된 신호를 아날로그식 또는 디지털식으로 표시한다.

[그림 1.2] **계측계의 구성**

2. 계측계의 특성

계측계는 측정량이 변동하지 않을 때의 지시 특성인 정특성static characteristics과 측정량이 변동할 때의 지시 특성인 동특성dynamic characteristics을 갖는다.

1) 정특성

계측기의 정특성에는 감도, 선형성, 히스테리시스 특성이 있다.

(1) 감도

계측기가 측정량의 변화에 어느 정도 예민한지 감응하는 정도를 나타내는 정량적인 지표로, 측정량(입력 신호)의 변화에 대한 지시량(출력 신호)의 변화를 감도라고 한다.

일반적으로 길이 측정기의 최소 눈금(1눈금)이 지시하는 측정량을 감도라고 하지만, 정확히 말하면 역감도에 해당된다. 실제 계측에서는 역감도가 편리하므로 널리 사용된다.

■ 감도와 역감도의 차이

a) 감도: 입력 신호의 미소 변화에 대한 출력 신호의 변화율로,

감도 $S = \dfrac{dM}{dI}$ 이다.

여기서 I: 입력 신호, M: 출력 신호

b) 역감도: 출력 신호의 미소 변화에 대한 입력 신호의 변화율로,

역감도 $S^{-1} = \dfrac{dI}{dM}$ 이다.

- 1 mm의 변위에 대하여 0.02 V의 출력 전압의 변위를 나타내는 차동 변압기의 감도는?

  감도 $S = \dfrac{dM}{dI} = \dfrac{0.02}{1} = 0.02$ V/mm
- 저울의 감도 = 눈금/1 mg
- 길이 측정기의 감도는 엄밀히 말하면 역감도에 해당되며, 측정기가 검지할 수 있는 최소 측정값이므로, 마이크로미터의 역감도 = 0.01 mm/눈금
- 저울의 역감도 = mg/1눈금

(2) 선형성

이상적인 계측기는 측정값의 기울기가 선분으로 나타나야 한다. 예를 들면, 어떤 주어진 입력의 변화량은 풀 스케일의 25 %와 75 %가 동일한 변화량을 갖는다. 감도는 측정 범위 내에서 균일해야 하며, 선형적인 비례 관계를 갖는 경우가 이상적이다.

(3) 히스테리시스 특성

같은 측정량을 반복적으로 측정함에 있어서 지시 값의 차가 생기는 것으로, 입력 신호에 대한 출력 신호의 차를 말한다. 히스테리시스는 계측기 출력의 복원 성능을 나타낸다. 입력 값을 증가시킬 때 발생되는 출력 값과, 입력 값을 감소시킬 때 발생되는 출력 값의 차이를 나타낸다. 또한, 히스테리시스는 정적인 물리량으로, 동적 시스템에서 나타나는 관성, 혹은 마찰에 의해서 발생되는 지연 특성을 갖는 출력과 히스테리시스와는 구별된다.

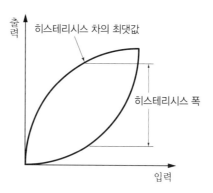

[그림 1.3] 히스테리시스의 특성

2) 동특성

계측 시스템에서 입력 신호가 시간에 따라 변동할 때 입력 신호와 출력 신호의 관계를 동특성이라고 하며, 입력 신호에 따른 출력 신호가 시간적으로 변하며 나타나는 것을 응답이라고 한다.

3) 반복성

반복성은 동일한 입력을 여러 번에 걸쳐서 인가했을 때, 출력이 어떤 값에 잘 추종하는가를 나타내는 말이다. 계측 장비가 반복성을 가지고 있으면 측정 결과가 일관성을 갖기 때문에 정밀도가 다소 떨어지더라도 계측이나 제어 분야에서 유용하게 사용할 수 있다. 일반적인 계측기의 영점 조절기는 사용자가 측정값의 오프셋 또는 스케일 오차를 보정할 수 있다. 반복성을 계산하는 식은 다음과 같다.

$$\text{반복성} = \frac{(\text{최댓값} - \text{최솟값})}{\text{풀 스케일}} \times 100\%$$

또는,

$$\text{반복성} = \frac{(\text{최대 편찻값} - \text{평균값})}{\text{풀 스케일}} \times 100\%$$

산업 현상에서 많이 사용하는 로드셀 3개의 반복 성능을 검사하기 위해서, 〈표 1.4〉에 주어진 결과를 사용하면 각 계측 장치의 반복성과 정밀도를 계산할 수 있다.

〈표 1.4〉 반복성 검사 출력

시행 횟수	로드셀 출력(mV)		
	A	B	C
1	9.39	11.47	9.93
2	10.96	11.53	10.03
3	11.22	11.52	10.02
4	10.02	11.50	10.00
5	10.50	11.40	9.90
6	10.94	11.51	10.01
7	9.00	11.60	10.10
8	9.47	11.50	10.00
9	10.08	11.43	9.97
10	9.32	11.48	9.98
최댓값	11.22	11.60	10.10
평균값	10.09	11.49	9.99
최솟값	9.00	11.40	9.90

3. A/D 변환

전류, 온도, 변위, 압력과 같은 양은 시간에 따라 연속적으로 변화한다. 이와 같이 시간적으로 변화하는 물리량은 변환기를 통하여 전기량으로 변환할 수 있다. 시간적으로 연속해서 변하는 양을 일반적으로 아날로그라고 하며, 아날로그량을 계기로 측정하는 것을 아날로그 계측이라고 한다.

디지털량은 아날로그량을 디지털 변환으로 얻어지는 비연속적인 양이다. 디지털 계측은 아날로그량을 변환기를 통하여 디지털 방식으로 계측하는 것을 말한다. 아날로그량을 디지털량으로 변환하는 것을 A/D 변환기Analogue to Digital converter라고 한다.

1) 아날로그 계측

- 시간적으로 연속적이다.
- 자연계에 존재한다.
- 전류, 온도, 변위, 압력과 같은 일반량의 계측이다.

2) 디지털 계측

- 시간적으로 변하는 아날로그량의 표본화sampling 이다.
- 표본량을 판단하여 반올림하는 양자화quantization 이다.
- 양자화된 양을 디지털화하여 수치로 표시한다.

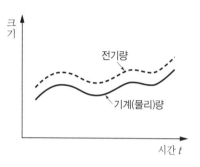

[그림 1.4] 물리량의 아날로그 변환

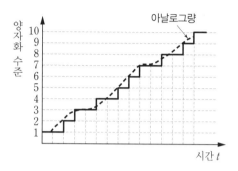

[그림 1.5] 아날로그량의 양자화

디지털 계측의 장단점

장점	단점
• 고정도의 정보로, 6~16 자릿수까지 표현 가능	• 경향 파악 곤란
• 개인 오차의 제거	• 구조가 복잡하고 고가
• 읽음, 기록 시간의 단축	• 디지털 오차의 발생
• 전송, 연산 오차가 없음.	(시작점, 종점, 읽음 오차)
• 입력이 용이하고 연산에 적합	

➊➊❺ 측정값과 오차

  측정으로 얻은 측정값은 여러 가지 원인으로 인하여 측정 오차가 반드시 포함된다. 측정기의 정도는 정밀도와 정확도가 통합된 표현으로, 측정 오차를 객관적으로 표시하기 위한 척도이다.

1. 측정 오차

측정의 목적은 참값을 구하는 데 있다. 그러나 어떤 측정기를 이용하더라도 실제적으로 참값을 구하기는 불가능하며, 만약 구했다 하더라도 그것이 참값인지 여부를 알 수 없다. 따라서 실제 측정에서는 협정 참값이 사용된다.

1) 참값과 오차

계측기로 어떤 물체를 올바르게 측정하더라도 그 물체에 대한 참값을 얻기는 불가능하다. 우리가 측정에서 얻는 데이터에는 반드시 측정 오차를 포함하고 있기 때문이다. 따라서 참값이란 이론적으로 존재하는 값이지 실제로는 구할 수 없는 값이다.

예를 들어, 최소 눈금이 0.01 mm인 마이크로미터를 사용하여 0.001 mm의 치수까지 정확하게 읽을 수는 없다. 우리는 측정 물체의 참값을 모르기 때문에 오차의 참값 역시 알 수 없으나 사용하는 계측기의 정도에 따라 오차 범위를 추정할 수 있다.

(1) 참값

관념적 또는 이론적인 값으로, 연속량은 실제 측정이 불가능하다.

(2) 협정 참값

어떤 특정량에 부여된 값으로, 주어진 목적에 적합한 불확도를 가지며 협약에 의하여 인정된 값이다. 협정 참값은 종종 설정값, 최량 추정값, 협정값, 기준값이라고도 부른다.

㉠ 어떤 장소에서는 기준용 표준에 의하여 실현된 양에 부여된 값을 협정 참값으로 취할 수 있다.

(3) 오차

측정 대상물은 어느 결정 값을 가지고 있는데 이 값을 참값이라고 한다. 그러나 측정값은 참값과 일치하지 않으며, 이 차이를 오차error라고 한다. 측정값을 M, 그 참값을 T라고 하면, 오차의 크기 E는 다음과 같이 표시할 수 있다.

- 오차(E) = 측정값(M) − 참값(T)
- 오차율 = 오차(E)/참값(T)
- 오차 백분율$(E\%)$ = (오차(E)/참값(T)) × 100

2) 오차의 종류

오차는 다음과 같이 구분할 수 있다.

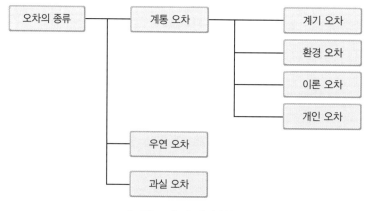

[그림 1.6] **오차의 종류**

(1) 계통 오차

계통 오차systematic error는 측정 결과에 대한 편차의 원인이 되는 오차로, 동일 조건에서 항상 같은 크기와 같은 부호를 가지는 오차이다. 계통 오차에는 측정 기기를 제작할 때의 불완전성이나 마모, 손실 등에서 오는 계기 오차, 환경 조건에 의해서 발생하는 환경 오차, 복잡한 이론식을 실제로 적용시키기 편리하기 위해 사용한 근사식에서 오는 이론 오차, 측정자의 습관에서 오는 개인 오차 등이 있다.

계통 오차를 줄이기 위하여 측정 기기의 교정 및 보정, 측정 환경 조절, 정확한 이론식의 사용, 측정자의 숙달 및 주의 등으로 그 크기를 줄일 수는 있으나, 일반적으로 계통 오차의 크기는 모든 측정값에 일정한 편차를 주기 때문에 측정 결과로부터 추정할 수는 없다.

계통 오차의 수학적 정의는 반복성 조건을 유지하면서 같은 측정량을 무한히 측정하여 얻은 모평균에서 측정량의 참값을 뺀 값이다.

- 계통 오차 = 모평균 − 참값

(2) 우연 오차

우연 오차accidental or random error는 측정자와는 관계없이 우연하고 필연적으로 생기는 오차이다. 그 원인으로는 운동 부분의 마찰, 전기 저항의 변화, 불규칙적으로 변하는 온도, 기압, 조명, 측정자의 주위 산만 등에 의하여 발생한다. 측정 횟수가 많아지면 정(+)과 부(−)의 우연 오차가 나타나는 기회가 거의 같아지므로 이 오차는 상쇄되어 그 총합은 0에 가깝게 된다. 따라서 우연 오차는 통계적 성질을 가지고 있다고 할 수 있으며, 그 확률 분포에 주목하면 통계적 처리가 가능하다.

우연 오차의 수학적 정의는 반복성의 조건을 유지하면서 같은 측정량을 무한히 측정하여 얻은 모평균을 측정 결과에서 뺀 값이다. 측정 횟수에는 한계가 있을 수밖에 없으므로, 우연 오차의 추정 값만 정할 수 있다.

- 우연 오차 = 표본 평균(유한 측정) – 모평균(무한 측정)
- 참값 = 측정 결과(표본 평균) – 오차(우연 오차 + 계통 오차)

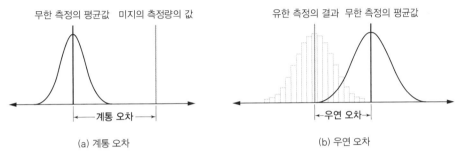

[그림 1.7] **계통 오차와 우연 오차**

(3) 과실 오차

과실 오차mistake or erratic error는 측정자의 부주의로 발생하는 오차로, 측정 절차의 적용, 측정값의 독해, 측정 결과 기록 등의 잘못에 의하여 일어난다. 과실 오차도 계통 오차와 마찬가지로 측정자의 숙달 등으로 어느 정도 그 크기를 줄일 수 있다. 또한, 측정값을 기록함과 동시에 그래프에 기입하면서 관리를 하면 과실 오차를 발견하기 쉽고 계측 시스템을 자동화함으로써 제거할 수 있다.

2. 측정 정도

측정 정도는 각 측정기의 구조와 원리 및 특성에 다라 다르므로 정밀도가 높은 측정기일수록 감도가 크다. 측정기를 이용하여 얻은 측정값의 정도에는 오차의 발생 원인에 따라 정확도와 정밀도로 구분된다.

측정값은 항상 오차를 가지게 되므로 오차가 작은 측정을 정확도가 좋은 측정이라고 하며, 측정값이 참값에 얼마나 근접하는가를 나타내는 것이 정확도이다. 또한, 측정값의 흐트러짐이 작은 측정을 정밀도가 좋은 측정이라고 하며, 분산이 얼마나 작은가를 나타내는 것이 정밀도이다.

1) 정확도

- 쏠림이 적은 정도: 치우침bias
- 정확도 = 모평균 − 참값
- 정확률 = (치우침 값/참값)×100

2) 정밀도

- 흩어짐이 적은 정도(산포, 산란)
- 측정값 불일치 정도
- 모표준 편차로 표시(예 0.01 mm)
- 정밀률 = (표준 편차/모평균)×100

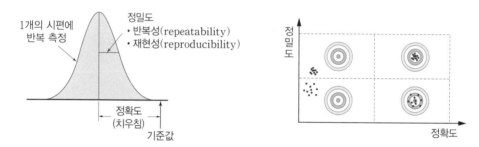

[그림 1.8] **정확도와 정밀도의 개념**

⟨표 1.5⟩ 정확도와 정밀도의 비교

구분	정확도	정밀도
개념	치우침이 작은 정도	흩어짐(산포)이 작은 정도
원인	계통 오차	우연 오차
표시	모평균 − 참값	모표준 편차

3) 감도

지침을 가진 측정기에서 측정량의 변화에 대한 지시량의 변화 정도를 감도라고 한다.

- 최소 눈금의 지시량으로서 예민한 정도를 나타낸다.(예 0.01 mm/눈금)
- 감도 = (지시량의 변화) / (측정량의 변화)
- 확대율이 크면 감도가 예민하고 측정 환경에 과민하게 된다.
- 성능 = 정도 + 감도

4) 측정 정도의 평가

측정 시스템을 분석하기 위해서는 현재 또는 새로운 측정 시스템의 평가와 하나 또는 그 이상의 측정 시스템에 대하여 능력을 비교해야 한다. 측정 정도의 평가 기준에는 정확성, 안정성, 선형성, 반복성 및 재현성이 있다.

(1) 정확성

참값과 측정값의 평균 간의 차이를 의미하며, 그 차이가 작을수록 정확성이 높다고 평가한다.

(2) 안정성

시간의 변화에 따른 계측 결과의 변이를 의미하며 계측 시스템과 환경 변화에 따라 동일한 대상물의 측정 평균값이 다르게 나타나면 안정성이 낮다고 평가된다.

(3) 선형성

측정 기기의 사용 범위 안에서 측정된 값들의 치우침의 차이를 의미하며, 측정기들이 기능 한계 부분에서 정확한 계측을 하는가를 평가한다.

(4) 반복성

동일한 측정자가 동일한 환경에서 동일한 측정기로 동일한 대상을 반복 측정할 때 발생하는 산포로, 산포가 작을수록 정밀도가 높다고 평가한다(동일한 측정 조건에서 측정).

(5) 재현성

두 명 이상의 측정자가 동일한 측정기를 이용하여 동일한 대상물을 반복해서 측정할 경우 발생하는 측정값의 평균 차를 의미하며, 평균 차가 클수록 재현성이 나쁘다고 평가한다(변경된 측정 조건에서 측정).

2 신호 변환

단원 목표
1. 기계적 신호 변환의 종류와 특성을 설명할 수 있다.
2. 유체적 신호 변환의 종류와 특성을 설명할 수 있다.
3. 전기적 신호 변환의 종류와 특성을 설명할 수 있다.

1 개요

측정하고자 하는 측정 대상에 대하여 검출한 측정량을 전기량으로 변환하는 장치를 변환기라고 한다. 계측에서는 일반적으로 측정량을 변위, 압력, 힘, 전압, 전류 또는 임피던스 중의 하나로 변환하여 사용한다. 이와 같이 변환하는 것은 기준 값을 정하기 쉽고, 변환, 신호의 증폭과 전송이 용이하기 때문이다. 일반적으로 변환기의 출력량은 전기량이 이용하기가 편리하여 널리 사용되며, 변환기의 종류는 다음과 같이 분류된다.

1) 기계적 변환

- 탄성 변환
- 온도 변환

2) 유체적 변환

- 변위로 변환
- 압력으로 변환

3) 전기적 변환

- 전자 유도형 변환
- 압전형 변환
- 열전형 변환
- 저항 변환
- 정전 용량 변환
- 인덕턴스 변환
- 자기 변환

4) 광학적 변환

- 광전 변환
- 광파 간섭을 이용한 변환

5) 기타 변환

- 시간 변환
- 주파수 변환

①②❷ 기계적 변환

하중과 토크 및 온도 변화 등을 직선 변위 또는 회전 변위로 변환하는 데는 탄성 변형, 열변형, 중력과의 평행 등의 원리를 응용한 변환기가 사용된다. 또한, 변위는 측정계의 최종 단계에서 측정량을 지침이나 기록 펜의 이동으로 출력되는 경우에 중요한 신호가 된다.

1. 탄성 변환

탄성 변형을 이용하는 변환기에는 스프링, 역량계, 부르동관, 벨로즈, 다이어프램 등이 있으며 이들은 하중, 토크, 압력 등을 변위로 변환하는데 이용된다.

1) 스프링

스프링은 하중을 변위, 또는 토크를 각 변위로 변환하는 경우에 널리 쓰이는 변환기이다. 관 또는 코일 스프링인 경우 하중을 변위로 변환하며, 나선형 스프링은 토크를 각 변위로 변환한다. 또한, 링 스프링은 힘에 의한 굽힘 변형을 이용한 것으로 수백 뉴턴(N) 이상의 큰 하중에 대한 변위 신호로 변환하는 데 이용된다. 이 경우 탄성 링의 미소 변위는 기계적 기구에 의하여 확대·지시하거나 전기적으로 검출된다.

스프링을 이용하여 측정할 때 전 구간에서 훅_{Hooke}의 법칙이 적용되면 이상적이지만, 스프링 재료의 특성과 하중의 증가에 따라 굽힘 양이 비례하여 증가하지 않고 굽힘의 증가가 점차적으로 감소하는 특성을 갖는다.

또한, 스프링은 스프링의 설치나 하중을 거는 방법에 따라 오차가 발생하므로 하중이 0인 상태에서 사용하는 것이 아니라 일정한 초기압을 주어 사용한다.

스프링 상수 k는 하중 W와 변형량 δ의 비이므로, 다음과 같이 표시된다.

$$k = \frac{W}{\delta}(\text{N/m})$$

따라서 변형량 δ는

$$\delta = \frac{W}{k}(\text{mm}) \text{ 가 된다.}$$

위 식에서 초기압을 W_0라 하고, 측정량 W_1, W_2에 대한 변형량을 각각 δ_1, δ_2라 하면,

$$\delta_0 = \frac{W_0}{k}, \ \delta_1 = \frac{W_0 + W_1}{k}, \ \delta_2 = \frac{W_0 + W_2}{k} \text{ 가 된다.}$$

따라서 $\delta_2 - \delta_1 = \frac{W_2 - W_1}{k}$가 되므로 초기압 W_0은 고려하지 않아도 됨을 알 수 있다.

(1) 형상

- 코일형: 소선(원형, 평형, 사각형)
- 판형
- 헬리컬형 등

(2) 재질

- 스프링강, 항온성 재료, 내식성 재료 등

(3) 특성

- 훅의 법칙 유지 필요
- 직선성 개선(감는 방향 반대 2개)
- 초기압 사용
- 설치 방법이 중요

〈표 1.6〉 스프링 재료의 특성 값

명칭	E (kgf/mm^2)	G (kgf/mm^2)	굽힘 강도 (kgf/mm^2)	비틀림 강도 (kgf/mm^2)	성분
시계용 스프링강	2.1×10^4	8×10^3	200	150	C 0.8~1
스프링강	2.1×10^4	8×10^3	100~180	70~120	C 0.6~1
피아노선	2.1×10^4	8.4×10^3	75~150	50~100	C 0.7~1 Mn 0.2~06 Si 0.12~0.7
엘린바	1.8×10^4	6.4×10^3	34		Cr 18, Ni 36
청동	1.0×10^4	4.5×10^3	40~60	32	Cu 92, Sn 8
베릴륨강	1.2×10^4				Be 2, Co 0.3
황동	0.95×10^4	3.5×10^3	24~28	18	Cu 63, Zn 37

구분	형상	변형량
판 스프링		$\delta = \dfrac{4lW}{\pi d^2 E}$
		$\delta = \dfrac{4l^3 W}{bh^3 E}$
		$\delta = \dfrac{6l^3 W}{bh^3 E}$
코일 스프링		$\delta = \dfrac{64nr^3 W}{d^4 G}$
		$\delta = \dfrac{14.23\pi nr^3 W}{a^4 G}$
나선형 스프링		$\theta = \dfrac{12lT}{bh^3 E}$
얇은 원 평판		$\delta = \dfrac{3(1-v^2)W}{4\pi Et^2}$
		$\delta = \dfrac{3(1-v^2)}{16Et^2}pr^4$

δ: mm, W: kgf, θ: rad, T: kgf·mm, ν: (Poisson's ratio)

2) 역량계

역량계$_{\text{proving ring}}$는 큰 힘의 정도를 측정할 때 사용된다.

[그림 1.9] 루프형 역량계

(1) 형상

• 링형과 장원형Loop type dynamometer

(2) 재질

• 스프링강 등

(3) 특성

• 2차 표준기
• 힘, 중량 측정

3) 부르동관

부르동Bourdon이란 말은 프랑스 발명가의 이름을 딴 것으로, 부르동관은 타원형 형상을 갖는 튜브를 한쪽은 고정시키고 다른 쪽은 자유롭게 변형할 수 있도록 만들어져 있다. 부르동관은 구조가 간단하고, 넓은 압력 범위로 사용이 가능하여 널리 사용된다. 그러나 기계적 마찰에 의한 오차 발생과 느린 응답 속도 및 히스테리시스 오차가 발생하는 단점이 있다.

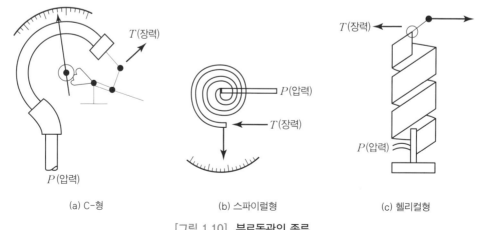

(a) C-형 (b) 스파이럴형 (c) 헬리컬형

[그림 1.10] 부르동관의 종류

(1) 단면 형상

- 원호: 감도가 가장 양호
- 장원: 감도 및 강도가 중간 정도
- 평원: 강도가 가장 양호

(2) 재질

- 황동: 신장성, 탄성, 가공성 양호
- 합금강
- 스테인리스강

(3) 특성

- 압력 측정용
- 관단 변위

4) 벨로즈

벨로즈bellows 는 원통 내·외의 차압으로 인하여 축 방향으로 신축하여 변위로 변환되는 주름관의 구조이다. 일반적으로 벨로즈와 다이어프램은 비교적 낮은 압력이나 차압의 측정에 사용되며, 부르동관은 비교적 높은 압력에 사용된다.

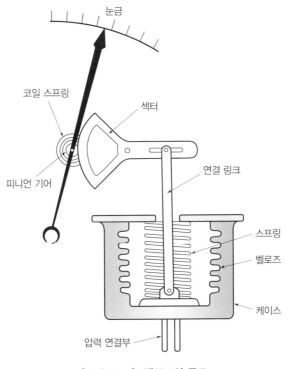

[그림 1.11] 벨로즈의 구조

(1) 형상

• 원통형

(2) 재질

• 인청동: 제작용이 최고 사용 온도 170 ℃

• 스테인리스강: 내식성과 내열성 우수, 열처리 난이

3) 특성

• 수압 면적 큼

• 신축량 큼

• 사용 범위: 0~500 mmHg, 0~5 kgf/cm²

5) 다이어프램

다이어프램diaphragm은 금속 또는 비금속의 탄성막이 있으며, 그 한쪽에 압력이 작용하면 변형하여 변위로 변환되는 구조이다. 평평하고 동심원상의 주름 모양으로 변위를 확대하기도 하고 자체의 탄성막과 스프링을 병용하여 하중의 대부분을 스프링에 걸리도록 특성을 개선하기도 한다.

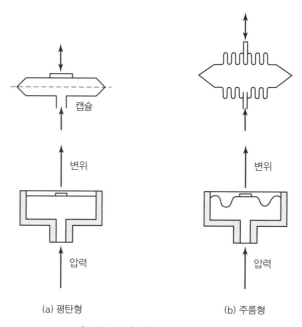

(a) 평탄형   (b) 주름형

[그림 1.12] 다이어프램의 구조

(1) 형상

• 평탄형과 주름형

(2) 재질

• 황동, 인청동, 스테인리스강

• 고무, 테프론, 섬유막

(3) 특성

• 작동 원리 간단   • 강도 양호

• 고정도   • 응답 빠름   • 영점 변화 용이

2. 온도 변환

온도 변환에 널리 이용되는 것이 바이메탈이다. 유체나 고체의 열팽창을 이용하면 온도를 변위로 변환할 수 있다. 유리관에 수은이나 알콜을 넣어 액체의 열팽창 원리를 이용하여 온도를 변위로 변환한 것이 유리 온도계이며, 선팽창 계수가 서로 다른 두 재료를 접합하여 고체의 열팽창을 이용한 것이 바이메탈이다. 바이메탈은 판형, 코일형, 나선형 등이 있다. 바이메탈 재료는 황동과 인바, 모넬 메탈과 니켈강 등의 조합이 사용된다.

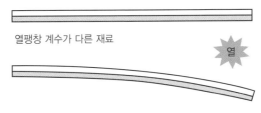

열팽창 계수가 다른 재료

열

[그림 1.13] **바이메탈의 원리**

(a) 판형

(b) 코일형

(c) 나선형

[그림 1.14] **바이메탈의 종류**

[그림 1.14]의 (a)와 같이 외팔보 형식의 판형 바이메탈의 경우, 온도 변화(Δt)에 따른 바이메탈 자유단의 변위(δ)는 다음과 같이 표시된다.

$$\delta = \frac{6(\alpha_1 - \alpha_2)nml^2}{(1+m)(1+n)(1+nm)h}\Delta t = \frac{K_1 l^2}{h}\Delta t$$

여기서

- α_1, α_2: 2종 금속의 선팽창 계수
- h: 바이메탈의 두께
- l: 바이메탈의 길이
- m: 2종 금속의 두께 비(h_2/h_1)
- n: 2종 금속의 탄성 계수의 비(E_2/E_1)
- Δt: 온도 변화량$(t_1 - t_0)$
- K_1: 바이메탈 상수$(1.6 \times 10^{-3}/℃)$

또한, 바이메탈 형상이 코일 형상이나 나선형인 경우, 한쪽이 고정되고 다른 쪽이 자유단일 때 자유단 중심 각도의 변화 ϕ는 다음과 같이 표시된다.

$$\phi = \frac{12(\alpha_1 - \alpha_2)nml^2}{(1+m)(1+n)(1+nm)h}\Delta t = \frac{K_2 l^2}{h}\Delta t$$

①②❸ 유체적 변환

유체적 변환은 중력과 평행을 이용한 것으로, 유체의 변환은 유체의 연속성과 유동성을 이용하여 변위나 압력으로 변환하는 각종 변환기를 만들 수 있다.

1. 변위로 변환

유체를 변위로 변환하는 변환기에는 액주 변환기, 면적식 유량계, 비중계 등이 있다.

1) 액주 변환기

액주 변환기는 액주에 의하여 압력을 검출하는 변환기로, 원리는 차압$(p_2 - p_1)$과 액주 높이(h)에 작용하는 중력과의 평행으로부터 차압이 변위로 변환되는 원리이다.

차압식 압력계는 [그림 1.15]의 (a)와 같이 양 단면이 같은 U자형 관에 액체를 넣어 양 단면에 압력 p_1과 p_2를 작용시켜 액주 높이 h를 읽는 방식이다. 이 방식은 압력 변화가 빠를 때는 정확한 측정이 곤란한 단점이 있다.

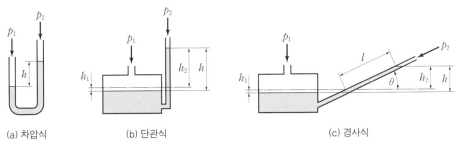

(a) 차압식   (b) 단관식   (c) 경사식

[그림 1.15] 액주 압력계

단관식 압력계는 [그림 1.15]의 (b)와 같이 한쪽 액주의 단면적이 다른 쪽에 비하여 매우 큰 경우로, 단면이 큰 쪽의 액면 이동은 매우 작으므로 근사적으로 작은 단면의 액주 높이 h_2만으로 압력을 구할 수 있다. 큰 관과 작은 관의 단면적을 각각 A와 a, $p_1 = p_2$라고 할 때, 동일한 수준의 액면으로부터 변위를 $-h_1$, $+h_2$라 하면, $h_1 A = h_2 a$가 되므로 액주의 높이 h는 다음과 같이 정리된다.

$$h = h_1 + h_2 = h_2 \left(1 + \frac{a}{A} \right)$$

위 식에서 액주 h_2만을 h로 할 때, 오차율은 $\frac{a}{A}$가 된다.

경사식 압력계는 [그림 1.15]의 (c)와 같이 U자관의 한쪽을 경사지게 하여 액주의 변위를 크게 확대할 수 있도록 한 것이다. 관의 수평에 대한 경사각을 θ라고 하면, 액면의 높이 h_2에 상응하는 액주의 변위는 $l = \frac{h}{\sin \theta}$이므로, 단관식 압력계에 비하여 $\frac{1}{\sin \theta}$배로 확대된다.

2) 면적식 유량계

면적식 유량계는 [그림 1.16]과 같이 테이퍼인 투명한 유리 또는 플라스틱 관과 관내를 수직으로 움직이는 플로트로 구성되어 있다. 유체가 관의 하부로부터 위로 들어오면 플로트는 위로 상승하게 되고, 플로트에 작용하는 압력차, 부력, 중력 및 점성력 등이 평형을 이루는 위치에서 정지하게 된다.

따라서 플로트가 어느 위치에서 균형을 잡고 있을 때, 플로트가 아래로 미는 힘과 위 방향으로 미는 힘이 같으므로 관내에 흐르는 체적 유량 Q는 다음과 같이 구할 수 있다.

테이퍼 관의 단면적: A, A_1
유체의 밀도: ρ
플로트의 체적, 밀도, 단면적: V_f, ρ_f, A_f
플로트 상하의 차압: $\Delta p = p_2 - p_1$
중력 가속도: g
플로트에 작용하는 위 방향의 힘: $\rho g V_1 + \Delta p A_f$

플로트에 작용하는 아래 방향의 힘(중력): $\rho_f\,gV_f$이므로 플로트의 정지 위치에서 다음 식이 성립된다.

$$\rho gV_1 + \Delta pA_f = \rho_f\,gV_f$$

여기서, 차압 Δp는

$$\Delta p = p_2 - p_1 = \frac{g\,(\rho_f - \rho)V_f}{A_f}$$

테이퍼 관과 플로트$_{float}$ 사이의 공간 면적이 A, 유량 계수가 α이면, 여기에 흐르는 유량 Q는 다음과 같다.

$$Q = \alpha A\sqrt{\frac{2\,(p_1 - p_2)}{\rho}} = \alpha A\sqrt{\frac{2g\,(\rho_f - \rho)V_f}{\rho A_f}}$$

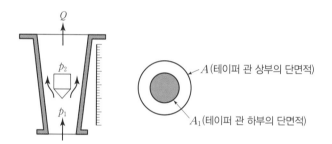

[그림 1.16] **면적식 유량계**

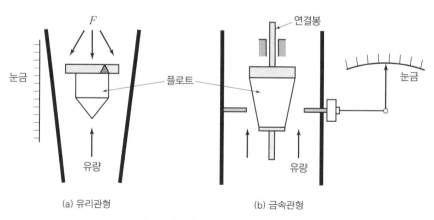

(a) 유리관형   (b) 금속관형

[그림 1.17] **면적식 유량계의 형식**

2. 압력으로 변환

유체를 압력으로 변환하는 기구에는 차압 검출 기구, 압력식 온도계, 노즐·플래퍼 기구 등이 있다.

1) 차압 검출 기구

차압 검출 기구는 유량이나 유속을 압력으로 변환하는 것이다. 이때 교축 기구에 유체가 흐르는 단면적을 좁게 하여 유량과 차압을 검출하는데, 이 방식에는 오리피스orifice, 노즐nozzle, 벤투리venturi관 등이 있다. 교축 기구 전 후의 압력을 각각 p_1, p_2라고 하면, 유량 Q는 베르누이Bernoulli의 정리와 연속의 법칙에 의해 다음과 같이 구할 수 있다.

$$Q = \alpha A \sqrt{\frac{2(p_1 - p_2)}{\rho}} = \alpha A \sqrt{\frac{2g(p_1 - p_2)}{\gamma}}$$

여기서, γ는 비중량이며, $\gamma = \rho g$이다.

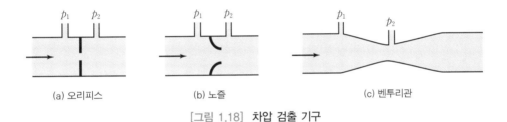

(a) 오리피스   (b) 노즐   (c) 벤투리관

[그림 1.18] **차압 검출 기구**

2) 압력식 온도계

압력식 온도계는 부르동관 안에 충전한 유체의 압력이 열팽창에 의한 온도 변화를 압력으로 변환한 것으로 액체 팽창식과 포화 증기압형이 있다. 액체 팽창식은 부르동관 안에 액체(에틸 알콜 또는 수은)를 넣어 액체의 팽창이 부르동관를 변형시켜 변위로 변환하는 원리이며, 포화 증기압형은 [그림 1.19]와 같이 용기에 에테르나 톨루엔 등의 액체를 넣어 포화 증기압을 이용한 것이다.

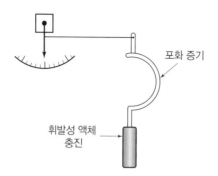

[그림 1.19] 압력식 온도계(포화 증기압형)

3) 노즐·플래퍼 기구(공기 마이크로미터)

공기 마이크로미터는 노즐·플래퍼 기구의 대표적인 변환기이다. 주요 구성은 고정 오리피스, 노즐 및 플래퍼로 구성되어 있다. 일정 압력원으로부터 공급된 압축 공기는 고정 오리피스를 거쳐서 노즐과 플래퍼 틈 사이로 유도하면, 플래퍼의 미소한 변위에 따라 노즐의 배압이 크게 변하게 된다. 이 기구는 틈새 변화에 대한 압력 변화가 크므로 정밀 측정기의 증폭기로 사용되기도 한다.

[그림 1.20]에서 일정 압력원의 압력을 p_1, 지시부의 압력을 p_2, 고정 오리피스의 안지름과 면적을 각각 d_1, A_1, 노즐의 안지름과 유출 면적을 각각 d_2, A_2라고 하고, 베르누이의 정리와 연속의 법칙을 적용하면 다음과 같다.

$$Q = C_1 A_1 \sqrt{\frac{2g(p_1 - p_2)}{\gamma}} = C_2 A_2 \sqrt{\frac{2gp_2}{\gamma}}$$

$$p_2 = p_1 \times \frac{1}{1 + \left(\dfrac{C_2 A_2}{C_1 A_1}\right)^2}$$

여기서 C_1, C_2는 유량 계수, γ는 공기의 비중량이다.

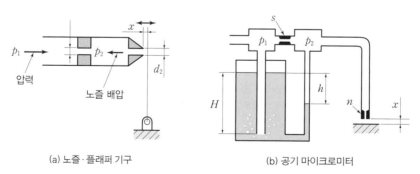

(a) 노즐·플래퍼 기구   (b) 공기 마이크로미터

[그림 1.20] 노즐·플래퍼 기구의 응용

⒈⒉④ 전기적 변환

측정량을 전기적인 신호로 변환하면 전달, 확대, 증폭하는 데 편리하다. 고속으로 변화하는 측정량을 측정할 경우 기계적 변환이나 유체적 변환에 비하여 응답 지연이 작고, 감도가 높으므로 원격 계측이나 자동 제어 등에 널리 이용된다.

전기적 변화기는 전압·전류로의 변환 방식에 따라 크게 직동 변환直動變換과 변조 변환變調變換으로 〈표 1.8〉과 같이 분류할 수 있다.

〈표 1.8〉 전기적 변환기의 전압 전류로의 변환 방식 분류

구분	변환 방식	전기 물리 현상	사용 예
직동 변환	1. 기계에서 전기로 변환	1) 전자 유도형 변환	마이크로폰, 픽업
		2) 압전 효과 변환	압전 센서
	2. 유체에서 전기로 변환	• 유속의 전압 변환	전자 유량계
	3. 열에서 전기로 변환	• 열전 효과 변환	열전대
	4. 빛에서 전기로 변환	• 광전 효과 변환	광전지
변조 변환	1. 도전 변환	1) 변위의 저항 변환	가변 저항기
		2) 변형의 저항 변환	스트레인 게이지
		3) 온도의 저항 변환	금속 저항선, 서미스터
		4) 빛의 광전 변환	광전관, 포토다이오드
	2. 유전 변조	1) 용량 변환	정전 용량 변환기
		2) 유전율의 변환	측온 소자, 습도계
	3. 자기 변조	1) 자기 인덕턴스 변환	자기 인덕터형 변환기
		2) 상호 인덕턴스 변환	차동 변압기
		3) 자기 스트레인 변환	하중계, 토크센서
		4) 홀 효과 변환	홀 효과 변환기
	4. 광학적 변환	1) 광파 간섭 변환	광파 간섭계
		2) 광탄성 변환	광탄성 측정기
		3) 광 방사선의 변환	가스 분석기, 방사선 측정기

1. 전자 유도형 변환

기계의 신호를 전압으로 변환하는 에너지 변환에는 발전기가 있다. 발전기는 기계적인 토크가 속도로 변하고, 속도를 전압 또는 전류로 변환하는 직동 신호 변환기이다.

전자적으로 속도를 전압으로 바꾸는 직동 변환기에는 전자 유도형 변환을 이용한 마이크

로폰이나 픽업 등이 있다. 전자 유도형 변환기는 영구 자석 틈 사이의 자계 안에 코일을 놓고 이 코일 안을 통과하는 자속을 변화시키면 자속의 변화량에 비례하는 전압이 발생된다. 이때 코일의 양단에 적당한 전기적 부하를 접속시키면 전류가 흐르고 측정량을 전류로 변환할 수 있다.

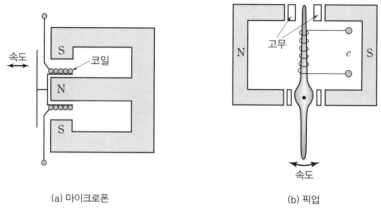

(a) 마이크로폰   (b) 픽업

[그림 1.21] **마이크로폰과 픽업**

1) 원리

전자 유도형 변환기의 원리는 코일과 자속이 교차할 때 자속의 시간적 변화에 따라 기전력이 발생하여 영구 자석 내에 도체가 기계적 에너지에서 전기적 에너지로 이동하는 원리이다.

자석 틈의 자속 밀도 B (Wb/m²), 도체의 길이 l (m)이 v (m/s)의 속도로 운동할 때 발생하는 기전력 e (V)는 다음과 같다.

$$e = Bvl \ \text{(V)}$$

2) 응용

전자 유도형 변환기에는 전자 유량계, 힘 계측, 혈유량계, 전자 유도형 진동계, 차량용 속도계, 유전형 회전계 등이 있다.

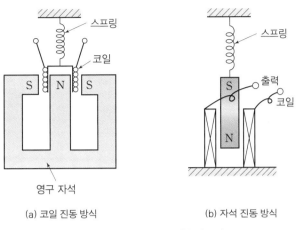

(a) 코일 진동 방식　　　　　(b) 자석 진동 방식

[그림 1.22] **전자 유도형 진동계**

2. 압전형 변환

압전형 변환이란 수정과 같은 얇은 판의 결정체에 외부 압력이 연속적으로 가해지면 판의 양면에 변형에 비례한 양(+)과 음(−)의 전하가 발생하고, 반대로 외부로부터 변형이 발생하는 원리를 이용한 변환이다.

1) 원리

압전piezo−electric 현상이란 퀴리 형제에 의하여 1880년에 발견되었다. 압전 효과란 압전체를 매개로 기계적 에너지와 전기적 에너지가 상호 변환하는 작용이다. 다시 말해, 압력이나 진동(기계 에너지)을 가하면 전기가 발생하고, 전기를 흘려 주면 진동이 생기는 효과를 말한다.

자연계의 많은 물질은 전체적으로 양과 음의 전하량이 같으므로 전기적 중성을 띤다. 그러나 양전하와 음전하의 결정 구조 위치가 약간 어긋나 있으므로 원자나 분자의 주변에 전기장을 형성시키는 전기 쌍극자electric dipole가 있다. 전기 쌍극자를 가진 재료에 물리적인 외부 응력을 가하면 분자 간 또는 이온 간의 상태 변화가 발생한다. 재료가 힘을 받으면 결정 구조가 찌그러지면서 주변의 전기장이 바뀌어 압전 소자에 연결된 전기 회로에는 양 또는 음의 전기가 발생한다. 이것을 1차 압전 효과라고 한다. 또한, 이와 반대로 압전 소자 회로에 전기를 가하면 외부의 전기적 인력 혹은 척력에 의해 전기 쌍극자가 변화하게 되어 압전 소자에 변형을 일으켜서 역 압전 효과를 일으키며, 이것을 2차 압전 효과라고 한다.

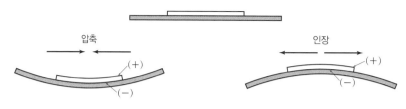

[그림 1.23] 압전 효과의 원리

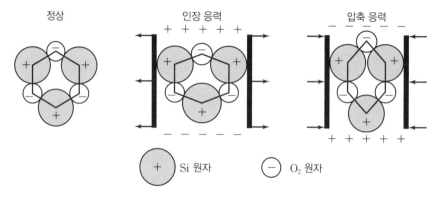

+ Si 원자   − O₂ 원자

[그림 1.24] 수정에서의 압전 효과

2) 재료

압전체의 재료는 수정, 로셸염, 황산리튬, 티탄산바륨, 이수소 인산암모늄 등이 널리 사용되며, 현재 전 세계적으로 가장 널리 사용되고 있는 대표적인 압전체는 PZT(납, 질콘, 티탄으로 만든 소재)라는 세라믹(무기 화합물) 소재이다.

3) 응용

압전 효과는 에너지 변환을 필요로 하는 분야에서 널리 응용되고 있으며, 압전형 진동 가속도 센서, 가습기, 세척기, 가스레인지 점화기, 초음파 모터, 어군 탐지기, 초음파 탐촉자 등에 이용된다.

3. 열전형 변환

열전형 변환이란 열을 전기로 변환하는 것으로서, 열전대thermocouple가 대표적이다. 열전대란 서로 다른 두 종류의 금속을 고리 모양으로 연결하여 두 접점 사이의 온도 차이로 전류를 발생시켜 흐르게 하는 장치이다. 열전대는 구조적으로 간단하여 산업 현장이나 실험실에서 가장 널리 사용되는 전기식 온도계이다. 측정값이 전압 크기로 출력되어 측정값을 먼 거리까지 전송할 수 있으며, 0.5 K~2 500 ℃까지 광범위한 측정 범위를 갖는다.

1) 열전대의 원리

물질 원소의 가전자(최외각 전자)는 외부 에너지를 받으면 자유 전자가 고 물질의 도전성導電性에 관계된다. 전자들이 원자핵과 강하게 결합되어 있는 비금속은 한 원자에서 다른 원자로 이동할 수 있는 가전자가 없으므로 전기를 통하지 않는다. 따라서 열전대의 합금은 최외각 전자가 약하게 결합되어 있는 원소로 이루어져 있다. 금속의 한 부분에서 자유 전자의 축척은 그곳에 음(−)의 기전력이 생김을 뜻하고, 자유 전자가 빠져 나가면 양(+)으로 하전荷電된 이온이 많아 양의 기전력이 생긴다. 따라서 전자들은 마찰, 원심력, 전기적인 힘, 열 등에 의하여 금속의 한 쪽으로 이동할 수 있다. 구리 도선의 결정격자 안의 이온들은 도선이 차가우면 진동은 약하고, 뜨거우면 진동이 강하게 발생한다. 이 원리를 이용한 것이 열전대이다.

2) 열전 효과

열전 효과란 열에너지가 전기 에너지로, 전기 에너지가 열에너지로 바뀌는 현상을 말한다. 예를 들면, 도선의 뜨거운 부분(988 ℃)의 전자는 큰 속도를 갖게 되어 전자가 적어지므로 양(+)으로 하전되고, 도선의 찬 부분(20 ℃)의 전자는 상대적으로 속도가 낮게 되어 전자가 적어지게 되므로 음(−)으로 하전된다. 이와 같이 열전 현상과 전기 현상의 상호 작용에 의한 효과를 열전 효과라고 하며, 제벡 효과, 펠티어 효과, 톰슨 효과가 있다. 열전대의 재료는 백금−백금로듐, 크로멜−알멜, 철−콘스탄탄, 구리−콘스탄탄, Ir−Ir, W−Ir 등이 사용된다.

(1) 제벡 효과

제벡 효과는 1821년 독일의 제벡이 발견하였으며, 2개의 서로 다른 금속선으로 폐회로를 구성하고, 양 접점에 온도 차를 주었을 때 두 점 사이에 전위차가 생기면서 발생하는 기전력을 이용하여 온도를 측정한다.

(2) 펠티에 효과

펠티에 효과는 1834년 프랑스의 펠티에가 발견하였으며, 열전대 회로에 전압계를 연결하는 대신 전압을 가하면 두 접점 중 하나는 열이 발생하고 다른 하나는 흡열하여 가열 기능과 냉각 기능을 갖는다.

(3) 톰슨 효과

톰슨 효과는 1851년 영국의 톰슨이 발견하였으며, 동일한 금속에서 부분적인 온도차가 있을 때 전류를 흘리면 발열 또는 흡열이 일어나는 현상이다.
- 부(−) 톰슨 효과: 고온에서 저온부로 전류를 흘리면 흡열이 됨(Pt, Ni, Fe).
- 정(+) 톰슨 효과: 고온에서 저온부로 전류를 흘리면 발열이 됨(Cu, Sb).

3) 열전대 응용

열전대를 응용한 변환기로, 정밀 온도계, 관가열형 유량계, 자동 평형 계기, 진공 열전대 – 전류계, 전력계 등이 있다.

4. 저항 변환

저항, 용량 또는 인덕턴스 등의 임피던스 소자를 이용하면 입력 신호를 전압·전류로 변조 또는 변환할 수 있다. 입력 신호를 저항이나 전기 전도도 등으로 변환하는 변환기에는 가변 저항기, 스트레인 게이지 및 서미스터, 저항선 온도계 등이 있다.

1) 가변 저항기

가변 저항기는 기계적인 변위를 전기 저항으로 변환한 것으로, 직선 변위 변환기, 회전 각도 변환기, 비선형 변환기 등이 있다. 가변 변환기는 온도 계수가 작은 저항체의 표면에 접촉자를 이동시켜서 저항 변화를 얻으며, 망간, 니크롬, 콘스탄탄 등의 선이 사용된다.

가변 저항기의 변위 저항을 R, 전체 저항을 R_t, 입력 전압을 E_i라고 하면, 출력 전압 E_o는 다음과 같다.

$$E_0 = \frac{R}{R_m}E_i$$

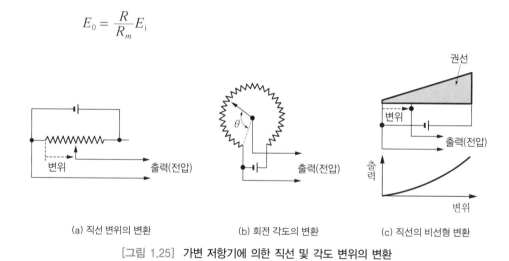

(a) 직선 변위의 변환   (b) 회전 각도의 변환   (c) 직선의 비선형 변환

[그림 1.25] **가변 저항기에 의한 직선 및 각도 변위의 변환**

2) 저항선 스트레인 게이지

저항선이 축 방향으로 인장 또는 압축을 받으면 선의 길이와 단면적이 변화하여 저항 값이 변화하며, 저항선의 고유 저항 자체도 변화한다. 이것을 이용하여 힘에 의한 미소 변위를 저항 변화로 변환할 수 있으며, 이때 사용하는 저항 소자를 스트레인 게이지라고 한다.

스트레인 게이지 소자는 저항 변화가 매우 큰 금속 또는 반도체를 주로 사용한다. 저항선 스트레인 게이지는 [그림 1.26]과 같이 절연체 베이스 위에 와이어_wire 또는 포일_foil 형태로 저항선이 있고, 정확한 측정을 할 때 사용한다. 이에 비해 감도가 뛰어난 반도체의 스트레인 게이지는 실리콘의 단결정으로 만들어져 있다.

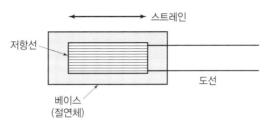

[그림 1.26] 스트레인 게이지의 구조

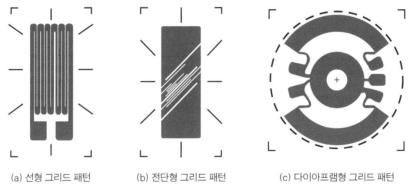

(a) 선형 그리드 패턴   (b) 전단형 그리드 패턴   (c) 다이아프램형 그리드 패턴

[그림 1.27] 스트레인 게이지의 종류(CAS 모델)

금속선에 힘을 가하면 변형에 의한 저항 변화가 발생한다. 전체 길이 L, 면적 S, 고유 비저항값 ρ, 금속선의 전저항 R는 다음과 같다.

$$R(\rho, L, S) = \rho \frac{L}{S}$$

금속선에 인장력을 가하면 ΔL만큼 늘어나고, 단면적은 ΔS만큼 작아지므로, 저항 변화율 $\Delta R/R$는 다음과 같다.

$$\frac{\Delta R}{R} = \frac{\Delta \rho}{\rho} + \frac{\Delta L}{L} - \frac{\Delta S}{S}$$

프와송의 비를 ν, 변형율을 ε라고 하면, 단면적의 변화율은 다음과 같다.

$$\frac{\Delta S}{S} = -2\nu \frac{\Delta L}{L} = -2\nu\varepsilon$$

따라서 저항 변화율은 다음과 같다.

$$\frac{\Delta R}{R} = \frac{\Delta \rho}{\rho} + (1 + 2\nu)\varepsilon$$

고려되는 변형율 범위에서는 금속 비저항의 변화율은 무시할 수 있으므로 다음과 같이 근사적으로 표현할 수 있다.

$$\frac{\Delta R}{R} = (1 + 2\nu)\varepsilon = \alpha\varepsilon$$

여기서 α는 게이지 상수이며, 사용하는 저항선 재료에 따라 달라지나 대체적으로 2 정도의 특성 값을 가진다.

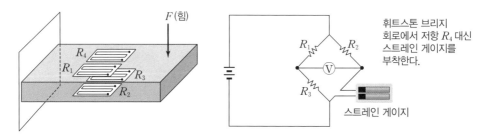

[그림 1.28] 저항선 스트레인 게이지

3) 반도체 스트레인 게이지

반도체 스트레인 게이지는 종래의 스트레인 게이지에서는 해결하기 곤란한 문제를 해결할 수 있는 새로운 형식의 소자이다. 반도체 스트레인 게이지는 일반적으로 실리콘의 단결정에서 만들어지며, 보통 금속보다 가볍다.

> **반도체 스트레인 게이지의 특징**
> - 큰 게이지 상수
> - 높은 피로 수명
> - 높은 안정성
> - 소형이며 높은 저항

단점으로는 직선 범위가 좁고 고유 저항 및 게이지율의 온도 의존성이 크다는 결점이 있다.

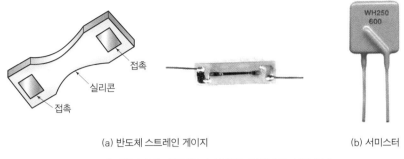

(a) 반도체 스트레인 게이지　　　　　　(b) 서미스터

[그림 1.29] 반도체 스트레인 게이지와 서미스터

4) 서미스터

서미스터는 아주 작은 온도의 변화로 전기 저항이 크게 변하는 반도체의 성질을 이용한 소자로, 온도 측정, 전력 측정, 자동 제어의 회로 등에 사용된다. 서미스터는 Ni, Co, Mn, Fe, Cu 등의 금속 산화물의 분말을 혼합하여 압축시킨 반도체 소자이다. 이 소자는 음(−)의 큰 온도 계수를 가지며, 일반적으로 −100~300 ℃의 측온체로 감도가 가장 높고 안정성이 있어 널리 사용된다. 서미스터는 금속 산화물에 백금선과 같은 도선을 붙인 것으로 간단한 구조를 갖는다.

5) 저항선 온도계

금속선 등의 전기 저항은 일반적으로 온도에 따라 변화하므로 전기 저항을 측정해서 온도를 알 수 있다. 이와 같은 원리의 온도계를 저항선 온도계라고 한다. 저항체로서는 백금선, 니켈선, 동선, 서미스터 등이 쓰인다.

백금선은 내식성耐蝕性이 좋고, 전기 저항이 안정되어 있으며, 온도에 의한 저항 변화도 크기 때문에 정밀 온도 측정에 쓰인다. 일반적인 온도 측정 범위는 −200~500 ℃ 정도이며, 300 ℃ 정도라면 니켈선, 150 ℃ 이하에는 동선이 쓰인다.

저항선 온도계로 온도를 측정하는 경우에는 측온 저항체測溫抵抗體와 3개의 저항선을 접속한 전기 회로가 이용된다. 이런 전기 회로를 휘트스톤 브리지라고 하며, 전기 저항을 측정하기 위한 방법이다.

5. 정전 용량 변환

변위 등의 입력 신호를 정전 용량으로 변화시켜 전압이나 전류로 변환할 수 있다. 이 변환기는 정전 용량을 구성하고 있는 전극의 한쪽을 변위에 따라 움직이게 하는 것에 의해 미소한 변위를 정전 용량 변화로 바꾸는 방식으로, 다음 3가지 형이 있다.

> • 전극 간격(t) 변화형　　• 면적(A) 변화형　　• 유전율(ε) 변화형

　[그림 1.30]과 같이 면적 $A(m^2)$, 전극 간격 $t(m)$의 평행한 전극 사이에 유전율 ε인 유전체가 있는 경우 정전 용량 C는 다음과 같이 표시된다.

$$C = \frac{\varepsilon A}{t}(F), \text{ 여기서 단위 F는 패러데이를 뜻함.}$$

유전체가 공기인 경우 정전 용량은 다음과 같다.

$$C = \frac{\varepsilon_o A}{t} = \frac{8.855A}{t} \times 10^{-12}(F)$$

단, ε_o 는 진공의 유전율이며 $\varepsilon_o = 8.855 \times 10^{-12}(F)$이다.

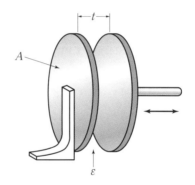

[그림 1.30]　평행판 전극 사이의 정전 용량

6. 인덕턴스 변환

　인덕턴스란 코일 등에서 전류의 변화가 유도 기전력이 되어 나타나는 성질이며, 유도 계수라고도 한다. 유도 계수에는 상호유도 계수와 자체 유도 계수가 있는데 단위는 헨리(H)로 표현한다. 자체 유도란 코일에 흐르는 전류의 세기가 변하므로 코일 주위의 자기장이 변하면서 코일 자체에 유도 기전력이 발생한다. 이때 변하는 전류에 대하여 반대로 저항하는 전류의 관성적 성질을 자체 유도 계수라고 하며, 서로 떨어진 두 코일에 대한 유도 계수를 상호유도 계수라고 한다.

1) 원리

　인덕턴스 변환이란 기계적 변위의 입력 신호를 코일의 자기 인덕턴스 또는 상호 인덕턴스로 변화시켜 교류 전압으로 출력하여 계측하는 방법이다. 코일에 교류 전류를 인가하면

자기 유도 작용이 발생하여 [그림 1.31]과 같이 두 개의 코일 L_1과 L_2를 접근시키면 그 사이에 상호 결합(상호 인덕턴스 M)이 발생한다. 두 개의 코일 a와 b를 접속하여 ab 단자의 인덕턴스 L은 다음과 같이 구할 수 있다.

$$L = L_1 + L_2 \pm 2M$$

따라서 인덕턴스는 M에 따라 변화하게 된다.

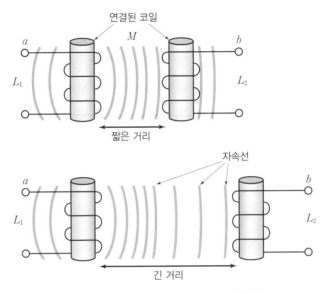

[그림 1.31] **상호 인덕턴스의 발생 원리**

2) 차동 변압기

차동 변압기differential transformer란 전자기 유도를 이용해서 직선 변위를 전압으로 출력하는 변환기이다. 가동 철심의 주위에 1차 코일과 2차 코일을 감아서 만든 것으로, 아주 적은 변위의 검출과 측정에 쓰인다.

기계적 변위가 1차 코일과 2차 코일 사이에서 발생하는 자속의 변화 즉, 상호 인덕턴스를 변화시키는 변환기를 직선형 가변 차동 변압기(LVDT; Linear Variable Differential Transformer)라고 부른다.

(1) LVDT의 원리

기계적 변위를 전기적인 신호로 바꿔주는 LVDT는 코어core or armature의 이동으로 1차 코일에서 2차 코일에 유도되는 자속의 변화, 즉 상호 인덕턴스를 변화시키는 변환기이다. 이 변환기는 기계적, 전기적으로 분리되어 움직일 수 있는 코어의 변위에 비례하여 전기적 출력이 발생된다. 2차 코일에 유도되는 기전력은 페러데이의 법칙에 의해 다음과 같이 표현된다.

$$E = -N\frac{d\phi}{dt} = -NA\frac{dB}{dt}$$

$$E = E_1 - E_2$$

E: 유도 기전력 N: 코일의 권선수 ϕ: 자속

A: 자속이 지나가는 단면적 B: 자기장

LVDT는 기본적으로 가동형 코어와 3개의 코일로 구성된다. AC 여자 전압이 주 권선에 공급되면 코어가 움직이게 되고, 그 결과로 2차 권선 단자에서의 출력 전압의 크기와 위상이 바뀌게 된다.

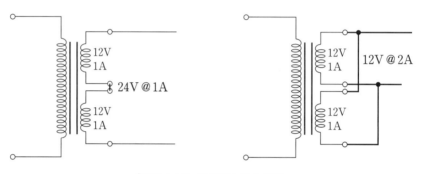

[그림 1.32] LVDT의 등가 회로

(2) LVDT의 특징

• 증폭기, 전압 및 주파수의 변동이 없다.

• 비직선성이 지시에 나타나지 않는다.

• 평등 눈금이 된다.

• 안정된 교류 여자 전원이 필요하다.

(3) LVDT의 주요 응용

• 자동 평행식 계측법   • 직류 차동 변환기   • 오리피스 차압식 유량계

• 면적식 유량계   • 자동 액면계   • 힘 평행식 천칭

• 판의 두께 측정   • 하중계

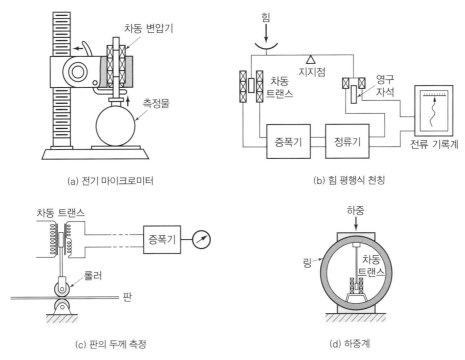

(a) 전기 마이크로미터

(b) 힘 평행식 천칭

(c) 판의 두께 측정

(d) 하중계

[그림 1.33] LVDT의 응용

7. 자기 변환

자기 변환은 인덕턴스 변환기와 큰 차이가 없으며 물성 효과를 이용한 것이다. 자기 변환은 측정량을 자기 저항, 도자율, 자화율 등 자기적인 성질의 변화로 바꾸는 변환기로, 코일의 자기 인덕턴스나 상호 인덕턴스의 변화를 거쳐 측정량에 비례한 전압이나 전류를 얻는다.

1) 자기 변형 변환기

자성체를 자화하면 그 치수가 변형되며, 역으로 자화된 재료에 외력을 가하면 변형을 일으켜서 자화 특성이 변화하는 현상을 일컬어 자기 변형 효과라고 한다. 자화된 재료에 외력을 가하는 방법을 이용하여 힘 또는 토크의 선기적 변환기를 제작할 수 있다. 자기 변형 재료에는 철, 니켈, 코발트 등의 금속이나 이들을 포함한 합금 또는 페라이트ferrite 등의 화합물 자성체가 있으며, 큰 하중용으로는 규소 강판이 널리 사용된다. 자기 변형 효과에는 다음과 같은 형식이 있다.

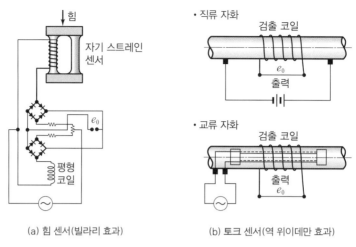

| (a) 힘 센서(빌라리 효과) | (b) 토크 센서(역 위이데만 효과) |

[그림 1.34] **자기 변형 효과를 이용한 센서**

(1) 빌라리 Villari **효과**

자속과 같은 방향에 하중을 가하여 그 방향으로 자화 곡선을 변화시키는 것으로, 힘 센서에 응용된다.

(2) 빌라리 횡 효과

자속의 직각 방향에 하중을 가하여 그 방향으로 자화 곡선을 변화시킨다.

(3) 역 위이데만 Wiedemann **효과**

원주 방향으로 자화된 축을 비틀어서 축 방향의 자화 특성을 변화시키는 것으로, 토크 센서에 응용된다.

(4) 위에타임 Wertheim **효과**

축 방향으로 자화된 축을 비틀어서 원주 방향의 자화 특성을 변화시킨다.

2) 홀 효과 변환기

홀 효과란 전류가 흐르고 있는 가느다란 금속판에 수직으로 자기장을 가하면 전류와 자기장의 수직 방향으로 전위차가 생기는 현상으로, 1879년에 미국의 물리학자 에드윈 홀이 발견하였다.

[그림 1.35]와 같이 게르마늄, 실리콘 또는 인듐-안티몬, 인듐-비소 등의 반도체로 만들어진 판상편의 한쪽에 전류 I를 흐르게 하고 이 전류와 직각으로 전압 단자를 설치한다. 여기에 직각으로 자계를 걸면 반도체 내부의 캐리어가 p형(정공) 또는 n형(전자)이 수평으로 이동하여 전압 단자에 홀 전압이 발생한다. 이러한 현상을 홀 효과라고 하며, 홀 효과를 이용한 것에는 변위 등을 검출하는 홀 센서가 있다.

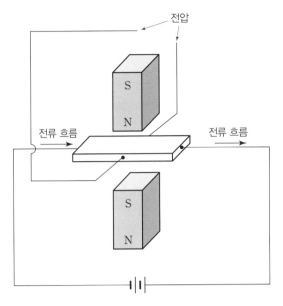

[그림 1.35] 홀 효과의 원리

3 신호 처리

○ 단원 목표

1. 측정을 통하여 획득한 신호의 신호 처리 시스템을 올바르게 이해할 수 있다.
2. 획득한 신호에 대하여 FFT 분석을 올바르게 할 수 있다.
3. 시간 신호와 주파수 신호를 올바르게 분석할 수 있다.

1·3·1 개요

계측을 통하여 얻은 데이터는 다양하고 복잡한 특성을 가지므로 신호 처리가 요구된다. 신호 성분이 진동 신호인 경우 시간 대역과 주파수 대역에서 해석을 통하여 필요한 신호를 분석하게 된다. 이와 같은 신호는 한 개 이상의 독립 변수를 수학적 함수로 표시하며 신호는 다음과 같이 분류할 수 있다.

- 연속 신호: 연속적인 시간 t에 의하여 정의되는 신호
- 이산 신호: 특정한 시간에서 간헐적으로 나타나는 신호
- 불규칙 신호: 신호의 특성을 함수로 표현할 수 없어 확률 밀도 함수나 통계 값(평균값, 분산 값)으로 나타내는 신호
- 디지털 신호: 연속 신호를 샘플링하여 이산 신호로 양자화하여 변환한 후 얻은 신호

진동 신호는 오실로스코프를 이용하면 실시간으로 변화하는 진동 현상을 관측할 수 있다. 이것은 진동을 진폭 대 시간으로 취하는 것이며, 시간을 중심으로 하는 해석이다. 그런데 이러한 시간 영역의 해석에서는 주파수를 정량적으로 파악할 수 없다. 이것은 대부분의 진동은 단일 주파수로 구성되어 있는 것이 아니고 많은 주파수 성분이 서로 중복되어서 진동 현상을 나타내고 있기 때문이다.

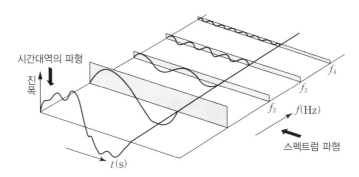

[그림 1.36] 시간 및 주파수 대역의 신호

1·3·2 신호 처리 시스템

  신호 처리 시스템은 기본적으로 진동 신호의 검출부, 변환부 및 신호 처리부로 구성된다. 회전 기계에서 발생하는 진동 또는 소음 등과 같은 물리량을 검출하여 전기 신호로 변환하는 센서에 전치 증폭기의 기능이 있을 때 변환기라고 한다. 이와 같이 변환기를 통하여 추출된 신호는 증폭기를 통하여 신호가 증폭된다.

  증폭기에서 나오는 신호는 아날로그 신호이므로 신호 그 자체는 숙련자가 듣고 있는 소리와 거의 같은 상태이다. 그 신호를 디지털 신호로 변환하여 해석하는 FFT Fast Fourier Transform 분석기 부분이 경험에 비추어서 숙련자가 머릿속에서 정보를 처리하고 판단하는 부분의 일부라고 말할 수 있다.

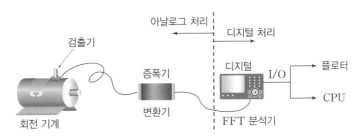

[그림 1.37] 신호 처리 시스템

  FFT는 "모든 반복되는 신호는 여러 개의 사인 함수와 코사인 함수의 합으로 나타낼 수 있다"는 프랑스 수학자 푸리에의 정의를 이용하여, 이산 데이터 값들에 대하여 푸리에 변환 계산을 위한 알고리즘이다. 이와 같이 FFT 알고리즘은 H/W 회로를 이용하여 매우 복잡한 시간 대역의 신호를 간단하고 매우 빠르게 주파수 대역의 신호로 변환시키는 역할을 한다.

1. 신호 처리 기능

기계 진동 신호를 분석하는 경우에 측정된 복합 진동 성분을 시간 영역, 주파수 영역, 위상 영역 및 전달 특성을 FFT 분석기를 통하여 해석할 수 있다. 진동 현상과 그 진동원과의 상대적인 관계를 알기 위해서는 2채널의 분석기가 필요하다. 2채널 FFT 분석기의 측정과 해석 기능은 일반적으로 다음과 같은 형태로 표현할 수 있다.

1) 신호 성분의 분리

- 시간 평균time record averaging
- 선형 스펙트럼 평균linear spectrum averaging
- 자기 상환 함수auto correlation function
- 자기 파워 스펙트럼auto power spectrum

2) 주파수 성분 측정

- 자기 상관 함수autocorrelation function
- 자기 파워 스펙트럼auto power spectrum

3) 신호원과 측정 점의 분리 및 추출

- 상호 상관 함수cross correlation function
- 상호 파워 스펙트럼cross power spectrum
- 기여도 함수coherence function

4) 전달 특성의 파악

- 전달 함수transfer function

2. 디지털 신호 해석

신호 해석의 기본적인 방법인 푸리에 변환 즉, 고속 푸리에 변환(FFT) 알고리즘과 최신의 디지털 기술을 신호 해석에 도입하여 신호를 고속으로 처리하는 방식이 디지털 신호 해석이다. 디지털 기술이 발전하기 이전에는 아날로그 기술에 의하여 푸리에 변환을 처리했기 때문에 본래의 푸리에 변환이 충분히 이루어지지 않았다. 디지털 기술을 응용하면 신호를 고속으로 처리할 수 있고 해석 주파수 범위를 쉽게 조절할 수 있다.

푸리에 변환을 디지털 계산기로 계산한 경우, 그 신호 데이터 수가 증가함에 따라 푸리에 변환의 연산 시간은 대단히 길어지고 실용상 기억 장치의 용량도 아울러서 문제가 생기게 된다. 이것은 입력 신호를 시간 축 상에서 N개의 샘플링으로 분할하고 한정된 푸리에 변환을 N^2회로 곱셈할 필요가 있기 때문이다. 그리하여 이것을 해결하고 실용상의 문제를 제거한 것이 1965년에 쿨리와 튜키Cooly-Tucky에 의하여 제안된 고속 푸리에 변환 알고리즘이다.

이것을 사용하면 입력 신호를 2개의 샘플링 시계열로 분할해서 계산하기 때문에 곱셈 회수를 N^2부터 $(N/2) \log_2 N$회로 감소시킬 수 있다. 그리고 이러한 처리 방식을 일반적으로 FFT라고 하고, FFT 처리 방식에 의한 계측기나 계측 시스템을 디지털 신호 분석기 또는 FFT 분석기라고 한다.

❸ 신호의 샘플링

컴퓨터를 이용하여 어떤 신호로부터 원하는 정보를 추출하기 위하여 신호 처리를 할 때는 먼저 A/D 변환기를 사용하여 연속적 신호continuous signal 또는 analog signal를 이산적 신호discrete signal 또는 digital signal로 바꾸어야 한다. 그러나 단순히 일정한 시간 간격으로 샘플링하면 되는 것이 아니라 다음과 같은 요소들을 알아서 연속적 신호를 이산 신호로 변화시켜 신호 처리하는데 발생하는 여러 가지 문제점을 해결해야 한다.

- 샘플링 시간은 얼마로 해야 할 것인가?
- 원하는 정보의 표현에 필요한 데이터 개수는 얼마인가?
- 신호에 내포된 가장 높은 주파수는 얼마인가?
- 신호 처리의 주파수 대역은 얼마인가?

이와 같이 본격적인 신호 처리를 하기 전에 선행되는 처리를 신호의 전처리라고 하고, 연속 신호가 일정한 시간 간격 Δt로 샘플링된 신호의 값을 데이터라고 한다.

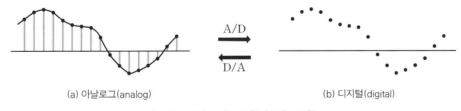

(a) 아날로그(analog)　　　(b) 디지털(digital)

[그림 1.38] A/D 변환과 D/A 변환

1. 샘플링 시간

샘플링 시간이 큰 경우 [그림 1.39]에 나타난 현상과 같이 높은 주파수 성분의 신호를 낮은 주파수 성분으로 인지할 수 있는데, 이러한 영향을 엘리어싱aliasing이라고 부른다.

이와 같은 엘리어싱 현상을 방지하기 위해서는 샘플링 시간을 작게 해야 한다. 그러나 샘플링 시간을 지나치게 작게 한 경우, 필요한 데이터의 개수가 많아져 계산 시간이 많이 걸리게 되고, 필요 이상의 작은 샘플링 시간으로 인해 높은 주파수 영역의 잡음 영향을 배제할 수 없다.

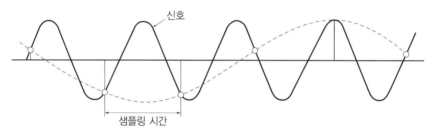

[그림 1.39] 엘리어싱 현상

데이터에 내포된 가장 높은 주파수 성분을 f_{max}라고 할 때, 엘리어싱 영향을 제거하기 위한 샘플링 시간 Δt는 나이퀴스트의 샘플링 이론에 의하여

$$\Delta t \le \frac{1}{2f_{max}} \text{ 이 되고,}$$

샘플링 주파수를 f_s라고 하면, $f_s \le 2f_{max}$이므로,

$$\Delta t = \frac{1}{f_s} \le \frac{1}{2f_{max}} \text{ 가 된다.}$$

예를 들면, 데이터에 $1000\,Hz$의 높은 주파수 성분이 있을 때 엘리어싱 영향을 제거하기 위한 샘플링 시간은

$$\Delta t \le \frac{1}{2f_{max}} \le \frac{1}{2 \times 1\,000} = 0.5\,(ms)\text{이내로 해야 한다.}$$

2. 샘플링 개수

신호 처리에 있어서 데이터의 개수는 많을수록 좋지만, 데이터의 개수가 많아지면 컴퓨터의 용량과 신호 처리 시간에 문제가 발생하므로 어느 정도 제한을 두어야 한다. 그러면 얼마만큼의 데이터 개수를 수집해야 필요로 하는 정보를 비교적 정확하게 획득할 수 있는

지에 대한 문제가 제기된다. 이것은 신호를 수집하는 대상, 즉 시스템의 대역폭에 따라 달라진다.

높은 주파수 성분	$f_{max} = \dfrac{f_s}{2}$ (Hz)	
주파수 분해능	$\Delta f = \dfrac{1}{T}$ (Hz)	
측정 시간 길이	$T = N \Delta t$ (s)	
나이퀴스트 주파수	$f_c = \dfrac{f_s}{2}$ (Hz)	
샘플링 간격	$\Delta t = \dfrac{1}{f_s}$ (s)	
샘플링 개수	$N = \dfrac{T}{\Delta t} = \dfrac{2f_{max}}{\Delta f} = \dfrac{f_s}{\Delta f}$	

예제 1 주파수 분해능(최소 눈금) Δf를 5 Hz로 하고 데이터 개수 N을 1 024개를 취할 때, 측정 시간 T, 샘플링 주파수 f_s 및 고주파수 성분 f_{max}를 구하라.

〈풀이〉 $T = \dfrac{1}{\Delta f} = \dfrac{1}{5} = 0.2 \text{s}$

$f_s = N \Delta f = 1\,024 \times 5 \text{Hz} = 5\,012 \text{Hz}$

$f_{max} = \dfrac{f_s}{2} = \dfrac{5\,120}{2} = 2\,560 \text{Hz}$

예제 2 높은 주파수 성분 $f_{max} = 50 \text{kHz}$로 하고 $N = 4\,096$개를 취할 때, 샘플링 주파수 f_s, 주파수 분해능 Δf 및 측정 시간 T를 구하라.

〈풀이〉 $f_s = 2 f_{max} = 2 \times 50\,000 \text{Hz} = 100 \text{kHz}$

$\Delta f = \dfrac{1}{Nh} = \dfrac{1}{N \Delta t} = \dfrac{f_s}{N} = \dfrac{100\,000}{4\,096} = 24.4 \text{Hz}$

$T = \dfrac{1}{\Delta f} = \dfrac{1}{24.4} = 0.04 \text{s} = 40 \text{ms}$

3. 데이터의 경향 제거 방법

수집된 데이터에는 $T = N \Delta t$보다 긴 주기를 갖는 낮은 주파수 성분의 신호나 센서의 부정확한 조절 등으로 인하여 일정 상수 값이 내포되는 경우가 있다. 이와 같이 여러 가지 원인으로 인하여 신호에 어떤 일정한 경향을 띄게 되는 경우에는 이런 경향을 제거해야 한다. 일반적으로 데이터의 경향을 제거하는 방법은 최소 자승법을 이용하는 것이 보통이다.

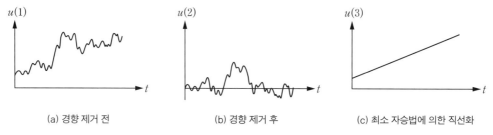

(a) 경향 제거 전	(b) 경향 제거 후	(c) 최소 자승법에 의한 직선화

[그림 1.40] **1차적 경향을 제거한 데이터의 예**

4. 주밍

FFT를 이용하여 스펙트럼 해석을 하는 경우, 비교적 큰 주파수 성분을 내포하는 신호를 매우 작은 분해능resolution으로 해석하려면 데이터 개수 N이 매우 커야만 한다. FFT를 행할 때 PC에서 처리할 수 있는 최대 데이터 개수가 2 048개일 때 문제점을 극복하는 방법이 데이터 주밍 방법이다.

FFT에서 주파수 영역에서의 분해능은 $\Delta f = 1/(N\Delta t)$로 주어지므로 분해능을 작게 하기 위해서는 N을 증가시키든가 Δt를 크게 해야 하는데, N을 증가시키는 것은 제한이 있으므로 Δt를 크게 해야 한다. 한편으로 FFT에서의 주파수 대역이 $f_c = \dfrac{1}{2\Delta t}$로 주어지므로, Δt가 커지면 f_c가 작아진다. 이런 모순을 해결하기 위하여 푸리에 변환식을 이용한다.

• 샘플링 주파수	f_s	(2 560 Hz)
• 샘플링 개수	$N(=2^F)$	$(1\,024 = 2^{10})$
• 샘플링 주기	$\Delta t = \dfrac{1}{f_s}$	(3.906 ms)
• 샘플링 길이	$T(=N\cdot\Delta t)$	(0.4 s)
• 주파수 분해능	$\Delta f(=1/T)$	(2.5 Hz)
• 시간 대역의 주파수 밴드	$400\Delta f$	(1 kHz)

넓은 대역으로 주파수를 분석한 결과를 이용하여 특정 주파수 대역을 주밍한다고 하자. 이때 주파수 범위와 관계없이 400분의 1의 분해능으로 표시되기 때문에 4 000 Hz라면, 10 Hz 간격으로 주밍된다. [그림 1.41]과 같이 관심 있는 주파수 대역($f_L{\sim}f_H$)을 선택해서 화면 전체에 표시하면 $\dfrac{f_{\max}}{400} \rightarrow \dfrac{(f_H - f_L)}{400}$으로 분해되어 선 스펙트럼으로 나타내는 기법을 주밍이라고 한다.

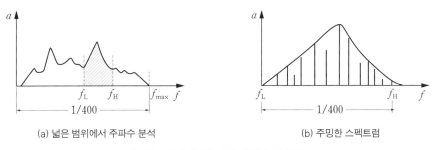

|(a) 넓은 범위에서 주파수 분석|(b) 주밍한 스펙트럼|

[그림 1.41] 넓은 대역 주파수의 주밍

1 3 4 FFT 분석

FFT란 고속 푸리에 변환으로, 시간 축의 신호를 주파수 축의 신호로 변환하는 방식이다. 진동 검출기나 마이크로폰 등의 센서에서 출력되는 연속적인 신호를 일정 시간 폭으로 샘플링하여 AD 변환함으로써 FFT 연산을 하는 것을 의미한다. FFT 처리된 신호는 파워 스펙트럼, 주파수 응답 함수 등을 이용하여 각종 구조물의 고유 진동수와 기계 설비의 결함 진단 등에 유용하게 이용된다.

1. 개요

FFT 분석기의 기본 개념은 종래의 스펙트럼 분석기와 매우 비슷하다. 그러나 스펙트럼 분석기는 GHz 단위의 고주파수 대역 측정에 사용되지만, FFT 분석기는 40 kHz 대역까지 사용할 수 있다. 현재 사용되고 있는 일반적인 FFT 분석기의 기본 구성은 [그림 1.42]와 같다.

[그림 1.42] FFT 분석기의 구성

2. 신호 처리 흐름

FFT는 시간 영역의 신호를 주파수 영역으로 변환시키는 알고리즘이므로 신호를 주파수 영역으로 연속적으로 변환할 수는 없다. 먼저 샘플링을 한 후에 디지털로 변환해야 한다. 따라서 FFT는 시간 영역에서 샘플링된 자료가 주파수 영역에서의 샘플로 디지털화되는 것을 의미한다. 샘플링으로 인해 두 영역에서 원래의 신호를 동일하게 나타낼 수는 없으나 샘플링 간격이 작을수록 샘플링된 신호는 원래의 신호에 근사하게 된다.

샘플링된 데이터는 규정된 타임 레코드가 될 때까지 타임 버퍼_{time buffer}에 고속으로 저장된다. 타임 버퍼에서 타임 레코드가 완성되면 선정된 윈도 함수_{window function}가 필요한 신호를 추출하여 메모리에 저장한다. 저장된 샘플링 신호를 디지털 프로세서에 의해 고속으로 푸리에 변환하여 파워 스펙트럼이나 전달 함수 등을 구하고 최후에 이들을 측정한 결과를 화면에 표시한다.

FFT 연산은 푸리에 변환을 근사화한 소위 이산 푸리에 변환(DFT; discrete fourier transform)을 계산하는 데 매우 효과적인 방법이다. 하지만 DFT의 유한성과 불연속성에 의해 엘리어싱_{aliasing}, 타임 윈도_{time window}, 피켓 펜스_{picket fence} 효과 등의 결점이 나타난다.

3. 엘리어싱

신호 처리에서 엘리어싱은 표본화를 하는 가운데 각각 다른 신호를 구별하지 못하는 효과로, 신호가 샘플로부터 다시 구성될 때 결과가 원래의 연속적인 신호와 달라지는 '일그러짐'을 의미한다.

1) 엘리어싱의 샘플링 정리

엘리어싱은 아날로그 신호를 디지털로 변환할 때 발생하는 직접적인 결과로, 아날로그 신호의 고주파 성분이 디지털 변환 과정에서 저주파 성분과 뒤섞여 구분할 수 없게 되는 현상이다. 이것을 주파수의 반환 현상이라 하며, 어떤 최고 입력 주파수를 설정했을 때 이보다 높은 주파수 성분을 가진 신호를 입력한 경우에 이러한 문제가 발생한다.

샘플링 정리에 의하면, 샘플링 비_{sampling rate}는 샘플링되는 신호에서 가장 높은 성분의 2배 이상이어야 한다. 즉, 각 주파수의 한 사이클에 대하여 2점 이상의 샘플점이 필요하다. 이것은 다음과 같은 식으로 표현할 수 있다.

$$f_{\max} \leq \frac{1}{2\Delta t}$$

위 식과 샘플링 주파수 f_s의 관계는 다음과 같이 나타낼 수 있다.

$$f_{max} \leq \frac{1}{2\Delta t} = \frac{f_s}{2}$$

엘리어싱의 구체적인 예를 들어 보면, 샘플링 주파수가 100 kHz일 때, A/D 변환기를 갖는 FFT 분석기는 50 kHz 이하의 성분은 정확히 분석된다. 그러나 그 이상의 주파수 성분은 엘리어싱에 의하여 저주파로 반환하게 된다. [그림 1.43]에서 실선의 파형은 샘플링되는 입력 파형으로 80 kHz이다. 이것은 세로줄로 표시한 것처럼 100 kHz로 샘플링되고 있다.

이 경우에는 각 사이클에 대해 2회 이하의 샘플이므로 각 샘플링 점을 사인파로 연결한 것이 된다. 따라서 그 결과 주파수는 실제보다 낮은 17 kHz가 된다. 즉, 80 kHz의 성분이 100 kHz에서 샘플링될 때 그것은 17 kHz의 성분으로서 나타나는 오류가 발생한다.

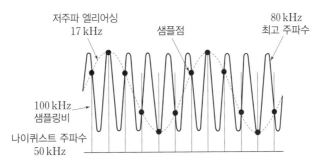

[그림 1.43] 샘플링 비가 낮을 경우 발생되는 저주파 엘리어싱

[그림 1.44]는 샘플링 주파수가 100 kHz일 때, 최대 주파수는 절반인 50 kHz에서 반환점으로 나타나는 것을 나타내고 있다. 이것은 100 kHz의 신호를 100 kHz의 샘플링 주파수로 샘플링할 때 모든 사이클로 동일한 점에서 1회가 샘플링되기 때문에 이것을 연결한 것은 직선, 즉 DC 성분이 되는 것을 보아도 직관적으로 알 수 있다.

그런데 실제 측정에서는 입력 신호의 주파수 대역을 완전하게 한정시키는 것은 어렵다. 이것을 방지하기 위하여 안티 엘리어싱 필터라고 하는 저역 통과 필터를 사용한다.

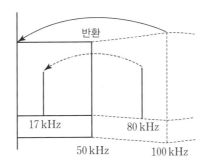

[그림 1.44] 최대 주파수($f_{max} = 50$ kHz)에 대한 엘리어싱 현상

2) 엘리어싱 방지 필터의 특성

샘플링 주파수(100 kHz)의 절반 주파수(50 kHz)에서 직각으로 감쇠하는 이상적인 저역통과 필터는 불가능하다. 실제로는 [그림 1.45]와 같이 점차적인 롤 오프roll off와 입력 신호를 한정시키는 컷 오프cut off 주파수에 관한 특성을 갖는다. 천이 대역transition band 안에 충분히 감쇠되지 않은 큰 신호는 이 경우에도 입력 주파수 내에 반환 성분으로 남는다. 따라서 사용할 수 있는 주파수 범위는 샘플링 주파수의 절반 이하로 사용된다. 이것은 샘플링 비를 최대 입력 주파수의 3~4배로 한다는 의미에서 25 kHz의 해석 대역을 갖는 FFT 분석기라면 100 kHz의 A/D 변환기를 필요로 한다.

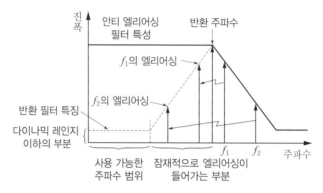

[그림 1.45] 엘리어싱 방지 필터의 특성

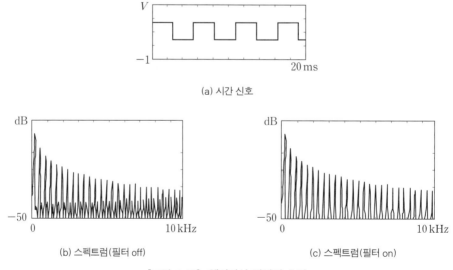

(a) 시간 신호

(b) 스펙트럼(필터 off)

(c) 스펙트럼(필터 on)

[그림 1.46] 엘리어싱 필터의 효과

4. 필터링

기계 설비에서 발생하는 진동은 기계적인 진동 성분과 신호 분석에서 불필요한 진동 성분들이 포함되어 있으므로 설비 진단 시 필요한 진동 신호만 추출하기 위해서 전체 신호로부터 어떤 특정 주파수 범위만의 신호를 추출해야 한다. 이를 필터링이라고 하며, 신호 처리기를 필터라고 한다.

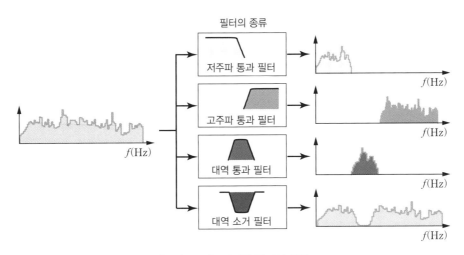

[그림 1.47] **디지털 필터의 종류**

주파수의 전대역이 DC~40 kHz이고, 설정된 주파수 대역폭이 1 kHz~4 kHz일 때, 디지털 필터의 적용 예는 다음과 같다.

- 저주파 통과 필터(LPF; Low Pass Filter)
  - LPF = (0~4) kHz
  - 설정된 4 kHz 이하의 주파수 성분만 통과
- 고주파 통과 필터(HPF; High Pass Filter)
  - HPF = (1~40) kHz
  - 설정된 1 kHz 이상의 주파수 성분만 통과
- 대역 통과 필터(BPF; Band Pass Filter)
  - BPF = (1~4) kHz
  - 설정된 주파수 대역의 성분만 통과
- 대역 소거 필터(BSF; Band Stop Filter)
  - BSF = (0~1) + (4~40) kHz
  - 설정된 주파수 대역 제외한 성분만 통과

5. 시간 윈도

시간 윈도는 획득한 신호를 FFT 분석기로 분석하려고 할 때의 기본적인 처리로, 윈도 함수 처리가 있다. 이 기능은 무한한 길이의 데이터에 대하여 한정된 길이의 시간 데이터만을 추출하고, 이것을 샘플 블록으로 입력하여 주파수 스펙트럼을 계산한다. 또한, FFT 알고리즘은 입력 신호를 주기화하는 신호로 처리한다. 즉, 추출한 일정 시간 성분이 기록되어 반복된다는 가정에서 신호 해석이 된다. 이것은 [그림 1.48]에 잘 나타나 있다.

[그림 1.49]와 같이 기록된 시간 성분이 입력 신호의 주기에 대해 정수배이면 FFT 알고리즘의 가정은 입력 파형과 정확하게 일치한다. 이와 같은 입력 파형을 '시간 기록 안에서 주기화되고 있다'고 한다. 그런데 주기화되지 않은 파형은 FFT 분석기에서 실제 입력 파형과 다른 왜곡된 파형으로 계산, 처리된다.

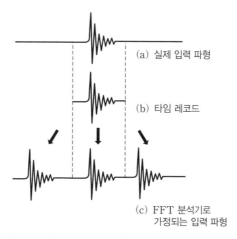

[그림 1.48] FFT 알고리즘의 가정(기록된 시간 신호를 1주기로 반복)

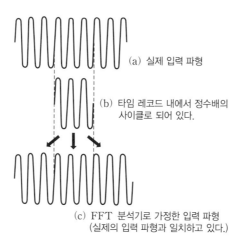

[그림 1.49] 시간 기록의 파형이 주기적일 때(입력 파형과 일치)

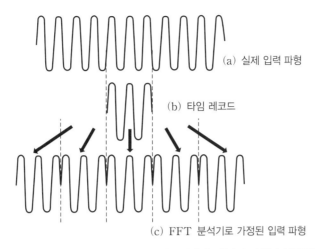

(a) 실제 입력 파형

(b) 타임 레코드

(c) FFT 분석기로 가정된 입력 파형

[그림 1.50] **시간 기록의 파형이 비주기적일 때(입력 파형과 불일치)**

이와 같이 시간 기록의 파형이 비주기적일 때는 기록되는 길이가 유한하기 때문에 생긴다. 스펙트럼은 $1/T$ 간격(T는 기록 길이)으로 분리된 주파수에서 계산되기 때문에 FFT 분석기에서는 시간 기록이 주기 T인 주기 신호의 한 주기인 것으로 취급된다.

시간 기록은 신호의 길이 Ttime window function가 먼저 곱해지고, 그 결과인 단편들이 연결된 것으로 간주될 수 있다. 시간 윈도가 사각형의 파형이고 본래 신호가 T보다 긴 경우 미지의 불연속성이 연결 이음매에서 발생할 수 있으며, 이것이 본래의 신호에는 없던 가짜 성분을 만들어 낸다.

실제로 시간 영역에서 시간 윈도와의 곱셈은 주파수 영역에서 시간 윈도의 푸리에 변환과의 컨벌루션convolution에 해당하므로 타임 윈도는 필터 특성의 역할을 하게 된다. 그 해결책은 불연속성이 없도록 하기 위하여 기록의 양끝에서의 함수 값과 기울기가 0인 다른 윈도 함수를 사용한다. 여기서 윈도 함수는 일반적으로 해닝 윈도hanning window가 선택되며, 그 필터 특성은 [그림 1.51]에서 플랫 톱 윈도flat top window와 비교하여 나타내고 있다.

여기서 해닝 윈도가 플랫 톱 윈도에 비하여 사이드 특성이 훨씬 더 급속히 떨어지며, 밴드 폭이 50 % 증가해도 전반적인 특성이 더 잘 나타남을 알 수 있다.

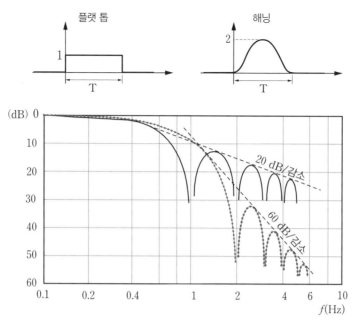

[그림 1.51] **플랫 톱 윈도와 해닝 윈도 함수의 비교**

일반적으로 FFT 분석 시 사용되는 대표적인 윈도 함수는 신호의 종류와 측정 기능 및 활용법에 따라 적어도 3가지 종류의 윈도 함수가 필요하다.

- 주기 신호에는 플랫 톱 윈도
- 랜덤 신호에는 해닝 윈도
- 트랜젠트 신호에는 구형 윈도

[그림 1.52]는 윈도 함수의 특성을 나타낸다.

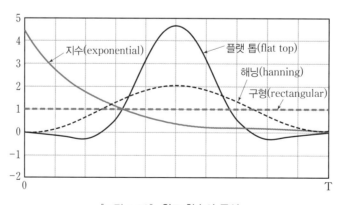

[그림 1.52] **윈도 함수의 특성**

●1 ●3 ⑤ ● 시간 신호 분석

기계에서 발생하는 진동을 FFT에서 분석하는 방법은 크게 시간 영역의 분석과 주파수 영역의 분석이 있다. 시간 영역의 신호 분석은 동기 시간 평균화, 확률 밀도 함수 및 상관 함수 분석 등이 널리 사용된다.

1. 동기 시간 평균화

FFT 분석기에서 측정한 신호 분석의 정확성을 기하기 위하여 평균화 기법을 사용한다. 이 평균화 기법에는 신호를 시간 영역에서 처리하는 동기 시간 평균화synchronous time averaging와 주파수 영역에서 처리하는 주파수 영역 평균화frequency domain averaging 기법이 있다. 일반적으로 기계의 운전 상태 감시나 분석에는 주파수 영역 평균화 기법이 널리 이용된다.

동기 시간 평균화는 트리거 신호에서 입력 신호를 시간 블록으로 나누고, 그것을 순차적으로 더함으로써 그 블록의 주기 성분이 가산되어 나타나도록 하여 대상 신호와 관계없는 불규칙 성분이나 다른 노이즈 성분을 제거하는 기법이다.

동기 시간 평균화를 위해서는 분석 대상인 축과 동기 상태인 기준 트리거, 많은 평균화 횟수, 100 % 신호 처리가 필요하다. 동기 시간 평균화는 신호 처리에 있어서 동기 성분은 크게 강화되고, 비동기 성분과 잡음 신호를 제거할 수 있는 이점이 있다.

[그림 1.53]은 동기 시간 평균화 과정을 나타내고 있다. 이와 같은 평균화는 분석 대상과 관련이 없는 주변의 기계로부터 노이즈 영향을 제거할 수 있는 이점이 있다.

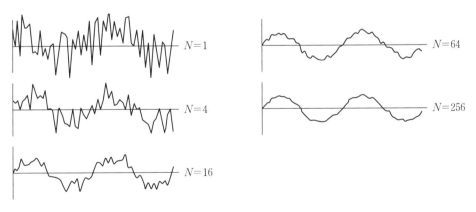

[그림 1.53] **동기 시간 평균화를 통한 노이즈 제거**

2. 확률 밀도 함수

주기 진동이 진폭, 진동수, 위상각으로 완전하게 표현 가능한 것에 비해서 불규칙 진동은 통계적인 평균값이나 확률 밀도 함수(PDF; probability density function) 외에는 표현이 불가능하다.

신호 $X(t)$의 확률 밀도 함수 $p(x)$는 임의의 순간에 신호 값이 x가 나타날 수 있는 확률을 의미하며, 진폭이 x와 $x + \Delta x$ 사이에 존재할 때의 확률을 $P(x, x + \Delta x)$라고 하면, 확률 밀도 함수 $p(x)$는 다음 식으로 정의된다.

$$p(x) = \lim_{\Delta x \to 0} \frac{P(x, x + \Delta x)}{\Delta x}$$

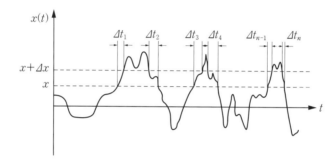

[그림 1.54] **확률 밀도의 측정**

[그림 1.55]는 조화 진동을 하는 정현파 신호와 불규칙 신호에 대한 확률 밀도 함수를 나타낸다.

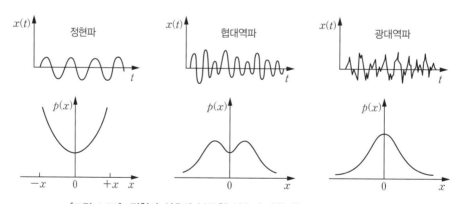

[그림 1.55] **정현파 신호와 불규칙 신호에 대한 확률 밀도 함수의 비교**

3. 상관 함수

상관이란 두 가지 양quantities 사이의 유사성의 척도를 말하며, 상관 함수는 시간 영역에서 두 신호 사이의 상호 연관성을 나타내는 함수이다. 따라서 상관 함수는 시간 영역에서 두 신호의 유사성을 결정하는 데 사용된다.

상관 함수 분석은 기본적으로 파워 스펙트럼의 파형과 동일한 데이터를 주지만, 경우에 따라서는 더 편리하게 이용될 수 있다. 상관 함수에는 자기 상관 함수와 상호 상관 함수가 있다. 한 개의 신호에 대해서는 자기 상관 분석을 하며, 두 개 이상의 신호에 대해서는 상호 상관 분석을 할 수 있다.

1) 자기 상관 함수

자기 상관 함수란 어떤 시간에서의 신호 값과 다른 시간에서의 신호 값과의 상관성을 나타내는 함수이다. 자기 상관 함수 $R_{xx}(\tau)$는 시간 t에서의 신호 값 $x(t)$와 τ 시간만큼의 시간 지연이 있을 때, 즉 시간 $x(t + \tau)$에서의 신호 값 $x(t + \tau)$의 곱에 대한 평균으로 다음과 같이 정의된다.

$$R_{xx}(\tau) = \lim_{T \to \infty} \frac{1}{T} \int_0^T x(t)x(t + \tau)\,dt$$

위 식에서 시간 지연 τ는 양수(+) 또는 음수(−)일 수 있다. 신호 $x(t)$와 $x(t + \tau)$에서 $\tau = 0$(시간 지연이 0)이면, 다음과 같이 완전 상관을 얻게 되어 자기 상관 함수는 제곱 평균값이 된다.

$$R_{xx}(\tau) = \overline{x^2} = \sigma^2$$

또한, 자기 상관 함수의 푸리에 변환이 파워 스펙트럼이다.

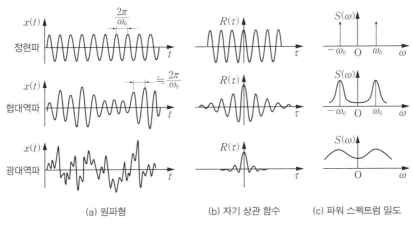

(a) 원파형   (b) 자기 상관 함수   (c) 파워 스펙트럼 밀도

[그림 1.56] 자기 상관 함수와 파워 스펙트럼 밀도와의 비교

2) 상호 상관 함수

상호 상관 함수는 자기 상관 함수와 달리 두 개 이상의 신호에 대해서는 상호 관련성을 분석하는 기법이다. 시간 지연을 검출하는 알고리즘으로 상호 상관 함수를 이용한다. 이 함수에서 피크peak 값의 위치를 검출함으로써 시간 지연 값을 추정할 수 있다.

자기 상관 함수는 자기의 진폭 함수의 곱이지만, 서로 다른 두 개의 불규칙 신호 $x(t)$와 $y(t)$의 상호 상관 함수 $R_{xy}(\tau)$는 시간 t에서 $x(t)$와 시간 $t + \tau$에서의 $y(t + \tau)$의 곱을 긴 시간 τ에 걸쳐 평균한 값으로 다음과 같이 정의된다.

$$R_{xy}(\tau) = \lim_{T \to \infty} \frac{1}{T} \int_0^T x(t) y(t + \tau) dt$$

자기 상관 함수 $R_x(\tau)$는 상호 상관 함수 $R_{xy}(\tau)$에서 $y(t) = x(t)$가 되는 특수한 경우로 볼 수 있다.

상호 상관 분석시의 신호 측정은 가속도 센서를 축 방향과 축의 직각 방향에 각각 설치해야 한다. 즉, 한 개의 신호에 대해서는 자기 상관 분석을 하며, 두 개 이상의 신호에 대해서는 상호 상관 분석을 할 수 있다.

이러한 분석의 결과로서 결정되는 상관 함수는 한 신호와 임의로 선정된 시간 간격만큼 이동한 또 다른 신호 사이의 상관성을 시간 간격의 함수로 나타낸다. 따라서 상관 함수는 시간 신호에 숨어서 밖으로 나타나지 않는 주기 신호나 특정 주파수 성분의 존재를 확인하는 데 이용된다. 상호 상관 함수 분석은 진동원의 탐지 등 시스템 분석에 가장 많이 활용된다.

①③⑥ 주파수 신호 분석

주파수 신호 분석이란 복잡한 소리나 진동에 대하여 그 성분의 크기를 주파수 함수로 구하는 것으로, 대표적인 주파수 분석 방법에는 파워 스펙트럼, 전달 함수, 코히런스 함수, 켑스트럼 및 배열 스펙트럼 분석 등이 있다.

1. 파워 스펙트럼

자기 상관 함수의 푸리에 변환을 파워 스펙트럼이라고 하며, 파워 스펙트럼의 크기는 각 주파수 성분이 가지는 파워를 나타내며, 일반적인 경우 신호에 대한 제곱 단위를 갖는다.

많은 주파수를 포함하는 불규칙 함수의 신호에서 대역 통과 필터band pass filter를 통하여 어떤 중심 주파수 f의 신호를 추출하고, 그 신호의 제곱 평균을 취한 것을 주파수의 파워라고 한다. 그리고 그 중심 주파수를 순차 이동시켜 갈 때 파워가 주파수의 함수로 표현된다.

또한, 대역 통과 필터의 폭을 무한히 좁게 했을 때의 파워를 Δf로 나눈 값을 파워 스펙트럼 밀도 함수라고 한다. 파워 스펙트럼 밀도 $S(f)$는

$$S(f) = \lim_{\Delta f \to 0} \frac{\overline{x^2(f)}}{\Delta f} \ \text{가 되고,}$$

여기서, $\overline{x^2}(f)$는 다음과 같다.

$$\overline{x^2}(f) = \lim_{T \to \infty} \frac{1}{T} \int_0^T x^2(f, t)\, dt$$

파워 스펙트럼 밀도 $S(f)$는 f를 중심으로 f에서 대역 통과 필터를 통과한 신호의 제곱 평균치로 주어진다. 이와 같이 주파수를 분석하는 것을 파워 스펙트럼 분석이라고 한다.

[그림 1.57]은 파워 스펙트럼 신호에 대하여 진폭을 각각 선형 눈금과 대수 눈금으로 나타낸 예이다. 파워 스펙트럼의 특성상 진폭은 제곱되어 나타나므로 진폭이 큰 주파수 성분은 잘 나타나지만 진폭이 작은 주파수 성분은 신호에 묻혀서 잘 나타나지 않게 되거나 거의 보이지 않게 된다.

[그림 1.57]의 (a)는 선형 눈금으로 나타내었으므로 높은 주파수에서 진폭이 낮은 성분은 잘 나타나지 않음을 알 수 있다. 따라서 낮은 진폭 성분을 나타내기 위하여 진폭 축을 대수로 취하여 dB 단위로 표시하면 그림 (b)와 같다. 그림 (b)에서는 작은 성분도 주파수에 의한 파워 스펙트럼이 잘 나타남을 알 수 있다.

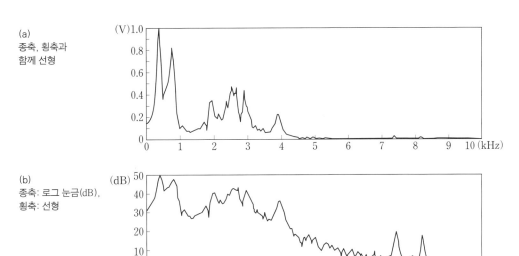

[그림 1.57] 진폭 축을 선형 및 대수 눈금으로 나타낸 파워 스펙트럼

2. 전달 함수

전달 함수란 동적 시스템의 전달 특성을 입력 신호와 출력 신호 사이의 관계를 대수적으로 표현한 것으로, 어떤 시스템에서 입력 신호 $x(t)$와 $y(t)$에 대하여 푸리에 변환한 함수 $X(f)$와 $Y(f)$의 비를 전달 함수라고 한다.

즉, 입력 신호 $x(t)$를 푸리에 변환하면 시간 영역의 신호가 주파수 영역으로 변환하게 된다.

$$G(s) = \frac{Y(f)}{X(f)}$$

3. 코히런스 함수

푸리에 해석을 위해 사용된 통계적 처리의 특징은 측정의 불확실성에 대한 정보, 즉 벡터 궤적의 각 측정 점의 오차를 나타내는 특성 값은 스펙트럼 측정으로부터 유도될 수 있다. 이 특성 값 중의 하나가 코히런스 함수이며, 다음 식으로부터 구해진다.

$$\gamma_{xy}^2(f) = \frac{\left| S_{xy}(f) \right|^2}{S_{xx}(f) S_{yy}(f)}$$

여기서,

$S_{xx}(f)$: 파워 스펙트럼의 입력 신호

$S_{yy}(f)$: 파워 스펙트럼의 출력 신호

$S_{xy}(f)$: 파워 스펙트럼의 입력과 출력 신호의 곱이다.

코히런스 함수는 측정의 불확실성에 따라 (0~1) 범위의 값을 가지며, $\gamma_{xy}^2(f) = 1$인 경우 잡음 신호는 무시할 정도로 오차는 존재하지 않는다. 그러나 코히런스 값이 작은 경우 필요한 신호 크기에 비하여 잡음 신호가 매우 크든가 아니면 시스템의 진동 특성이 선형적이 아님을 의미한다. 이런 경우의 측정값은 매우 큰 오차를 갖게 된다.

[그림 1.58]은 외팔보의 고유 진동수를 측정한 결과를 코히런스 함수와 함께 나타내고 있다.

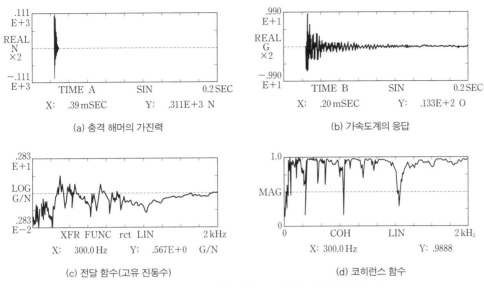

(a) 충격 해머의 가진력

(b) 가속도계의 응답

(c) 전달 함수(고유 진동수)

(d) 코히런스 함수

[그림 1.58] 고유 진동수 측정에서 코히런스 함수의 적용 예

4. 셉스트럼 분석

진동체의 비선형 동작에 의하여 발생되는 조화 함수와 측대역side band은 파워 스펙트럼에서 규칙적인 주파수 간격으로 나타나는 수가 많다. 스펙트럼의 이러한 반복 성분은 진동원의 탐지와 진동 구조의 이해에 중요한 데이터가 될 수 있다. 간단한 경우에는 파워 스펙트럼 분석을 통하여 분석할 수 있으나 이들 성분이 다른 성분들과 섞여 있으므로 시각적인 판단이 어렵다.

셉스트럼cepstrum 분석은 파워 스펙트럼의 반복 성분을 찾아내는 기법으로, 스펙트럼 분석에 의하여 시간 신호의 반복성 성분, 즉 주파수를 찾아내는 것에 비유할 수 있다. 또한, 셉스트럼 분석은 흔히 다른 방법을 이용해서는 측대파의 진폭과 간격을 분리해 내기 어려운 경우에 기어 상태를 분석하는 데 매우 효과적임이 밝혀졌다.

셉스트럼의 수학적 표현은 대수 스펙트럼 $F(f)$의 역 푸리에 변환으로 정의된다.

$$C(\tau) = F^{-1}\{\log F(f)\}$$

[그림 1.59]는 베어링의 진동 특성을 파워 스펙트럼과 셉스트럼으로 분석하고 비교하여 나타내고 있다. 셉스트럼에서 베어링의 진동 특성은 외륜 결함 성분이 $a_1 \sim a_4$에 걸쳐 라하모닉ra-harmonic으로 뚜렷이 나타남을 알 수 있다.

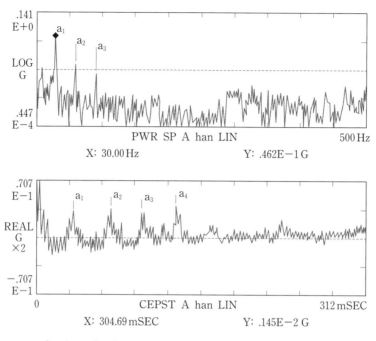

[그림 1.59] 베어링 신호의 파워 스펙트럼과 셉스트럼의 비교

5. 배열 스펙트럼

배열 스펙트럼array spectrum이란 시간의 변화에 따른 파워 스펙트럼의 변화를 3차원으로 배열하여 나타내는 기법이다. 기계 설비의 속도나 운전 조건이 변화하면 스펙트럼의 변화가 임의의 시간 간격으로 순차적으로 표시된다.

[그림 1.60]은 미끄럼 베어링이 고속으로 회전할 때 유막의 휘돌림으로 발생되는 오일 휠 현상을 배열 스펙트럼을 통하여 잘 나타내고 있다. 오일 휠 현상은 회전 주파수의 0.42~0.48배(약 1/2배)에 나타남을 알 수 있다.

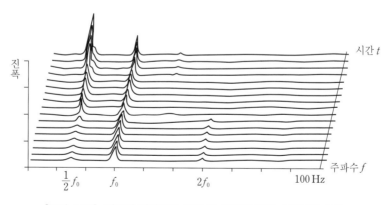

[그림 1.60] 미끄럼 베어링의 오일 휠 발생의 배열 스펙트럼 표시

그리스 문자 기호

소문자	대문자	발음	소문자	대문자	발음
α	A	알파(alpha)	ν	N	뉴-(nu)
β	B	베타(beta)	ξ	Ξ	크사이(xi)
γ	Γ	감마(gamma)	o	O	오미크론(omicron)
δ	Δ	델타(delta)	π	Π	파이(pi)
ε	E	잎시론(epsilon)	ρ	P	로우(rho)
ζ	Z	제-타(zeta)	σ	Σ	시그마(sigma)
η	H	이-타(eta)	τ	T	타우(tau)
θ	Θ	세-타(theta)	υ	Υ	윕실론(upsilon)
ι	I	이오타(iota)	φ	Φ	빠이(phi)
κ	K	카파(kappa)	χ	X	카이(chi)
λ	Λ	람다(lambda)	ψ	Ψ	싸이(psi)
μ	M	뮤(mu)	ω	Ω	오메가(omega)

역학량의 측정

시간·주파수, 회전 속도 측정

단원 목표
1. 시간과 주파수의 정의를 올바르게 설명할 수 있다.
2. 시간계의 측정 원리를 올바르게 설명할 수 있다.
3. 속도, 속력 및 회전수의 정의를 올바르게 설명할 수 있다.
4. 회전 속도계를 분류하고, 그 특징을 올바르게 이해할 수 있다.
5. 디지털 회전 속도계를 이용하여 축의 회전수를 올바르게 측정할 수 있다.

1 개요

시간은 모든 자연 현상의 변화를 기술하는 기본 물리량으로, 이의 측정은 자연 과학의 기초가 된다. 본 절에서는 시간·주파수의 개념과 이용 및 보급 방식에 대하여 기술한다.

1. 시간·주파수

현재 인간의 능력으로 가장 정밀하게 측정할 수 있는 물리량은 시간·주파수로, 시간·주파수의 표준은 다른 물리량 측정 표준의 바탕이 된다.

1) 시간과 시각

우리가 자주 사용하는 시간이란 말 속에는 시간, 시간 간격, 시각 및 동기 등 여러 개념이 포함되어 있다.

시간이란 과거, 현재, 미래로 이어져 머무름이 없이 일정한 빠르기로 무한히 연속되는 흐름으로 정의되며, 시각時刻과 시간時間을 가끔 혼동하기도 한다.

시각이란 시간 중의 어느 한 시점(시간에서 어느 한 순간의 시점으로, 매우 짧은 시간)을 의미하며, 시간(혹은 시간 간격)은 시각과 시각 사이의 간격을 말한다. 그러므로 시간에서 특정한 시점을 가리킬 때는 시각이라고 표현한다. 예를 들면, 자정이 넘은 시각, 해 뜨는 시각 등을 말할 때 사용된다. 즉, 시각은 시간 중의 어느 한 시점을 말하고, 시간은 시각과 시각 사이의 간격을 말한다.

시간의 국제단위(SI)는 초second이며, 시간에서 '초'가 어떤 간격을 나타내는 것이라면 시각에서의 '초'는 제 몇 번째 '초'의 의미를 갖는다. 1967년 이래 채용되고 있는 오늘날의 초의 정의에서는 세슘-133 원자의 바닥상태에 있는 두 초미세 준위 사이의 전이에 대응하는 복사선의 9 192 631 770 주기의 지속 시간으로 되어 있다. 최근 널리 보급되고 있는 수정 시계는 ─ 이 세슘-133의 고유 진동과 직접 또는 간접으로 비교하여 ─ 1년에 수십 초 정도의 정확도가 보증되고 있다.

동기란 어떤 두 개 이상의 사건이 동시에 발생하는 것을 의미하는 것으로, 두 개 이상의 사건을 얼마나 정확하게 일치시키느냐가 과학 발전에 큰 영향을 미친다. 예를 들면, 전화할 때 혼선이 발생하지 않으려면 송화자와 수화자를 연결하는 회로망의 스위치가 $1\,\mu m$ 이내로 동기가 이루어져야 한다.

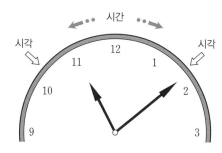

[그림 2.1] **시간과 시각의 개념**

2) 시간과 주파수

시간을 측정할 때는 규칙적으로 반복되는 현상을 이용한다. 과거에는 반복적으로 해가 뜨고 지는 것을 시간 측정에 이용하였으나 현재는 과학의 발전에 따라 인위적으로 반복 운동하는 장치를 만들어 시간 측정에 이용하며, 매초 반복되는 현상의 횟수를 주파수frequency라고 한다.

주파수는 같은 모양으로 퍼져 가는 진동이 일 초 동안에 몇 번 되풀이되는가를 나타내는 수이며, 단위는 헤르츠(Hz)를 사용한다. 주파수는 교류 전기에서 1초 동안에 전류의 방향이 바뀌는 횟수를 의미하기도 한다. 예를 들면, 60 Hz 교류 전기란 1초 동안에 극성이 60번 바뀌는 전기라는 뜻이다.

어떤 주파수 발생기에서 나오는 규칙적인 신호의 주기를 T(s)라고 하고, 그 주파수를 f(Hz)라고 하면, 주파수와 주기와의 관계는 다음과 같다.

$$f = \frac{1}{T}$$

위 식을 시간 t에 대하여 미분하면

$$df = d\left(\frac{1}{T}\right) = -\frac{dT}{T^2}$$

$$df = -\frac{dT}{T} \times f, \ \frac{df}{f} = -\frac{dT}{T}$$

따라서

$$\frac{\Delta f}{f} = -\frac{\Delta T}{T} \text{ 가 된다.}$$

여기서 f: 명목 주파수, Δf = (측정 주파수 − 명목 주파수)이다.

위 식에서 $\frac{\Delta f}{f}$ 를 상대 주파수라고 하며, 주파수 발생기의 정확도를 나타내는 데 사용되는 변수이다. 상대 주파수 값은 시간 변동인 $\frac{\Delta T}{T}$ 로부터 구할 수도 있다.

예제 1 수정 발진기의 주파수를 측정한 결과 5.000001 MHz라면 이 발진기의 상대 주파수는 얼마인가? (단, 명목 주파수는 5 MHz이다.)

〈풀이〉 $\dfrac{\Delta f}{f} = \dfrac{(5.000001 - 5)}{5} = 2 \times 10^{-7}$

예제 2 시계가 일주일에 $10\,\mu s$가 빨라졌다면 이 시계의 상대 주파수는 얼마인가?

〈풀이〉 $\dfrac{\Delta f}{f} = -\dfrac{\Delta T}{T} = -\dfrac{-10(\mu s)}{7일 \times 24(시간) \times 3600(초) \times 10^6(\mu s/초)} = 1.653 \times 10^{-11}$

---

2. 시간·주파수의 이용

시간과 주파수는 일상생활과 밀접한 관계가 있다. 전화 통신에서 한 개의 전화선으로 여러 명이 동시에 통화하기 위해서는 다음과 같이 FDM 방식과 TDM 방식을 사용한다.

1) FDM 방식

FDM~Frequency Division Multichannel Communication System~ 방식이란 주파수 분할 다중 통신 방식으로, 음성 신호를 이송하는 반송 주파수(일정한 진폭의 고주파 신호를 나르는 작용)를 통화자마다 다르게 하는 방식이다. 이 방식은 여러 개의 주파수가 한 전화선을 지나가기 때문에 수신 측에서 이 주파수를 명확하게 구별하지 않으면 혼선이 발생하는 단점이 있다.

2) TDM 방식

TDMTime Division Multichannel Communication System 방식이란 시간 분할 다중 통신 방식으로, 음성 신호를 이송하는 반송 주파수는 한 개지만 음성 신호를 짧은 시간에 나누어 그 나누어진 시간 동안만 수화자와 연결하도록 하는 방식이다. 이 방식은 송화자와 수화자 사이의 스위치가 정확하게 동기하기 않으면 혼선이 발생하므로 $1\,\mu s$보다 더 정확한 동기가 요구된다.

3. 시간·주파수의 보급

시간·주파수 표준은 대부분 전파 신호에 의하여 이루어진다. 최근 정밀도와 정확도가 높은 시간·주파수 신호의 보급이 절실하다. 전기 발전소에서는 $60\,Hz$의 교류를 만들어 보급할 때 정확한 주파수를 만들기 위하여 항상 주파수를 측정한다.

주파수 영역은 초장파(VLF; Very Low Frequency)에서 극초단파(SHF; Super High Frequency)로 구분된다.

전파의 특징은 파장이 긴 저주파수일수록 전리층의 영향을 덜 받으므로 적은 출력으로 지상파를 멀리 전파할 수 있다. 또한, 파장이 짧은 고주파수에서는 정보률이 높은 반면 지상파는 멀리 가지 못한다. 그리고 공간파는 전리층에서 반사되어 멀리 가지만 전리층의 영향을 많이 받는다.

시간·주파수 방송에 이용되는 반송 주파수는 단파대(HF, $3\,MHz \sim 30\,MHz$)로, 2.5, 4, 5, 8, 10, 15, 20, 25 MHz가 사용된다. 이 영역의 전파는 전리층에서 반사될 때 많이 흡수되지 않고 멀리 전파되는 이점이 있어 방송용으로 채택된다.

주파수 배분은 나라별 다양한 전파 기기를 사용하므로 국제적으로 약속을 통하여 사용하는 주파수 대역을 정하게 된다. 주파수가 $0.3\,MHz$ 이하로 낮은 초장파, 장파 등은 해상 통신, 표지 통신, 선박이나 항공기의 유도 등 비상용으로 널리 사용되며, $0.3 \sim 800\,MHz$ 정도의 주파수는 단파 방송, 국제 방송, FM 라디오, TV 방송 등에 사용된다.

최근 휴대 전화로 사용되는 주파수의 배분은 방송국에서 사용되는 주파수보다 높은 $800\,MHz$부터이므로 개인용 이동 통신에는 약 $800\,MHz \sim 3.0\,GHz$ 사이의 전파만 쓰도록 규정되어 있다. 또한, 인공위성이나 우주 통신 등에는 전파의 직진성이 매우 강한 $3\,GHz$ 이상의 주파수 대역이 사용된다.

②‍‍2 주파수 발생기

주파수 발생기란 출력 신호의 모양과는 관계없이 일정한 주기로 안정된 출력 신호를 발생시킬 수 있는 기기를 말한다. 수정 손목시계 내부에 있는 주파수를 발생하는 수정 발진기는 1초 동안 32 768번 진동을 하게 된다.

주파수 발생기는 정확도, 재현도 및 안정도가 요구된다. 수정 발진기는 전자 기기에 대부분 내장되어 있으나 이 수정 발진기보다 정확도와 안정도가 더 높은 주파수 발생기로서는 원자의 공진 현상을 이용한 세슘 원자시계가 있다.

1. 공진기

주파수 발생기에 내장된 공진기의 종류는 [그림 2.2]와 같이 외팔보 형식의 상하 진동 막대기, 수축과 팽창을 하는 진동 블록, 축전기와 코일로 구성된 LC 탱크, 전기장이 진동하는 진동 이극 안테나, 자기장이 진동하는 진동 자기 안테나가 있다.

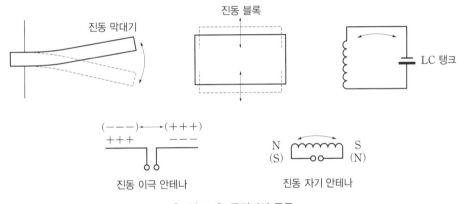

[그림 2.2] **공진기의 종류**

1) 공진기의 원리

벽에 부착된 진동 막대기에 힘을 가하면 막대기는 상하 진동을 하게 된다. 진동 주파수는 막대가 설치된 환경(공기, 진공 등)과 막대기의 성질(형상, 재질 등)에 의해서 결정되며, 이때, 막대기를 공진기라고 하고, 막대기의 진동 주파수를 공진 주파수라고 한다.

막대기의 진동은 시간이 지남에 따라 그 진폭이 점차 감소하다가 정지하게 되는데, 이때, 진동이 시작한 후 정지할 때까지 걸리는 시간은 에너지 손실의 크고 작음에 의해서 결정된다.

2) 공진기 감쇠 시간

공진기의 감쇠 시간이란 진폭이 처음 발생하는 최대 진폭의 37 %만큼 감쇠하는 데 걸리는 시간을 의미한다. 이 감쇠 진동의 시간 성분을 주파수 분석기를 통하여 주파수로 변환하면 공진 주파수를 구할 수 있다. 이 공진 주파수는 일정한 선폭을 가지며, 이 선폭을 공진 선폭(W)이라고 한다. 감쇠 시간(T)과 공진 선폭(W)은 반비례 관계가 성립된다. 즉, 감쇠 시간이 긴 진동이면 공진 선폭은 좁아진다.

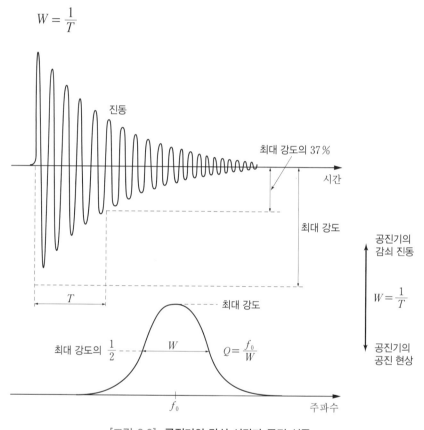

[그림 2.3] 공진기의 감쇠 시간과 공진 선폭

공진 주파수를 f_0라고 하면, 공진 선폭(W)의 크고 작음은 주파수 발생기의 성능과 관련된다. 공진 선폭(W)이 큰 주파수 발생기일수록 f_0를 중심으로 주파수가 퍼져 있으므로 정확한 f_0를 얻기가 힘들어진다. 따라서 주파수 발생기의 성능 요인 Q는 다음과 같다.

$$Q = \frac{f_0}{W}$$

성능이 좋은 주파수 발생기일수록 성능 요인 Q 값이 크다. 즉, 1 GHz를 발생하는 수정 발진기의 Q 값이 10^9이라면 수정 발진기의 공진 선폭은 1 Hz이다.

2. 수정 발진기

수정rock crystal 결정을 공진기로 사용한 것을 수정 발진기라고 하며, 수정 발전기는 압전 효과를 이용하여 주파수를 발생시킨다.

수정 발진기의 공진 주파수는 수정 결정을 자른 방향과 두께에 따라 다르다. 일반적으로 수정 결정의 두께가 얇아질수록 공진 주파수는 높아지는데, 두께를 얇게 만드는 것은 한계가 있으므로 높은 주파수를 얻기 위해서는 공진기의 배진동(2배진동, 3배진동 4배진동 등)을 이용한다.

수정 공진기의 Q 값은 보통 $10^4 \sim 10^6$ 정도이다. 수정 발진기는 높은 Q 값으로 인하여 단기 주파수 안정도는 우수한 편이다. 측정 시간 1초에 대한 단기 주파수 안정도는 10^{-12} 정도로 우수하지만 장기 주파수 안정도는 경년 변화로 인하여 측정 시간이 길어질수록 나빠진다. 따라서 수정 발진기는 최소한 1년에 한 번씩은 교정을 받아야 한다.

수정 발진기에 사용되는 수정자의 두께 계산

수정의 음속이 $4\,000\,\text{m/s}$일 때, 수정 발진기에서 $1\,\text{MHz}$의 공진 주파수를 발생시키기 위해서는 수정자의 두께는 다음과 같이 $2\,\text{mm}$로 계산된다.

수정의 음속 $v = 4\,000\,\text{m/s}$, 공진 주파수 $f_0 = 1\,000\,000\,\text{Hz}$이므로

음속 $v = \lambda f = 2tf$(여기서, λ는 파장, t는 진동자의 두께이다.)

$$t = \frac{v}{2f} = \frac{4\,000(\text{m/s})}{2 \times 1\,000\,000(1/\text{s})} = 0.002\,\text{m} = 2\,\text{mm}$$

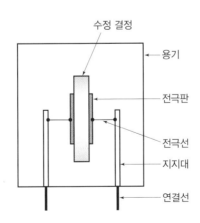

[그림 2.4] 수정 발진기의 단면도

2·1·3 시간·주파수의 측정

시간은 다른 물리량과 달리 보고 느낄 수 없으므로 시간을 측정하기 위해서는 규칙적으로 반복되는 어떤 자연 현상(천체의 운동, 전자파의 진동 등)을 이용한다. 시간·주파수의 측정은 일반적으로 디지털 카운터나 오실로스코프로 측정한다.

1. 디지털 카운터에 의한 측정

디지털 카운터digital counter는 정확도가 높아서 시간 및 주파수 측정에 가장 널리 사용된다. 구성 요소는 타임 베이스, 주 게이트, 카운터이다.

타임 베이스는 기준 주파수를 발생하는 중요한 부분으로, 이것의 오차가 시간·주파수 측정에 큰 영향을 미치며, 대부분의 카운터에는 타임 베이스로 수정 발진기가 사용된다.

주 게이트는 카운터의 시작과 끝을 알리는 펄스pulse에 의해 열리고 닫히는데, 카운터 제어판의 스위치로 수동으로 시간을 조절할 수도 있다.

카운터는 게이트가 열려 있는 동안 게이트를 통과한 펄스의 수를 세는 장치로, 십진수로 그 개수가 디지털로 표시된다.

1) 디지털 카운터의 특징

- 측정 시간과 분해능의 곱은 항상 일정하다. 여기서, 분해능이란 측정값의 미소 변화에 의한 측정기의 반응 정도를 의미한다.
- 높은 정도를 얻기 위해서는 많은 시간이 요구된다. 예를 들면, 1 MHz의 클록clock 주파수를 5자리 분해능의 정밀도를 얻기 위해서는 측정 시간이 0.1초가 소요된다. 만약 8자리 분해능을 얻는다면 100초의 측정 시간이 소요된다.
- 측정 시간의 해결책으로는 가능한 한 빠른 클록 주파수를 사용해야 한다.

예제 300 rpm의 4기통 엔진이 0.1 %의 정밀도를 가지려면 측정 구간은 몇 초가 되어야 하는가?

〈풀이〉 ① 주파수는 회전수/60이므로, $f = \dfrac{N}{60} = \dfrac{300}{60} = 5\,Hz$

② 0.1 %의 정밀도를 가지려면, $5.000\,Hz \Rightarrow 4.995 \sim 5.005\,Hz$

③ 측정 간격은 $5.005 - 4.995 = 0.010\,Hz$이므로

$$T = \frac{1}{f} = \frac{1}{0.010} = 100\ \text{초}$$

④ 측정 구간은 100초가 된다.

---

2) 주파수 측정

디지털 카운터를 이용하여 주파수를 직접 측정할 경우 입력 신호는 카운터 내에서 증폭된 후 펄스 형태로 변환되어 주 게이트로 들어간다. 이후 게이트는 타임 베이스에서 출력된 기준 주파수에 의하여 일정한 시간 동안 열리는데, 제어판에 있는 선택 스위치로 열리는 시간을 1 s, 1 ms, 1 μs 등으로 조절할 수 있다. 측정 원리는 게이트가 열려 있는 동안 입력 신호의 펄스가 계산되어 디지털 카운터로 표시된다.

예를 들어, 1초 동안 카운터 수량이 1 000개일 때, 측정 주파수 f는 다음과 같이 계산된다.

$$f = \frac{N(\text{카운터 수량})}{t_m(\text{게이트 시간})} = \frac{1\,000\,\text{개}}{1\text{초}} = 1\,000\,\text{Hz}$$

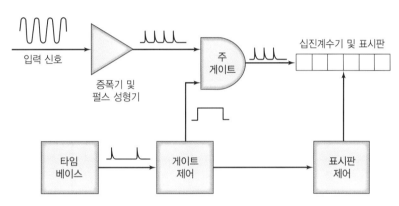

[그림 2.5] 디지털 카운터에 의한 주파수의 측정

3) 주기 측정

신호의 주기 측정은 주 게이트를 동작시키는 제어 신호로, 타임 베이스에서 출력된 펄스를 쓰는 것이 아니라 입력 신호로부터 만들어진 펄스를 사용하므로 가능하다. 즉, 입력 신호가 증폭기 및 펄스 성형기를 통하여 펄스 형태로 변환시킨 후 이 펄스가 주 게이트를 열어 준다. 게이트가 열린 시간 동안 타임 베이스에서 출력된 펄스의 통과 개수를 세어서 입력 신호의 주기를 측정하게 된다.

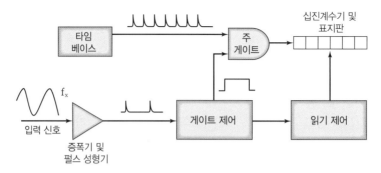

[그림 2.6] 디지털 카운터에 의한 주기 측정

2. 오실로스코프에 의한 측정

오실로스코프는 시간 및 주파수 신호의 파형을 직접 관찰할 수 있어 시간·주파수 측정에 널리 사용된다. 오실로스코프의 구성은 음극선관$_{CRT}$, 수직 편향 증폭기, 수평 편향 증폭기 및 타임 베이스로 되어 있다.

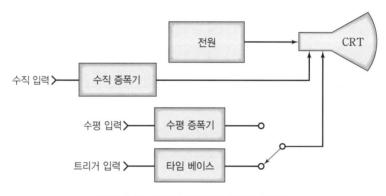

[그림 2.7] 음극선 오실로스코프의 구성도

1) 프로브 사용법

오실로스코프의 프로브는 파형을 잘 관찰하기 위해 사용하며, 채널 1과 채널 2에 바꿔서 사용하지 않도록 전용 표시를 해 둔다.

프로브를 사용할 때 특별한 경우를 제외하고는 일반적으로 10:1로 사용한다. 예를 들어, 10:1로 된 프로브로 측정한 전압이 화면에 2 V로 표시되었다면, 실제 측정값은 20 V를 측정한 결과가 된다. 즉, 10:1 프로브의 측정값은 오실로스코프 상에 1/10로 나타난다.

2) 주파수 측정

오실로스코프에 의한 주파수 측정을 위하여 [그림 2.8]과 같이 정현파를 관측하였다면,

정현파 주기의 수와 눈금의 수를 세어서 계산한다.

그림에서 주사 속도의 선택 단자가 0.1 ms/cm, 눈금 간격이 1 cm일 때, 4개의 주기가 12.5 cm 속에 포함되어 있으므로 이 신호의 주파수는 다음과 같이 계산된다.

$$\frac{4주기}{12.5\,cm} \times \frac{1\,cm}{0.1\,ms} \times \frac{1000\,ms}{1\,s} = 3\,200\,Hz$$

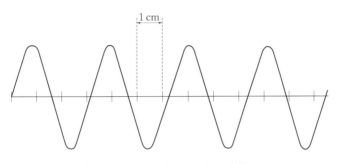

[그림 2.8] 오실로스코프 상의 정현파

②①④ 속도의 개요

속도velocity 는 단위 시간당 변위의 변화량으로 정의되며, 속력speed 의 크기에 방향을 더한 값으로 나타낼 수도 있다. 이를 기술하기 위해서는 방향과 크기가 포함된 벡터를 사용하여 나타내며, SI단위로는 m/s를 사용한다.

1. 속도란

속도란 한 점이 어떤 방향으로 얼마나 빠르게 움직이는지를 나타내는 양으로 정의된다. 시간이나 길이와 같은 스칼라 양과는 달리 크기와 방향을 가진 벡터량으로 속도의 크기(속력)는 점이 경로를 움직이는 시간 변화율이다.

어떤 점이 주어진 시간 동안 일정한 거리를 움직였다면 점의 평균 속력은 움직인 거리를 걸린 시간으로 나눈 것과 같다. 가령 기차가 2시간 동안 200 km를 달렸다면 기차의 평균 속력은 100 km/h이다. 여기에서 기차의 속력은 2시간 동안을 경과하면서 평균값을 중심으로 상당히 변했을 것이다. 각 순간에서 점의 속력은 대략 그 순간을 포함하는 짧은 시간에서의 평균 속력과 같다.

1) 용어 정의

(1) 속도: 단위 시간 동안 이동한 위치 벡터의 변위로, 물체의 빠르기를 나타내는 벡터량이다. 단위는 m/s이다.

(2) 속력: 단위 시간 동안 이동한 거리로, 일상생활에서 물체의 빠르기를 나타낼 때 사용되는 스칼라_scalar_량이다. 단위는 m/s이다.

(3) 속도와 속력의 차이: 시작과 끝점의 직선 변위와 이동 거리의 개념 차이로, [그림 2.9] 와 같이 사람이 단위 시간 동안 좌측 세 가지의 경로를 따라 이동을 했다고 가정하 면 다음과 같이 설명된다.

- 세 사람이 출발해서 도착까지의 이동 시간이 모두 같다면 이동 속도는 같다.
- 시작점과 끝점이 동일해 변위 벡터의 크기가 같다.
- 속력은 A(이동 거리 90 m) > C(이동 거리 70 m) > B(이동 거리 50 m)의 순서로 다르다.

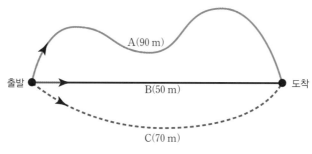

[그림 2.9] **속도와 속력의 차이**

예를 들면, 1초 동안 어떤 사람이 반지름이 R (m)인 원 주위를 한 바퀴 돌아 제자리로 돌 아왔다고 하면, 원둘레가 $2\pi R$이므로 속력은 $\dfrac{2\pi R(\mathrm{m})}{1\,(\mathrm{s})} = 2\pi$ (m/s)이지만 변위가 0이므로 속도는 0 (m/s)이다. 속력은 이동하는 이의 중간 과정을 모두 고려하지만, 속도는 처음과 마지막의 상태만을 생각한다.

2) 속도계와 유속계의 차이

- 속도계: 이동 물체(자동차 내부)에서 자동차의 속도를 측정하는 계기
- 유속계: 어떤 고정점을 대상 물체(물, 기름)가 통과하는 속도를 측정하는 계기

3) 속도계의 용도

- 일반 산업 기계 및 각종 물류 속도 감시 및 제어
- 생산 라인의 생산 수량 측정용으로 사용

• 컨베이어, 필름, 종이, 전선, 와이어류 등의 관련품 등

2. 속도 센서

속도 센서의 사용 용도는 물체의 운동과 회전 방식에 따라 다음과 같이 분류된다.

1) 물체의 운동에 따라

• 시간 측정(스톱워치): 경주용으로 이용
• 자이로스코프(광전식, 마이크로파): 자동 레이스, 비행기 속도
• 도플러 효과: 스피드 건
• 운동량의 변화: 탄환
• 피토관: 비행기의 대기 속도
• 리니어 엔코더, 리니어 포텐셔미터: 범용

2) 물체의 회전에 따라

• 원심력에 의한 변위: 터빈의 회전수 제어용
• 직류 발전기: 범용 회전계
• 와전류손: 자동차의 속도계
• 로터리 엔코더: 범용 회전계, 자동차 엔진 회전수계

3) 유체의 운동에 따라

• 피토관의 차압: 비행기의 대기 속도계에 이용
• 오리피스, 벤투리의 차압: 측정기
• 터빈의 회전수: 측정기
• 열선의 열 전달량: 유속 분포
• 도플러 효과(레이저, 초음파 진동): 연구용, 선박의 속도계

㉕⑤ 회전 속도계

회전 속도계는 전동기의 축과 회전체의 회전 속도 및 회전수를 측정하는 계측기로, 보통 매 분당 회전수(rpm) 또는 매 초당 회전수(rps)로 측정값이 표시된다.

1. 회전 속도계란

회전수란 물체가 단위 시간 동안에 회전축의 둘레를 도는 횟수로 정의된다. 회전 속도계tachometer란 회전축의 각 회전 속도를 측정하는 장치로, 분당 회전수로 특정 순간의 속도 값을 나타내는 기계식 전기식 계측기에 한정된다.

기계식 회전 속도계는 회전체가 회전 속도에 따라 증가하는 구심력으로 기계식 스프링을 인장하거나 압축할 수 있는 원리를 이용한다. 진동 리드reed 회전 속도계는 순서대로 조율된 일련의 리드를 이용하여 회전축의 진동 파장을 나타내 기관의 속도를 측정한다. 전기식 회전 속도계에는 여러 가지 형태가 있다.

자동차의 속도계로 널리 사용되는 와전류 회전 속도계에서는 측정하고자 하는 회전축과 함께 회전하는 자석이 각속도와 비례하여 와전류를 생성시킨다. 급속히 회전하거나 진동하는 물체를 정지 상태로 포착해 관찰하는 장치인 스트로보스코프stroboscope를 회전 속도계로 사용하기도 한다.

2. 회전 속도계의 분류

회전 속도계는 기계적 기구, 유체 작용, 전기자기 작용 및 전자 회로를 응용한 회전 속도계로 분류되며, 일반적으로 디지털 회전 속도계가 널리 사용된다.

1) 기계적인 기구를 이용한 회전 속도계

기계적인 기구를 이용한 회전 속도계에는 시계식 회전 속도계, 기계적 원심식 회전 속도계, 마찰 원판식 회전 속도계, 공진식 회전 속도계 등이 있다.

(1) 시계식 회전 속도계

회전체가 일정 시간 동안 회전한 회전수를 자동 계측하여 눈금판 위에 표시하며, 허슬러 회전 속도계가 대표적이다. 허슬러 회전 속도계는 시계 기구와 계수 부분이 합쳐진 기계적 회전 속도계이다.

[그림 2.10]과 같이 버튼을 누르면 스프링이 동력원이 되어 기어, 앵글 댐퍼의 시계 기구를 움직여 캠과 함께 회전한다. 1초 후 지렛대를 래칫 휠에서 떼면 회전 검출 축에 마찰차를 통하여 래칫 휠을 회전시키고, 회전은 바늘의 움직임으로 나타난다.

- 장점: 취급이 간단하고 경량이며, 비교적 정밀도가 높고 휴대용으로 널리 사용된다.
- 단점: 연속 측정이 어렵다.

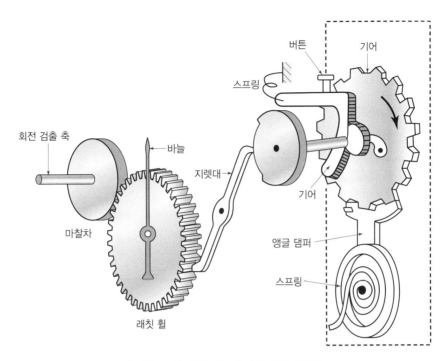

마찰차 회전 검출 축 바늘 지렛대 스프링 버튼 기어 기어 앵글 댐퍼 스프링 래칫 휠

[그림 2.10] 허슬러의 시계식 회전 속도계

(2) 기계적 원심식 회전 속도계

회전으로 발생하는 원심력을 이용한 회전 속도계이다.

- 장점: 비교적 높은 정밀 정확도로 연속 측정이 가능하며, 휴대용으로 사용된다.
- 단점: 원격 측정이 불가능하며, 중력의 영향을 받으므로 사용 시 회전 속도계의 위치에 주의해야 한다.

(3) 마찰 원판식 회전 속도계

일정 속도로 회전하는 마찰 원판과 피측정 회전체의 회전수를 자동적으로 비교하여 동조점을 지시하도록 한 회전 속도계이다.

- 장점: 균등 눈금을 얻을 수 있다.
- 단점: 회전수의 급격한 변화가 있는 측정에 부적합하다.

(4) 공진식 회전 속도계

회전체의 불균형으로 진동이 발생할 때 생기는 진동 주기 부근에 진동이 약간씩 다른 진동편을 피측정 회전체상에 놓는다. 이때, 피측정 회전체의 진동 주기에 가장 가까운 곳에 공진 현상이 발생하게 된다. 이와 같은 공진으로 발생되는 큰 진동을 이용하여 회전수를 측정하는 방식이다.

2) 유체의 작용을 이용한 회전 속도계

회전으로 발생되는 유체(공기, 물 등)의 성질을 이용해서 회전수를 측정하는 방식으로, 점성식, 액체 원심식 및 기체 원심식 회전 속도계가 있다.

(1) 점성식 회전 속도계

회전축에 고정한 판과 마주보는 근접한 판과의 사이에 유체(공기, 수은)를 넣어 회전축의 판이 회전하려고 하는 힘을 헤어 스프링으로 균형시켜 회전수를 읽는 회전 속도계이다.

(2) 액체 원심식 회전 속도계

회전하는 액체 중에 생기는 원심력을 이용하는 것으로, 액체를 회전시키면 중력과 원심력에 의해 액면이 포물면체가 되어 중심의 액면이 저하된다. 이때, 정점에서의 깊이로 회전수를 알 수 있다.

- 장점: 구조가 간단하고 직접 회전수가 구해질 수 있다.
- 단점: 사용 범위가 좁고, 휴대용으론 부적합하다.

(3) 기체 원심식 회전 속도계

양단이 열린 관을 회전시키면 내부의 기체가 원심력을 받아 관에서 압력이 발생한다. 이 압력으로 인하여 외부 기압과의 평형점까지 기체가 나와 내부의 압력이 하강할 때의 감압 정도로 회전수를 알 수 있다.

3) 전기자기 작용을 이용한 회전 속도계

자기의 성질, 콘덴서의 충전 방전 등의 물리 현상을 미터로 회전수를 측정하는 방식으로, 비교적 저가이며 연속 측정이 가능하나 정밀 정확도는 기계식보다 떨어진다. 종류에는 전기식, 자기식, 콘덴서식 및 와전류식 등이 있다.

(1) 전기식 회전 속도계

코일을 자장 내에서 회전시킬 때 발생하는 기전력의 크기는 자계의 강도가 일정하면 코일의 자속을 자르는 속도(회전 속도)에 비례하는 원리를 이용한 회전 속도계이다.

(2) 자기식 회전 속도계

자석을 전도체 가까이에서 돌릴 때 전도체에 와전류가 발생하여 자석의 회전 속도에 상응하는 힘으로 전도체가 회전 방향으로 끌리는 것을 코일 스프링으로 균형을 잡아 변위 각도에서 회전수를 측정하는 방식이다.

(3) 콘덴서식 회전 속도계

일정 전압에 의해서 충전된 콘덴서에 저장된 전하가 충전과 방전을 반복하면 평균 방전

전류는 단위 시간 내의 반복 횟수에 비례하는 원리를 이용한 회전 속도계이다.

(4) 와전류식 회전 속도계

양도체 근처에 자석을 회전시키면 도체 내에서 발생한 와전류에 의해 생긴 자장과 자석 자장 사이에 상호 작용이 발생한다. 이때, 자석의 회전 방향에서 생기는 회전 토크_{torque}는 자석의 회전 속도에 비례하므로 헤어 스프링의 균형을 이용하여 편위각으로부터 회전수를 측정하는 방식이다. 자동차의 속도계와 산업 기계의 간이형 회전계로 널리 사용된다.

4) 전자 회로를 응용한 회전 속도계

전자 회로를 응용한 회전 속도계는 산업 현장에서 가장 널리 사용되며, 스트로보스코프 식 회전 속도계와 디지털 회전 속도계가 있다.

(1) 스트로보스코프식 회전 속도계

스트로보스코프란 회전 또는 진동하는 물체의 운동을 고찰하거나 회전 속도 또는 진동수를 측정하기 위해서 빛을 단속적斷續的으로 비추는 기구를 말한다.

회전하는 기계 부품은 속도가 줄거나 멈춘 것처럼 보일 때가 있는데, 이러한 효과는 조명을 단속적으로 비춤으로써 움직이는 부품의 위상이 비추어 주는 빛의 위상과 같을 때 밝게 빛나기 때문이다.

예를 들면, 형광등 밑에서 팽이를 회전시키면 어떤 순간에 팽이가 정지해 있는 것처럼 보이는 원리를 이용해, 원판을 만들어 회전시켜 정지 도형이 되었을 때 회전수를 구할 수 있다.

(2) 디지털 회전 속도계

디지털 회전 속도계는 [그림 2.11]과 같이 접촉식과 비접촉 방식인 광학식이 있으며, 휴대가 간편하여 현장에서 널리 사용된다. 피측정 회전체로부터 적당한 방법(광전관_{photo transistor})으로 회전수에 비례한 펄스 신호를 꺼내어 일정 시간 계수하여 펄스 정형 회로, 게이트 회로, 표시 회로 등에 의해서 부호와 숫자로 계수한 결과를 표시한다.

(a) 접촉식   (b) 비접촉식(광학식)

[그림 2.11] 디지털 회전 속도계

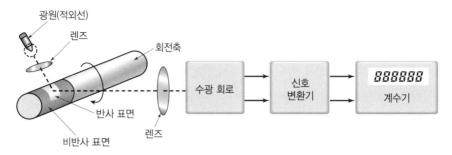

[그림 2.12] 광전 변화형 디지털 회전 속도계의 원리

2·1·6 회전수 측정

모터 축의 회전수 측정기는 비접촉식 태코미터가 널리 사용된다.

1. 회전 검출기의 종류

회전수 검출 방식에는 전자식, 자전식, 와전류식, 광학식 등이 있으며, 접촉식과 비접촉식으로 분류된다.

1) 전자식

마그네트와 코일 및 회전체에 의하여 일종의 교류 발전기를 형성하는 것으로, 전원 공급이 필요 없으며 철심에 감은 코일에 대하여 코일을 가로지르는 자속을 변화시켜서 코일에 교류 전압을 발생시킨다.

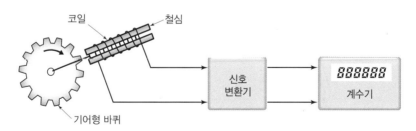

[그림 2.13] 전자식 회전 속도계

2) 자전식

전자식과 같이 자기를 응용한 것으로 센서의 앞 끝 부분이 자기 저항 소자나 홀 소자 등과 같이 자속을 변화시키는 소자에서 자속을 변화하여 회전 신호로 변환하는 방식이다. 내부 소자를 동작시키기 위한 전원이 필요하며 출력은 구형파 펄스로 나타난다.

3) 와전류식

근접 스위치로 사용하는 경우와 변위계로 사용하는 경우가 있으며, 측정 대상의 요철에서 신호를 얻고 회전 검출기로도 이용된다.

4) 광학식

발광 다이오드와 포토트랜지스터를 조합시킨 형태가 일반적이며, 발광 다이오드 빛의 반사에 의한 것이나 빛의 게이트를 물체가 통과하는 On/Off에 의한 방식이다. 휴대용의 비접촉식 태코미터 및 로터리 엔코더 등이 대표적이다.

2. 태코미터의 사용법

(1) 기능 스위치를 'rpm(Photo)'으로 설정한다.
(2) 반사판reflective mark를 측정 대상에 부착한다.
(3) 측정 버튼을 눌러서 반사판과 신호 빔이 일직선이 되도록 정렬한다.
(4) 측정값이 안정된 다음 모니터에 표시된 값을 읽는다.

2 질량, 부피, 밀도 측정

○ 단원 목표
1. 질량과 무게 및 힘의 개념을 정확히 설명할 수 있다.
2. 분동과 저울의 종류와 등급을 알고 올바르게 취급할 수 있다.
3. 고체 및 액체의 부피를 올바르게 측정할 수 있다.
4. 액체의 밀도 및 비중을 올바르게 측정할 수 있다.

2·2·❶ 개요

본 절에서는 질량의 정의, 질량의 표준 소급 체계, 무게의 정의 및 질량과 무게와의 관계에 대해서 기술한다.

1. 질량의 정의

질량은 물체의 고유한 양으로 장소가 변해도 변하지 않지만, 무게는 지구가 물체를 당기는 힘으로 장소가 바뀌면 값이 변하게 된다.

1) 질량이란

질량이란 물체를 이루고 있는 물질의 고유한 양으로, 무겁고 가벼운 성질을 주는 기본 물리량을 의미하며, 질량의 국제단위로는 킬로그램(kg)이 사용된다.

실제로 질량은 물체가 힘을 받았을 때 그것의 속도와 위치가 변화하는 데 대한 저항의 정도이다. 물체의 질량이 클수록 외력에 의한 변화는 적다. 질량은 관성으로 정의되지만 관습적으로 무게로 나타낸다. 국제적인 협의에 의해 다른 모든 물체들의 질량을 비교하는 질량의 표준 단위는 1 kg의 백금-이리듐 원통이다. 이 단위는 보통 국제 킬로그램원기라고 불린다. 국제단위계(SI단위계)인 미터계보다 영국 단위계를 선호하는 국가에서는 상용_{常用} 파운드가 쓰인다. 공학자들에 의해 많이 쓰이는 질량의 단위는 슬러그_{slug}이며, 32.17파운드와 같다.

무게는 질량과 관련이 있지만 같은 것은 아니다. 무게는 근본적으로 지구의 중력에 의해서 물체에 가해지는 힘이기 때문에 장소에 따라 다르다. 반면에 질량은 정상적인 상황이라면 위치에 관계없이 일정하다. 예를 들어, 우주에 쏘아 올린 인공위성은 지구로부터 멀어질수록 무게는 감소하지만 질량은 일정하다. 오랫동안 물체의 질량은 변하지 않는 것으로 여겨져 왔다. 질량 보존의 법칙이라고 표현되는 이 개념은 물체 또는 물체가 집합된 것의 질량은 그 구성 성분이 어떻게 재배열되든 결코 변하지 않는다는 것이다.

물체가 조각으로 분리되면 질량도 조각으로 나누어져 각 조각의 질량의 합이 원래 물체의 질량의 합과 같다고 간주되었다. 또는 입자들이 서로 결합하면 그 결합체의 질량은 각 성분 입자의 질량의 합과 같다고 여겨졌으나 이것은 사실이 아니다.

2) 질량의 기본 단위

1901년 제3차 국제도량형총회(CGPM)에서 "킬로그램은 질량의 단위이며, 국제 킬로그램원기의 질량과 같다."라고 질량의 정의를 선포하였다.

1889년 제1차 CGPM에서 백금-이리듐으로 만들어진 국제 킬로그램원기를 인가하여, "이제부터는 이 원기를 질량의 단위로 삼는다."라고 선언하였고, CGPM에서 지정한 상태 하에 국제도량형국(BIPM)에 보관하도록 하였다. 제3차 CGPM(1901)에서 위의 정의에서 보는 바와 같이 '질량'의 단위라고 강조한 것은 그간 흔히 '무게重量'의 뜻과 혼동되어 사용되어 왔기 때문에, 이 무게라는 단어의 의미가 때로는 질량을, 때로는 역학적 힘을 나타내는 데 사용되므로 이러한 모호함을 없애고 질량을 뜻함을 명백히 하기 위한 것이다.

'무게'는 우리가 어떤 물체를 들 때 느끼는 것, 즉 '힘' 같은 성질의 양을 나타내는 것으로 한 물체의 무게는 그 질량과 중력 가속도를 곱한 것과 같다. 그러나 중력 가속도는 지구상에서 위치에 따라 다르므로 무게도 위치에 따라 달라진다. 편의상 표준 무게를 정의하여 사용할 수 있는데, 한 물체의 표준 무게는 그 질량과 표준 중력 가속도의 곱이 된다. 현재 국제적으로 정한 표준 중력 가속도는 $9.80665\ \text{m/s}^2$이며, g로 표시한다.

국제 킬로그램원기는 직경이 39 mm, 높이가 39 mm인 백금 합금으로 만들어졌으며, 밀도는 약 $21.5\ \text{g/cm}^3$이고, 프랑스 파리에 있는 국제도량형국에 보관되어 있다.

[그림 2.14]의 오른쪽은 국제 킬로그램원기의 형상이고, 왼쪽은 우리나라가 주원기로 사용하고 있는 국가 킬로그램원기 No. 72이다. 우리나라에서는 한국표준과학연구원에서 국가 킬로그램원기를 3개 보유하고 있다.(지름 39 mm와 높이 39 mm는 표면적을 작게 하기 위함이다.)

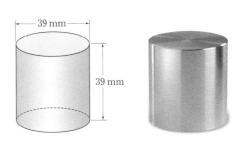

[그림 2.14] **킬로그램 원기**

2. 표준 소급 체계

국제적인 표준 소급 체계는 프랑스 파리에 있는 국제도량형국이 있으며, 우리나라는 한국표준과학연구원(KRISS)에서 측정 표준을 확립하여 유지·보급하고 있다.

1) 우리나라의 표준 소급 체계

[그림 2.15]는 국제 기본 단위에 관한 우리나라의 표준 소급 체계를 보여 주고 있다. 질량의 단위는 교정용 국제 킬로그램원기에 의해 소급성이 확보된 국가 킬로그램원기를 통해 원기용 질량 비교기를 이용하여 1차 표준 분동에 소급성을 내려 주고, 1차 표준 분동에 의해 교정용 표준 분동 군에 소급성을 내려주는 체계를 가지고 있다.

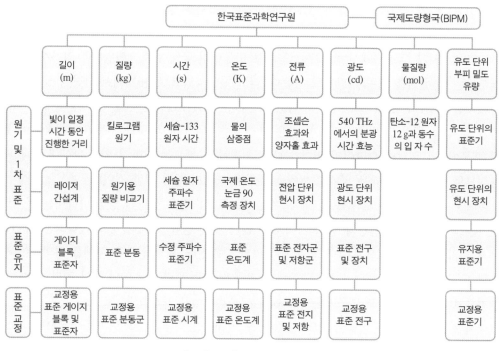

[그림 2.15] 표준 소급 체계

2) 질량 단위의 소급성 체계

[그림 2.16]은 질량 단위의 소급성 체계를 보여 주고 있다. 국제도량형국(BIPM)에서 보유하고 있는 국제 킬로그램원기들 그리고 한국표준과학연구원(KRISS)에서 보유하고 있는 국가 킬로그램원기와 1차, 2차 표준 분동, 표준 분동의 재질과 측정 불확도 수준을 보여 주고 있다. 1차, 2차 표준 분동의 재질은 스테인리스강이다. 현장에서 사용하고 있는 작업용 표준 분동의 재질은 스테인리스강, 황동, 주철 등이다.

	질량 표준		상대 정밀도

B I P M
- 국제 킬로그램원기 — K — 기본 단위
- 참고용 원기 — K1, 7, 8(41), 32, 43, 47
- 점검용 원기 — 25
- 교정용 원기 — 9, 31, 67

K R I S S
- 국가 킬로그램 주원기 — 72 — 2.3×10^{-9}
- 국가 킬로그램 부원기 — 39, 84 — 2.3×10^{-9}
- 1차 표준 분동 — St. St. — 3×10^{-8}
- 2차 표준 분동 — St. St. — 1×10^{-7}

- 기준 분동 — St. St. — 1×10^{-6}
- 작업용 표준 분동 — St. St., Brass, Cast Iron — 1×10^{-5}

[그림 2.16] 질량 단위의 소급성 체계

3) 질량 단위의 십진 배수

질량 단위를 표현할 경우에 1 kg보다 큰 경우는 배수로 표현하고, 작을 경우에는 분수로 표현한다. 주의할 점은 분수로 표현할 경우에 SI 접두사를 사용하려면 킬로그램(kg)이 아닌 그램(g)에 접두사를 붙여야 한다. 예를 들면, 10^{-6} kg 또는 1 mg으로 표현하는 것이 옳은 방법이고, 1 μkg이라고 표현하면 틀리는 것이다. SI 접두사 사용 규칙에서는 접두사를 이중으로 사용할 수 없도록 규정하고 있어 접두사 마이크로(μ)와 킬로(k)를 이중으로 사용할 수 없기 때문이다.

〈표 2.1〉 질량 단위의 접두사

단위	기호	기본 단위와의 관계
톤	t	$1 \text{ t} = 1\,000 \text{ kg} = 10^3 \text{ kg}$
킬로그램	kg	기본 단위
그램	g	$1 \text{ g} = 0.001 \text{ kg} = 10^{-3} \text{ kg}$
밀리그램	mg	$1 \text{ mg} = 0.001 \text{ g} = 10^{-6} \text{ kg}$
마이크로그램	μg	$1 \mu\text{g} = 0.001 \text{ mg} = 10^{-9} \text{ kg}$
나노그램	ng	$1 \text{ ng} = 0.001 \mu\text{g} = 10^{-12} \text{ kg}$

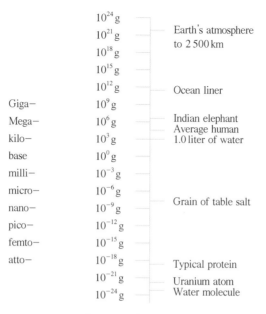

[그림 2.17] **질량의 크기**

3. 무게의 정의

모든 물체는 서로 끌어당기는 힘이 있는데 물체와 지구 사이에 작용하는 힘을 중력이라고 하고, 이 중력이 물체를 끌어당기는 힘을 무게라고 한다.

1) 무게(힘)의 기본 단위

일반적으로 질량이라는 단어보다는 무게라는 단어를 더 많이 사용한다. 그러나 질량과 무게, 즉 힘은 엄연히 다른 단위이다. 무게(힘)의 단위는 N(뉴턴)이기 때문이다. 1 N은 1 kg의 질량을 갖는 물체를 1 m/s^{2}의 가속도가 생기게 하는 힘을 의미한다. 그러므로 중력 단위인 1 kgf(중량킬로그램 또는 킬로그램힘)은 질량 1 kg에 표준 중력 가속도 9.8 m/s^{2}을 가한 값이므로, 약 9.8 N이 된다. [그림 2.18]과 같이 접시 지시 저울에 물체를 올려놓고 측정할 경우에는 화살표 방향에서 중력 가속도가 작용하여 무게(힘)가 측정되므로, 질량과 다른 무게(힘)가 측정되는 것이 되며, 중력 가속도가 변하면 저울의 지시 값이 변하게 된다.

- 무게 = 1 kg의 질량을 갖는 물체를 1 m/s^{2}의 가속도가 생기게 하는 힘(단위: N)
- 무게 1 kgf = 1 kg × 9.8 m/s^2 = 9.8 N

무게 = 질량 × 중력 가속도

무게 = 500 gf

질량 = 500 g

[그림 2.18] **무게의 개념**

2) 중력 가속도

중력 가속도 g(gravity의 약자)는 태양, 달, 밀물 및 썰물 등의 역학 관계로 장소와 시간에 따라 변한다. 그러므로 질량은 언제나 일정하지만 장소나 시간에 따라 중력 가속도가 변하면 무게는 변한다. 표준 중력 가속도는 북위 45도의 평균 해면에서의 중력 가속도로 정의하며, 그 값은 $9.80665 \, \text{m/s}^2$이다. 중력 가속도의 계산식에 삼성전기 표준 계기실의 위도($37°15'37''$)와 해발 고도($38 \, \text{m}$)를 대입하여 풀면 중력 가속도 g는 $9.7991567 \, \text{m/s}^2$로 산출된다.

- 표준 중력 가속도(해면): $9.80665 \, \text{m/s}^2$
- 한국표준과학연구원(대전): $9.7983 \, \text{m/s}^2$
- 삼성전기(수원): $9.79916 \, \text{m/s}^2$

4. 질량과 무게

질량은 물체가 고유하게 가지고 있는 물성 값이며, 주변의 물리적인 조건에 관계없이 일정하고 변하지 않는다. 그러나 무게(힘)는 물체의 형상이나 운동 상태를 변화시키는 요인으로 정의되므로, 주변의 물리적인 조건에 따라 변화된다.

1) 질량과 무게의 단위

1901년 제3차 국제도량형 총회에서 선언한 질량의 단위와 무게의 정의는 다음과 같다.

- 킬로그램(kg)은 질량의 단위이며, 국제 킬로그램원기의 질량과 같다.
- 무게 = 힘과 같은 성질의 양

  한 물체의 무게는 그 질량과 중력 가속도의 곱

  표준 무게는 그 질량과 표준 중력 가속도의 곱
- 표준 중력 가속도의 값 = $9.80665 \, \text{m/s}^2$

지구의 중력 가속도 변화는 보통 0.1 %이므로, 0.001 이상의 정밀·정확도를 요하는 질량이나 무게를 측정할 경우 중력 가속도 g 변화를 고려해야 한다.

2) 무게와 질량의 차이점

질량이 60 kg인 분동을 저울에 달면 저울의 눈금은 60 kg으로 나타난다. 무게와 비교하면 분동의 질량은 60 킬로그램이고, 분동의 무게는 60 킬로그램힘(킬로그램중)이 된다.

(1) 우편물의 요금을 무게로 부과할 경우

관습상 우편물의 질량이라고 표현하기보다 우편물의 무게라고 표현한다. 그러나 우편물의 무게로 요금을 부과한다면 무중력 상태에서는 무게가 0이므로 요금이 무료가 된다. 달에서는 달의 중력의 크기가 지구의 중력의 6분의 1이므로, 요금도 6분의 1만 부과하게 되는 모순이 발생된다. 그러므로 우편물의 질량이라고 표현하는 것이 옳다.

(2) 몸무게와 몸의 질량

몸무게라는 용어는 잘못된 용어로, 몸의 질량이 정확한 표현이다. 몸무게가 '무게'라면 중력 가속도가 다른 장소(외국 등)에서는 값이 다르게 나온다. 즉, 몸무게는 인체의 질량이라는 의미이며, 결코 인체의 무게가 아니다. 60 kg의 몸무게를 588 N이라고 하지 않는다.

(3) kgf와 kg의 차이

1 kgf와 1 kg의 차이를 알아보기 위해 삼성전기 표준 계기실을 기준으로 공기 부력을 보정하여 계산하면 약 0.91 그램의 차이가 발생한다. 정밀 측정할 경우에 유의할 사항이다.

예 표준 공기의 밀도(ρ_{air})가 0.0012 g/cm³, 스테인리스강의 표준 분동 밀도(ρ_w)가 8.0 g/cm³일 때, 무게 1 kgf의 질량은

$$m = \frac{F}{g_{loc}\left(1 - \dfrac{\rho_{air}}{\rho_w}\right)} = \frac{1\,\text{kg} \times 9.80665\,\text{m/s}^2}{9.7991567\left(1 - \dfrac{0.0012\,\text{g/cm}^3}{8\,\text{g/cm}^3}\right)} = 1.00091\,\text{kg}$$

따라서 1.00091 kg − 1.00000 kg = 0.00091 kg = 0.91 g의 질량 차이가 발생한다.

3) 용어

- 끝 달림(칭량): 최대 계량 능력(최대 질량)
- 감량: 최소 질량(식별 한계)
- 회귀점: 수동 저울에서 지침 흔들림의 최대 진폭 위치
- 정지점: 평행을 이루며 정지하는 위치
- 영점: 빈 접시 상태에서 저울의 정지점

2 분동

분동weight은 국제 킬로그램원기를 기초로 하여 질량 측정의 기준이 되며 추와 구분된다.

1. 개요

분동은 정확하게 검정이 되어 있으므로 중력의 영향을 받지 않고 질량을 측정할 수 있다. 표준 분동은 국가에서 검정한 것으로, 설정된 허용 오차 범위 안에 있는 저울의 기준 분동을 의미한다.

산업체에서는 1 mg부터 20 kg까지의 분동이 사용되며, 분동 세트가 구성되어 있다. 산업 현장에서는 분동의 조합이 편리해야 하므로 가장 널리 사용하는 1:1:2:5 시리즈보다는 1:1:1:2:5 시리즈나 1:1:2:2:5 시리즈를 조합하여 사용한다. 분동 세트 구성은 다음과 같다.

- $(1:1:2:5) \times 10^n$ kg 시리즈(가장 널리 사용)
- $(1:1:1:2:5) \times 10^n$ kg 시리즈
- $(1:2:2:5) \times 10^n$ kg 시리즈
- $(1:1:2:2:5) \times 10^n$ kg 시리즈

1) 분동의 등급

분동의 등급은 상용 질량conventional mass 값이 얼마나 정확하게 만들어졌는지에 따라 결정된다. 상용 질량이란 공기 중의 질량 측정 결과를 법정계량기구(OIML) IR33의 조건에 맞추어 얻은 상용 값인데, 어떤 분동의 질량 값을 상용 조건인 온도 20 ℃, 공기 밀도 1.2 kg/m³, 밀도 8 000 kg/m³인 분동의 질량 값으로 환산하여 얻은 질량 값이다.

분동의 등급은 정확도가 높은 쪽부터 E1, E2, F1, F2, M1, M2, M3의 기호로 나타낸다. 허용 오차는 E1급이 가장 작으며, M3급이 가장 크다. 일반적으로 정도가 높은 곳에서는 F1, F2급을 사용한다.

분동의 등급에 맞는 상용 질량의 정확도는 주어진 최대 허용 오차의 범위 내에 들어야 한다. 예를 들어, E2급 1 kg 분동은 그의 상용 질량 값이 ±1.5 mg 이내에 들도록 정확하고 정밀하게 만들어져야 한다.

M1급 분동은 M2급 분동의 초기 검정을 위하여 사용되도록 만들어진 분동이며, M2급 분동은 M3급 분동의 초기 검정을 위하여 사용되도록 만들어진 분동이다.

- 초정밀급: E1급, E2급(원기둥 모양)
- 정밀급: F1급, F2급
- 보통급: M1급, M2급

2) 분동의 종류

[그림 2.19]는 각종 분동의 종류를 나타내고 있다. 판상 분동은 밀리그램(mg) 분동이며, 형상에 따라 첫 숫자가 결정된다. [그림 2.19]에서 (a)는 100 g~50 kg, (b)는 5~50 kg, (c)는 1 g~10 kg, (d)는 1 kg 이하의 초정밀급, (e)는 1 g 이하용으로 사용된다.

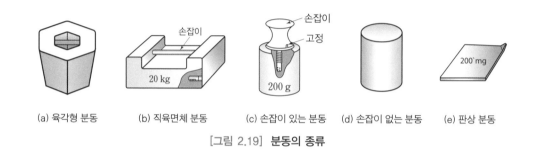

| (a) 육각형 분동 | (b) 직육면체 분동 | (c) 손잡이 있는 분동 | (d) 손잡이 없는 분동 | (e) 판상 분동 |

[그림 2.19] 분동의 종류

5각형은 500 mg, 50 mg, 5 mg이고, 4각형은 200 mg, 20 mg, 2 mg이며, 삼각형은 100 mg, 10 mg, 1 mg을 의미한다. 판상이 아니라 선상으로 제작된 밀리그램 분동은 E급 분동이다.

| 0.5 mg | 1 mg | 2 mg | 4 mg | 5 mg |

[그림 2.20] 형상으로 질량을 표시하는 분동

2. 분동의 재질과 취급

분동은 재질에 따라 여러 등급으로 나뉘며, 취급 또는 보관할 때는 유의 사항을 지켜야 한다.

1) 분동의 재료

분동의 재질은 내식성, 경도, 취성, 비자성체이다. 화학적, 물리적, 기계적으로 강해야 하므로 비자성인 스테인리스강이 F1급 이상에서 많이 사용된다. 정밀도가 낮고 사용 환경이

거친 곳에서는 주철 분동이 사용되며, 주로 20 kg 이상의 분동에 사용된다.

분동은 스테인리스강, 놋쇠, 회주철 등의 재료로 보급되어 있으며, E1 및 E2급 분동의 재질은 스테인리스강이나 그와 비슷한 수준의 재료로 만들어진다. F1 및 F2급 분동의 재료는 적어도 놋쇠 수준이며, 10 kg 이하의 원기둥형 M1, M2, M3급 분동은 놋쇠나 그보다 우수한 재질이다. 기타 사각형 M1, M2, M3급 분동의 재질은 회주철로 만들어진다.

(a) E급

(b) F급

(c) M급

[그림 2.21] **등급별 분동 세트**

〈표 2.2〉 1 g **이하 분동의 구분**

분동 이름값(mg)	다각형의 판 모양 (판상 분동)	선 모양(선상 분동)	
5, 50, 500	5각형	5각형	5선분
2, 20, 200	4각형	4각형	2선분
1, 10, 100, 1 000	3각형	3각형	1선분

<표 2.3> 분동의 최대 허용 오차　　　　　　　　　　　　　　　　　　　　　　　　(단위: mg)

분동의 규격	E1	E2	F1	F2	M1	M2
50 kg	25	75	250	750	2 500	8 000
20 kg	10	30	100	300	1 000	3 200
10 kg	5	15	50	150	500	1 600
5 kg	2.5	7.5	25	75	250	800
2 kg	1.0	3.0	10	30	100	400
1 kg	0.5	1.5	5	15	50	200
500 g	0.25	0.75	2.5	7.5	25	100
200 g	0.1	0.30	1.0	3.0	10	50
100 g	0.05	0.15	0.50	1.5	5	30
50 g	0.03	0.10	0.30	1.0	3.0	20
20 g	0.025	0.080	0.25	0.8	2.5	20
10 g	0.020	0.060	0.20	0.6	2.0	20
5 g	0.015	0.050	0.15	0.5	1.5	10
2 g	0.012	0.040	0.12	0.4	1.2	5
1 g	0.010	0.030	0.10	0.3	1.0	5
50 mg	0.008	0.025	0.08	0.25	0.8	
200 mg	0.006	0.020	0.06	0.20	0.6	
100 mg	0.005	0.015	0.05	0.15	0.5	
50 mg	0.004	0.012	0.04	0.12	0.4	
20 mg	0.003	0.010	0.03	0.10	0.30	
10 mg	0.002	0.008	0.025	0.08	0.25	
5 mg	0.002	0.006	0.020	0.06	0.20	
2 mg	0.002	0.006	0.020	0.06	0.20	
1 mg	0.002	0.006	0.020	0.06	0.20	

2) 분동 상자

주철 분동을 제외하고, 분동을 보관할 경우에는 분동 상자에 보관한다. 분동을 보호하고 분동 세트를 확인하기에 편리하다. 분동은 질량의 변화가 없도록 흠터가 나거나 이물질이 접착되거나 부식하지 않도록 보호해야 한다.

3) 분동과 추의 구분

분동은 질량과 이름값이 같으나 추는 질량과 이름값이 같지 않고 송추와 증추로 분류된다.

(1) 분동

질량과 이름값이 같도록 만들어지며 하나의 분동은 하나의 질량 값만을 나타낸다.

(2) 추

저울의 지렛대와 결합해서 사용되고, 추의 질량은 이름값과 같지 않고 결합 장치에 따라 추의 위치를 이송시키면서 사용하는 송추와 증추대에 증가시키면서 걸어서 사용하는 증추로 분류된다.

송추는 지렛대의 눈금 위치에 맞추어 이동시켜 가면서 사용되는 것으로, 하나의 추로 지렛대의 비율만큼 여러 질량을 나타낼 수 있다. 증추는 지렛대의 힘 작용점이 고정되어 있고, 추의 위치도 일정하게 되어 있기 때문에 추의 수를 증가시켜 가면서 질량을 맞추어 사용한다.

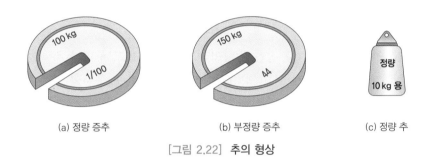

(a) 정량 증추   (b) 부정량 증추   (c) 정량 추

[그림 2.22] **추의 형상**

4) 분동의 취급

분동이 불순물에 오염되거나 마모, 훼손되면 질량값이 변하므로 분동을 취급할 경우에는 다음과 같은 사항에 유의해야 한다.

- 분동은 필히 깨끗한 집게나 장갑 등을 사용하여 취급하며, 맨손으로 취급하지 않는다.
- 분동은 청결한 면 위에 놓고 사용하도록 한다.
- 분동이 오염되거나 훼손되었을 때는 재교정을 받아서 사용해야 한다.

5) 분동의 보관

분동을 보관할 때는 먼지가 발생하지 않으며 깨끗하고 부드러운 종이를 깔아 놓은 용기에 넣고 뚜껑을 덮어 보관한다. 분동이 서로 닿지 않도록 하며, 서로 섞이거나 혼동되지 않도록 용기에 분동의 이름값 별로 위치를 잡도록 한다. 대부분의 분동 세트에는 분동의 질량별로 보관 위치가 정해져 있다.

3. 분동의 밀도

표준 분동의 밀도는 $8.0 \, \text{g/cm}^3$이며, 공기의 밀도는 $0.0012 \, \text{g/cm}^3$이다.

1) 개요

분동은 비자성체여야 하나 재질이나 제작 영향에 따라 자기적 성질을 가질 수 있기 때문에 분동의 자화율magnetic susceptibility χ는 정밀도 수준에 따라 다음의 허용 단계 이내에 들어야 한다.

$$E1급 \ 분동 \ \chi \leq 0.01$$
$$E2급 \ 분동 \ \chi \leq 0.03$$
$$F1급 \ 분동 \ \chi \leq 0.05$$
$$F2급 \ 분동 \ \chi \leq 0.05$$

분동은 공기 중에서 사용되므로 같은 질량이라도 분동의 밀도에 따라 부력이 달라진다. 따라서 국제법정계량기구의 국제 권고(OIML IR No.33)에서는 공기 중의 질량 측정 결과의 상용 질량에 대한 기준을 정하고, 이에 관련된 분동의 밀도 및 조정과 저울의 운영에 관한 조건을 정하고 있다.

2) 분동의 상용 질량

참질량은 진공 상태에서 측정하는 것을 의미하지만, 상용 질량conventional mass은 겉보기 질량으로 공기 중의 질량 측정 결과 상용 값을 나타내며, 국제계량기구(OIML)의 권고 사항이다. 즉, 기준 온도 $20 \, ℃$일 때 다음과 같다.

- 표준 분동의 밀도: $8.0 \, \text{g/cm}^3 = 8 \, 000 \, \text{kg/m}^3$
- 공기의 밀도: $0.0012 \, \text{g/cm}^3 = 1.2 \, \text{kg/m}^3$

분동의 밀도 범위는 공기 밀도가 $0.0012 \, \text{g/cm}^3$로부터 $10 \, \%$ 차이가 날 때 분동의 오차가 최대 허용 오차의 1/4을 초과하지 않아야 한다. 즉, 분동의 교정에 있어서 정밀도 수준에 맞는 부력 보정을 하기 위해서는 분동의 밀도 값이 분동의 정밀도 수준에 맞게 밀도 범위에 들어야 한다.

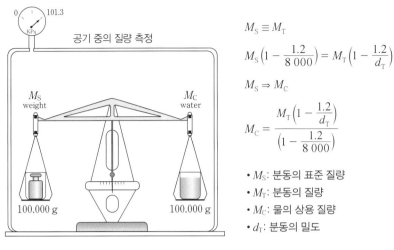

$$M_S \equiv M_T$$

$$M_S\left(1 - \frac{1.2}{8\,000}\right) = M_T\left(1 - \frac{1.2}{d_T}\right)$$

$$M_S \Rightarrow M_C$$

$$M_C = \frac{M_T\left(1 - \dfrac{1.2}{d_T}\right)}{\left(1 - \dfrac{1.2}{8\,000}\right)}$$

- M_S: 분동의 표준 질량
- M_T: 분동의 질량
- M_C: 물의 상용 질량
- d_T: 분동의 밀도

[그림 2.23] **표준 분동과 물의 상용 질량(기준 온도 $20\,^{\circ}\mathrm{C}$)**

②②③ 저울

본 절에서는 저울의 동작 원리와 종류, 저울의 등급, 측정법 및 저율의 교정에 대하여 기술한다.

1. 개요

일상적으로 사용되는 저울에는 아날로그 방식인 스프링 접시저울과 디지털 방식인 전기식 지시 저울이 있다.

1) 저울이란?

저울이란 두 물체의 무게를 비교해 질량의 차이를 결정하는 기구로, 물건의 무게를 측정하는 기구 기계의 총칭이다. 계량법에서는 질량게라고 한다. 한자어로는 형衡이나 칭秤이라하고, 영어에서는 천칭이나 대저울을 밸런스balance, 그 외의 것을 스케일scale 이라고 한다. 저울의 구조는 일반적으로 측정하려는 물체에 작용하는 지구 중력 가속도에 의한 힘을 분동이나 추의 힘과 평형을 이루게 하며, 힘에 의한 탄성체의 변형과 변위로 바꿀 수 있게 되어있다.

저울로 무게를 측정하는 가장 손쉬운 방법은 직접 측정법이다. 한 접시에 측정할 물체를 놓고 다른 접시에는 무게를 아는 추를 놓는다. 이때 눈금 사이 0점의 차이가 물체들 사이의 무게 차이를 나타낸다. 이런 직접 측정법에서는 반드시 팔arm의 길이가 같아야 한다. 팔의 길이가 달라서 생기는 오차가 요구된 정밀도보다 더 크면 무게 치환법을 사용하여 보정한다. 이 방법에서는 한쪽 접시에 평형추를 더하여 다른 접시의 물체와 균형을 이루도록 한다. 그러면 기지旣知의 무게로 미지의 무게를 대치할 수 있다. 이 방법에서는 무게를 측정하는 동안 저울대의 두 팔의 길이가 같아야 한다. 불균형의 효과는 두 물체에 똑같이 작용하므로 제거될 수 있다.

2) 저울의 동작 원리

등비 수동 맞저울과 반지시 부등비 저울은 질량과 질량을 비교하는 저울이다. 양쪽에 동일하게 중력 가속도가 작용되므로 질량으로 측정된다. [그림 2.25]의 스프링 접시저울과 판수동 저울은 질량과 힘을 비교하는 방법이 적용된다. 스프링 접시저울은 접시에 올려놓은 물체와 스프링의 탄성을 비교하는 것이므로, 물체에 가해진 중력 가속도의 크기로 무게를 측정한다. 이와 같은 저울은 대부분 전기식 지시 저울로 대체되었고, 현재는 가격이 저렴한 스프링 접시저울만 사용되고 있다.

 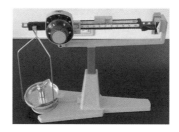

(a) 등비 수동 맞저울　　　　　　(b) 반지시 부등비 저울

[그림 2.24] **질량과 질량의 직접 비교**

(a) 스프링 접시저울　　　　　　(b) 판수동 저울

[그림 2.25] **질량과 힘의 비교**

3) 저울의 분류

저울은 여러 가지 방법으로 분류하지만, GMP 현장에서 주로 사용하는 저울은 비자동 저울로 분류되는 전기식 지시 저울과 자동저울로 분류되는 자동 계량 포장용 저울 및 컨베이어 저울 등으로 분류된다.

(1) 자동저울

호퍼 저울, 자동 계량 포장 저울, 컨베이어 저울

(2) 비자동 저울

① 전기식: 전기식 지시 저울

② 비전기식

- 수동 저울: 수동 맞저울, 반지시 맞저울, 등비 접시 수동 저울, 부등비 접시 수동 저울, 판수동 저울, 매달림 수동 저울
- 지시 저울: 접시 지시 저울, 판 지시 저울, 매달림 지시 저울

4) 저울의 정확도 등급

저울의 정확도 등급은 〈표 2.4〉와 같이 특별급, 고급, 중급, 보통급으로 분류된다.

〈표 2.4〉 저울의 정확도 등급

등급 명	심볼 표기	사용 명칭
특별급	Ⅰ	Ⅰ
고급	Ⅱ	Ⅱ
중급	Ⅲ	Ⅲ
보통급	ⅢⅠ	ⅢⅠ

〈표 2.5〉 저울의 정확도 등급 분류 기준

정확도 등급	검정 눈금 값(e)	검정 눈금 개수 $n = \max(\text{최대 용량})/e(\text{해독도})$		사용 범위 하한
		최소	최대	
특별급	$0.001g \leq e$	50 000	−	100e
고급	$0.001g \leq e \leq 0.05\,g$	100	100 000	20e
	$0.01\ g \leq e$	5 000	100 000	50e
중급	$0.01\ g \leq e \leq 2\,g$	100	10 000	20e
	$5\,g \leq e$	500	10 000	20e
보통급	$5\,g \leq e$	100	1 000	10e

5) 저울의 역감도

저울의 감도sensitivity는 질량 변화를 감지하는 정도를 말하며, 질량 변화에 대한 지시 값의 변화 비율로 나타낸다. 역감도는 감도의 역수로, 질량 차이를 저울의 지시 값 차이로 읽은 후, 이 지시 값 차이를 질량으로 환산할 때 역감도가 사용되므로 교정에 있어서 역감도의 의미는 매우 중요하다.

역학 저울의 경우 역감도 계산에 사용되는 감도 분동은 스케일의 1/4~1/2 정도에 해당하는 분동이 사용된다.

전자저울의 역감도를 측정하기 위해서 사용되는 감도 분동은 저울의 최소 단위가 1 mg 이하일 때는 50 mg~500 mg 사이, 10 mg 이상일 때는 500 mg 이상의 분동을 감도 분동으로 사용할 수 있다.

2. 저울의 종류

저울의 종류는 매우 다양하며, 분류 방법도 여러 가지가 있으나 크게 천칭, 대저울, 앉은 뱅이저울, 용수철저울 등으로 나눈다. 저울 형식은 표준 질량의 분동과 측정물의 중량을 비교하는 형식(천칭)과 스프링의 힘이나 압력 등과 평형시켜 중량을 측정하는 형식이 있다.

1) 전기식 지시 저울

전기식 지시 저울은 스트레인 게이지를 사용한 로드 셀 방식과 전자력 평형식이 있다. 일반적인 전기식 지시 저울은 대부분 로드 셀 방식이며, 천분의 일(1/1 000)에서 3만분의 일(1/30 000)까지의 정밀도를 가진 제품이 생산·공급되고 있다.

[그림 2.26] 전기식 지시 저울

2) 전자력 평행식

[그림 2.27]은 전자력 평형식 저울의 원리를 나타내는 것으로, 하중과 전자력이 평형 상태가 되는 것을 확인할 수 있다. 패러데이의 오른손 법칙에 의해 자계와 직각 방향의 코일에 전류가 공급되면 힘 F가 위쪽 방향으로 발생되는 원리를 이용한 것이다. 하중 W의 크

기에 따라 코일의 위치가 변하면 위치 센서가 코일의 위치를 감지하고 전류의 크기를 변화시켜 코일이 일정한 위치에 평형되도록 한다. 이때, 공급되는 전류의 크기는 하중 W의 크기와 비례하므로 질량을 측정할 수 있다. 정밀도는 2천분의 1(1/2 000)에서 천만분의 1(1/10 000 000)까지 생산되어 공급되고 있다. 로드 셀 방식보다 정밀도가 높으나 가격이 고가이다.

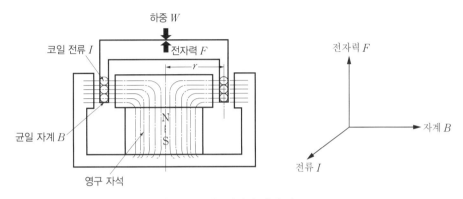

[그림 2.27] 전자력 발생 기구

[그림 2.28] 전자력 평행식 저울

3) 천칭

천칭은 BC 5 000년 무렵 이집트 분묘 속에서 돌로 된 추와 함께 출토되었으며, BC 3 000년 무렵의 파피루스에 그려진 천칭은 그 구조에 있어 오늘날의 저울과 크게 차이가 없다. 정밀도 또한 높아서 고대 이집트의 약조제의 최소 단위가 0.7 g 정도였으므로 가장 정교한 저울의 감도는 0.1 g에 달했을 것으로 생각된다.

천칭은 지렛대 중앙에 지점이 있어 동일한 길이로 된 보의 양측에 측정물과 분동을 작용시켜서 평행을 취하는 형식이다. 천칭은 저울 가운데가 가장 정밀도가 좋으며, 상업용의 정밀도는 2천분의 1(1/2 000) 이상이고 학술용은 1억분의 일(1/100 000 000)까지이다.

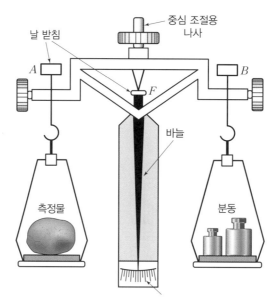

[그림 2.29] **천칭의 구조**

질량의 측정 방법에는 간이법과 이중 치환법이 있으나 질량의 정밀 측정을 위해서 현장에서는 이중 치환법이 널리 사용되고 있다.

(1) 간이법

간이법은 비교적 간단한 방법으로, 측정 방법은 다음과 같다.

- 빈 접시일 때, 정지점 O_1을 읽는다.
- 피측정물 T를 왼쪽에, 분동 M을 오른쪽에 놓고 평행시 정지점 O_2를 읽는다.
- 가벼운 쪽에 감도 분동 Δ를 놓고, 정지점 O_3를 읽는다.

  (감도 분동 Δ를 놓았을 때, O_1이 O_2와 O_3 사이에 오도록 좌우측을 조정한다.)
- 피측정물 T의 질량을 계산한다.

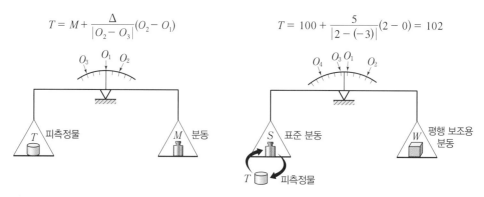

$$T = M + \frac{\Delta}{|O_2 - O_3|}(O_2 - O_1)$$

$$T = 100 + \frac{5}{|2 - (-3)|}(2 - 0) = 102$$

[그림 2.30] **간이법(평행 접시저울)**

[그림 2.31] **이중 치환법(평행 접시저울)**

(2) 이중 치환법

이중 치환법은 정밀 측정에서 가장 많이 사용되며, 측정 방법은 다음과 같다.

- 표준 분동: $S = 100\,g$
- 평행용 보조 분동: $W = 101\,g$
- 피측정물: $T = 97\,g$
- 감도 분동: $\Delta = 5\,g$일 때

이중 치환 측정 방법

(1) 표준 분동 S를 얹었다 : O_1점 지시(우측 1g 무겁다) : $100 - 101 = -1$

(2) 피측정물 T를 얹었다 : O_2점 지시(우측 4g 무겁다) : $97 - 101 = -4$

(3) 가벼운 쪽에 감도 분동 Δ 첨가 : O_3점 지시(좌측 1g 무겁다) : $97 + 5 - 101 = +1$

(4) T 내리고 S를 다시 얹음 : O_4점 지시(좌측 1g 무겁다) : $100 + 5 - 101 = +4$

(5) 저울의 감도 K는?

$$K = \frac{\Delta}{|O_3 - O_2|} = \frac{5}{|1 - (-4)|} = 1$$

(6) S와 T의 질량 차이($100 - 97 = 3$) 계산

$$S - T = K\frac{(O_1 - O_2) + (O_4 - O_3)}{2} = 1 \times \frac{(-1 - (-4)) + (4 - 1)}{2} = 3$$

(7) 이것을 이중 치환법이라 하며, 단일 치환법에서는 4단계를 생략한다.

(8) 단일 치환법으로

$$S - T = K(O_1 - O_2) = X = 1 \times (-1 - (-4)) = 3$$

(9) 측정물의 질량 T는

$$T = S - X = 100 - 3 = 97$$

---

4) 스프링 저울

스프링 저울은 코일처럼 감긴 스프링의 한쪽 끝에 물건을 달면 그 질량에 의해 아래쪽으로 스프링이 늘어난다. 스프링의 탄성 한계 내에서 탄성은 힘에 비례하므로 질량의 눈금을 매겨서 재는 저울이라고 할 수 있다.

친칭이나 지렛대식 저울과 다른 점은 지구 중력 가속도와 직접 관계가 있으므로, 장소나 고도에 따라 지시 값에 차이가 생긴다는 점이다. 이 때문에 정밀도가 높은 스프링 저울은 쓰이는 장소의 중력 가속도에 맞추어 조절해야 한다.

이 형식은 히스테리시스hysteresis, 온도 등에 따라 변화하므로 정밀도는 나쁜 편이다. 일반적으로 스프링의 변위량을 기계적 혹은 광학적인 방법에 의해서 확대 지시하는 것이 많으며, 자동 체중계나 헬스 미터와 같이 스프링식 지시 기구를 종래의 지렛대식과 결합하여 사용하는 것도 있다.

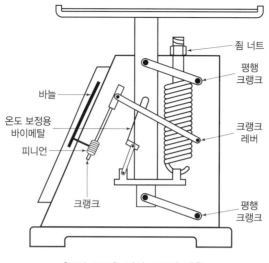

[그림 2.32] **접시 스프링 저울**

3. 저울의 교정

저울을 비롯한 각종 측정 기기는 일정한 기간이 지나면 교정을 받도록 법적으로 제도화되어 있다.

1) 준비 사항

(1) 진동과 공기의 흐름이 없는 곳에 설치

(2) 수평, 영점, 예열

(3) 편심 오차 고려

(4) 지시 값 안정된 후 읽음: 30초 후

(5) 자체 교정 기능을 사용

　　－ 최초 설치, 위치 변화, 주위 환경 변화

2) 교정 항목

(1) 스팬 교정

• 내부 분동 사용, 표준 분동 사용

(2) 감도 측정

• 빈 접시 상태, 최대 용량 부근, 저울의 해독도의 10배 분동 사용

(3) 편심 오차 측정

• 저울의 역학적 힘의 불균형시 오차

- 최대 용량의 1/4 이상의 분동 사용
- 중앙과 전후좌우 지시 값의 차

(4) 직선성 측정

- 분동의 상용 질량 값과 저울의 지시 값의 직선성 정도
- 최대 용량의 0 %, 25 %, 50 %, 100 %
- 증가시와 감소시 측정
- 보정 값 계산에 데이터 적용

(5) 정밀도 측정

- 최대 용량이나 그 질량의 1/2 분동 사용
- 표준 편차를 구하여 A형 불확도 산출에 적용

(6) 수동

- 겉달림 교정
- 송추 교정 　　　　　• 증추 달림 교정

②②❹ 부피계

어떤 물체의 부피_{volume}를 측정하면 계산을 통하여 질량이나 밀도를 구할 수 있다.

1. 부피의 개요

　부피란 물체가 차지하고 있는 공간 부분의 크기를 말하며, 변의 길이가 단위 길이인 정육면체를 만들어 가로·세로·높이를 곱하면 기본 단위의 부피가 측정된다. 국제단위(SI)로 표기된 부피의 단위로는 m^3을 기본으로 하고 있으며, 보조 단위로 cm^3과 dm^3을 사용한다. 특별한 단위로서는 리터(l)를 겸용하여 사용할 수 있도록 되어 있는데 기호 l은 아라비아 숫자 1과 혼동될 우려가 있으므로 'l' 대신 'L'로도 표기할 수 있도록 하였다. 그러나 1리터는 $1.000028\,dm^3$의 관계가 있으므로 고도의 정확도를 요구하는 부피 측정에서는 리터를 사용하지 않도록 1964년 제12차 국제도량형총회에서 결의되었다. 이와 같이 부피의 단위는 m^3를 기본으로 하고 있다.

〈표 2.6〉 고유 단위와 국제단위의 환산표

m^3	리터(L)	승(되)	세제곱인치	갤론(미)	갤론(영)
1	1 000	5.5435×10^2	6.1024×10^4	2.6417×10^2	2.1997×10^2
1×10^{-3}	1	5.5435×10^{-1}	6.1024×10	2.6417×10^{-1}	2.1997×10^{-1}
1.8039×10^{-3}	1.8039	1	1.1008×10^2	4.7654×10^{-1}	3.9680×10^{-1}
1.6387×10^{-5}	1.6387×10^{-2}	9.0842×10^{-3}	1	4.3290×10^{-3}	3.6046×10^{-1}
3.7854×10^{-3}	3.7854	2.0985	2.31×10^2	1	8.3267×10^{-1}
4.5461×10^{-3}	4.5461	2.5201	2.7742×10^2	1.2010	1

※1승=10홉=1되

2. 부피계의 종류

액체나 용액의 부피를 측정하는 기구에는 피펫, 뷰렛, 플라스크, 메스실린더 등이 있다. 피펫과 뷰렛은 배출되는 부피를 측정하는 부피계이고, 플라스크와 메스실린더는 담겨 있는 부피를 측정하는 부피계이다.

부피: $(429.286232 \pm 0.000131)\,cm^3$
질량: $(999.838916 \pm 0.000076)\,g$
직경: $9.359433614\,cm$

[그림 2.33] KRISS 부피 표준구(silicon sphere)

1) 피펫

피펫은 다음과 같이 4종으로 구분된다. 이들 피펫은 혈구계의 피펫 및 0.1 ml 이하의 수은으로 검정하는 것을 제외하고는 물의 배출량을 기준으로 하여 눈금을 붙이고 있다. 보통 피펫을 이용하여 채취할 때는 흡입해서 넣고 채취한 양을 집게손가락에 의해 눈금과 맞춘다.

피펫을 사용할 때는 그 채취 법을 일정하게 해야 하며, 유출 시에는 피펫을 수직으로 세워 그 선단을 용기 벽에 접하게 하고 용기는 수직으로 세운 피펫에 대해 약간 기울인다.

- 메스 피펫 : 전량 및 분량 눈금이 있는 것[그림 2.34 (a)]
- 전량 피펫 : 전량 눈금이 있는 것[그림 2.34 (b)]
- 자동 피펫 : 기점을 눈금에 의하지 않고 자동으로 정한 것[그림 2.34 (c)]
- 혈구계 피펫 : 적혈구 및 백혈구용[그림 2.34 (d)와 (e)]

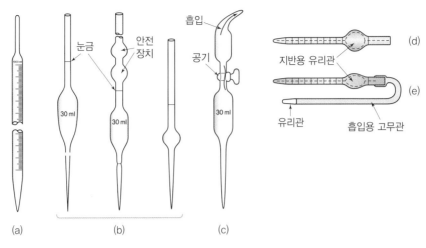

[그림 2.34] **피펫의 종류**

2) 뷰렛

뷰렛은 주입 또는 충전한 액체를 아래쪽으로 유출시키며, 그 유출 조작을 밑 부분에 있는 코크 등으로 행하는 것으로, 주로 분석의 적정 등에 이용되지만 그 부피의 결정은 물의 배출량으로 하여 정해져 있다.

- 메스 뷰렛: 전량 및 분량 눈금이 있는 것[그림 2.35 (a)]
- 분해용 뷰렛: 각 일정량씩 독립된 눈금을 갖는 것[그림 2.35 (b)]
- 전량 뷰렛: 전량 눈금이 있는 것[그림 2.35 (c)]
- 자동 뷰렛: 기점을 눈금에 의하지 않고 자동으로 정한 것[그림 2.35 (d)]

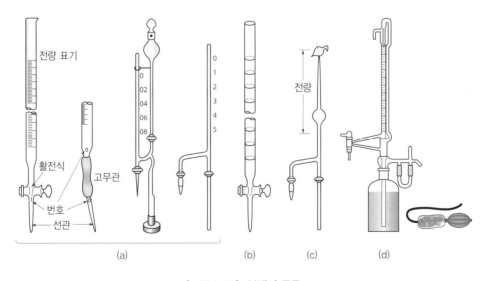

[그림 2.35] **뷰렛의 종류**

3) 플라스크

플라스크는 눈금을 정하는 방법에 따라 수용 플라스크와 출용 플라스크로 분류된다. 수용 플라스크에는 E 또는 수용의 문자를, 출용 플라스크에는 A 또는 출용의 문자를 넣어 구별한다.

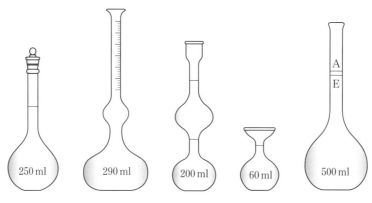

[그림 2.36] 플라스크의 종류

4) 메스실린더

메스실린더는 눈금이 있는 용기에 담겨 있는 액체를 측정하는 기구이다. [그림 2.37]의 (b)와 같은 통형 메스실린더는 전량에 있어서 내경 D와 전량으로부터의 깊이 H가 $4 \times D \leq H$의 관계에 있는 것을 말하며, 통상 M 문자를 표기하고 있다.

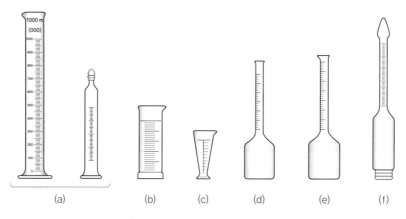

[그림 2.37] 메스실린더의 종류

3. 부피 측정

물체의 부피를 측정하는 방법은 측정하고자 하는 물체의 상태에 따라 다르다.

1) 부피 측정의 분류

부피 측정에는 기체, 액체 및 고체의 부피 측정법이 있다.

(1) 기체 부피 측정
• 질량 측정(부피 = 질량/밀도)

(2) 액체 부피 측정
• 부피계 측정(메스실린더)
• 질량 측정(부피 = 질량/밀도)

(3) 고체 부피 측정
• 기하학적 측정(길이 측정)
• 부피계 측정(메스실린더, 물, 기름, 에탄올)
• 부력 측정(정유 체질량 측정 장치)
• 기체 용적계(분체)
• 음향법

2) 고체의 부피 측정

고체의 부피를 측정할 때 물체의 형상이 원통형이나 사면체 등 일정한 경우에는 길이를 측정하여 계산에 의하여 구할 수 있으나 불규칙한 형상일 경우에는 길이 측정이 불가능하므로 물체를 유체(액체 또는 기체) 속에 넣어 부력을 측정하여 부피를 구한다.

액체 중에서 녹지 않는 물체가 액체에 잠기게 되면 물체가 밀어낸 부피(물체의 부피)와 같은 액체의 무게만큼 가벼워지므로 아르키메데스의 원리를 이용하여 공기 중에서의 질량과 액체 중에서의 질량을 측정하여 물체의 부피(V)를 구할 수 있다.

$$V = (M_1 - M_2) / (\rho_2 - \rho_1)$$

여기서 M_1: 밀도가 ρ_1인 공기 중에서 측정한 물체의 질량

M_2: 밀도가 ρ_2인 공기 중에서 측정한 물체의 질량

부력 측정에 사용되는 저울은 반지시 맞저울보다는 전자저울을 사용하는 것이 매달림 줄에 의한 측정 오차를 줄일 수 있다.

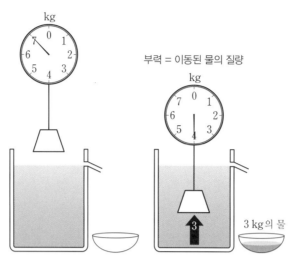

[그림 2.38] 아르키메데스의 원리

3) 액체의 부피 측정

액체의 부피 측정에는 질량 측정에 의한 방법보다 눈금이 새겨진 부피계에 담아서 측정하는 것이 편리하지만 측정 정확도는 질량 측정에 의한 방법이 더욱 정확하다.

질량 측정에 의하여 부피를 측정할 경우 질량이 정확하게 측정되어야 하며, 액체는 고체보다 밀도가 비교적 작으므로 공기에 의한 부력이 보정되어야 한다. 국제 권고 No. 33에 따르면 모든 저울의 지시 값은 20 ℃에서 밀도가 1.2 mg/cm³인 대기 중에서 밀도가 8.0 g/cm³인 표준 분동의 참값과 일치되도록 되어 있다. 따라서 밀도가 작은 액체를 저울에서 측정한 값을 그대로 취하게 되면 액체의 참 질량과 큰 오차를 가지게 된다. 그러므로 액체 질량을 정확하게 측정하기 위해서는 표준 분동의 밀도와 액체 밀도와의 차이에 따른 공기 부력 차이를 다음 식에 의해 보정해야 한다.

$$m_T = m\frac{d(8.0 - 0.0012)}{8.0(d - 0.0012)}$$

여기서 m_T: 측정하려는 물체의 참 질량(g)

m: 물체의 저울 지시 값, 즉 겉보기 질량 값(g)

d: 측정하려는 물체의 밀도(g/cm³)

예를 들어서 물의 용기에 담아 저울로 측정한 결과 물의 겉보기 질량이 $m = 20\,g$이었다면 참질량은 다음과 같이 20.0210 g으로 나타나므로, 21 mg의 큰 오차가 발생함을 알 수 있다.

$$m_T = m\frac{d(8.0 - 0.0012)}{8.0(d - 0.0012)} = 20 \times \frac{1(8.0 - 0.0012)}{8.0(1 - 0.0012)} = 20.0210\text{g}$$

따라서 질량 측정에 의한 액체의 부피 측정은 다음 식을 이용한다.

$$V = \frac{m(8.0 - 0.0012)}{8.0(\rho - 0.0012)} \text{(cm}^3)$$

여기서 m: 액체의 저울 지시 값, 즉 겉보기 질량 값(g)

ρ: 측정할 때의 액체 밀도(g/cm^3)

더욱 더 정확한 측정을 위해서는 저울의 0점 변화와 공기 밀도 변화를 고려하여 교정된 표준 분동과 비교 측정하여 다음 식으로 계산한다.

$$V = m\left(1 - \frac{\rho_A}{d_M}\right)/(\rho - \rho_A)$$

여기서 m: 액체와 평행을 이룬 표준 분동의 질량(g)

d_M: 표준 분동의 밀도(g/cm^3)

ρ: 측정할 때의 액체 밀도(g/cm^3)

ρ_A: 측정할 때의 공기 밀도(g/cm^3)

②②❺ 밀도계

어떤 물체의 정확한 질량 측정은 매우 까다로우므로 밀도와 부피를 이용하여 질량을 구할 수 있다. 따라서 밀도는 질량 환산에 유용하게 활용할 수 있다.

1. 밀도의 개요

밀도density는 물질의 고유한 물리적 성질로, 단위 부피당 물질이 차지하는 질량을 의미하며, 단위는 kg/m^{3}를 기본으로 하고, 보조 단위로 g/cm^3, g/mL를 사용하기도 한다. 특히 cm^{3}와 mL 사이에는 1 mL = 1.000028 cm^{3}의 관계가 있으므로 정밀 측정에서는 mL 단위를 사용하면 큰 오차가 발생된다.

고체의 밀도를 구하기 위해서는 고체의 부피를 알아야 하므로 아르키메데스의 원리를 이용한 수중 질량 측정 장치를 이용하게 된다. 이때 사용되는 기준 용액은 증류수와 수은이 있으며, 그 외에도 공기 밀도를 기준으로 사용한다.

액체의 밀도를 구하기 위해서는 액체의 질량과 부피를 측정해야 하므로 부피를 알고 있는 부피계나 일정한 고체의 부력을 이용한다. 액체의 밀도는 고체에 비하여 높은 정밀도가 요구된다. 액체의 부피는 온도에 따라 현저히 변하기 때문에 밀도, 비중을 나타내기 위해서는 측정할 때 측정 온도를 올바르게 밝혀야 한다.

2. 밀도와 비중

물체의 질량을 m, 부피를 V라고 하면, 밀도 ρ는 다음과 같이 표시된다.

$$\rho = \frac{m}{V} \ (kg/m^3)$$

비중specific gravity이란 어떤 부피의 물질에 대해 같은 부피의 표준물질과의 질량비로 나타내며, 표준물질로는 물이 사용된다.

비중 15/4 ℃란 15 ℃의 시료 질량과 4 ℃의 같은 부피의 물과의 질량비를 말한다. 만약 물의 온도를 4 ℃ 이외의 온도로 기준을 잡았을 경우에는 그 온도에 따른 비중에 대하여 비중 15/15 ℃와 같이 사용한다.

$$비중 = \frac{t_1 ℃에\ 있어서\ 시료의\ 용적\ 무게}{t_2 ℃에\ 있어서\ 동일\ 용적의\ 물의\ 무게} = \frac{t_1 ℃에\ 있어서\ 시료의\ 밀도}{t_2 ℃에\ 있어서\ 물의\ 밀도}$$

여기서 $t_1 ℃ = 15 ℃$, $t_2 ℃ = 4 ℃$

3. 고체의 밀도 측정

밀도 측정은 측정 물질의 상태가 고체인지 액체인지에 따라 측정 방법이 크게 다르다. 액체인 경우 비중병이나 비중 저울을 사용하지만, 고체인 경우 매달림 접시저울을 이용하여 밀도를 측정할 수 있다.

1) 측정 기기

- 매달림 접시저울   • 분동   • 비커   • 부정량 증추   • 온도계

2) 측정 방법

- 접시저울에 접시를 매달고 0점 조정을 한다.
- 공기 중에서 측정하고자 하는 시편을 접시저울에 올려서 질량을 측정한다.
- 저울에 접시를 빼고 물이든 비커를 장착한다.
- 부정량 증추를 달고 물속에서 균형을 맞춘다.(0점 조정)

- 시편을 증추에 매달아 물속에서의 질량을 측정한다.
- 물의 온도를 측정한다.
- 측정된 물의 온도에서 밀도표를 보고 물의 밀도를 구한다.
- 시편의 치수를 측정한다.

3) 밀도 계산식

4 ℃에서 증류수의 밀도는 0.99998 g/cm³이고, 20 ℃에서 공기의 밀도는 0.0012 g/cm³이다.

(1) 공기의 밀도(ρ_a)

공기 밀도는 공기의 온도(t: ℃), 습도(h: %R.H.), 압력(p: Pa)을 측정하여 아래와 같이 계산한다.

- 온도 구간(20 ℃~30 ℃)일 때,

$$\rho = \{0.0034845p - h\,(0.00252\,t - 0.020582)\}/(t + 273.15)\ (\text{kg/m}^3)$$

- 온도 구간(15 ℃~50 ℃)일 때,

$$\rho = \{3.4845p - h(0.085594\,t^2 - 1.8504\,t + 34.47)\}/\{(t + 273.15)\,10^3\}\ (\text{kg/m}^3)$$

표준 온도에서의 공기 밀도 = 0.0012 g/cm³

(2) 물의 밀도(ρ_l)

물의 온도가 24.6 ℃인 경우, 〈표 2.7〉 온도에 따른 증류수의 밀도 변화표를 참조하면,

$$\rho = 0.997145\ \text{g/cm}^3\text{이다.}$$

(3) 고체 시료의 밀도(ρ_s)

m_a: 시료의 공기 중 질량, m_l: 시료의 물속 질량이라고 하면, 고체 시료의 밀도는 다음과 같이 계산된다.(단, $m_a = 181.9\,\rho_l$, $m_l = 160.4\,\rho_l$이다.)

$$\rho_s = \frac{m_a}{m_a - m_l}(\rho_l - \rho_a) + \rho_a = \frac{181.9}{181.9 - 160.4}(0.997145 - 0.0012) + 0.0012 = 8.427$$

따라서 고체 시료(황동)의 밀도는 8.427 g/cm³로 계산된다.

〈표 2.7〉 온도에 따른 증류수의 밀도 변화표(g/cm³)

T	0.0℃	0.1℃	0.2℃	0.3℃	0.4℃	0.5℃	0.6℃	0.7℃	0.8℃	0.9℃
5.0	.999964	.999962	.999960	.999958	.999956	.999954	.999951	.999949	.999946	.999943
6.0	.999940	.999937	.999933	.999930	.999926	.999922	.999918	.999914	.999910	.999906
7.0	.999901	.999896	.999892	.999887	.999881	.999876	.999871	.999865	.999860	.999854
8.0	.999848	.999842	.999835	.999829	.999822	.999816	.999809	.999802	.999795	.999787
9.0	.999780	.999773	.999765	.999757	.999749	.999741	.999733	.999725	.999716	.999707
10.0	.999699	.999960	.999681	.999672	.999662	.999653	.999643	.999643	.999624	.999614
11.0	.999604	.999594	.999583	.999573	.999562	.999552	.999541	.999530	.999519	.999507
12.0	.999496	.999485	.999473	.999461	.999449	.999437	.999425	.999413	.999401	.999388
13.0	.999376	.999363	.999350	.999337	.999324	.999311	.999297	.999284	.999270	.999256
14.0	.999243	.999229	.999215	.999200	.999186	.999172	.999157	.999142	.999128	.999113
15.0	.999098	.999083	.999067	.999052	.999036	.999021	.999005	.998989	.998973	.998957
16.0	.998941	.998925	.998908	.998892	.998875	.998858	.998841	.998824	.998807	.998790
17.0	.998773	.998725	.998738	.998720	.998702	.998684	.998666	.998648	.998630	.998612
18.0	.998593	.998575	.998556	.998537	.998519	.998500	.998480	.998461	.998442	.998422
19.0	.998403	.998383	.998364	.998344	.998324	.998304	.998284	.998263	.998243	.998222
20.0	.998202	.998181	.998160	.998139	.998118	.998097	.998076	.998055	.998033	.998012
21.0	.997990	.997968	.997947	.997925	.997903	.997881	.997858	.997836	.997814	.997791
22.0	.997768	.997746	.997723	.997700	.997677	.997654	.997630	.997607	.997584	.997560
23.0	.997536	.997513	.997489	.997465	.997441	.997417	.997392	.997368	.997344	.997319
24.0	.997294	.997270	.997245	.997220	.997195	.997170	.997145	.997119	.997094	.997068
25.0	.997043	.997017	.996991	.996966	.996940	.996913	.996887	.996861	.996835	.996808
26.0	.996782	.996755	.996728	.996702	.996675	.996648	.996621	.996593	.996566	.996539
27.0	.996511	.996484	.996456	.996428	.996401	.996373	.996345	.996316	.996288	.996260
28.0	.996232	.996203	.996175	.996146	.996117	.996088	.996060	.996031	.996001	.995972
29.0	.995943	.995914	.995884	.995855	.995825	.995795	.995765	.995736	.995706	.995676
30.0	.995645	.995615	.995585	.995554	.995524	.995493	.995463	.995432	.995401	.995370
31.0	.995339	.995308	.995277	.995246	.995214	.995183	.995151	.995120	.995088	.995056
32.0	.995024	.994992	.994960	.994928	.994896	.994864	.994831	.994799	.994766	.994734
33.0	.994701	.994668	.994635	.994602	.994569	.994536	.994503	.994470	.994436	.994403
34.0	.994369	.994336	.994302	.994268	.994234	.994201	.994167	.994132	.994098	.994064

힘 측정

단원 목표

1. 힘의 정의와 종류를 올바르게 설명할 수 있다.
2. 힘 측정의 원리와 힘 표준의 소급 체계를 올바르게 설명할 수 있다.
3. 힘 측정기의 종류를 알고 스트레인 게이지식 로드 셀의 원리를 설명할 수 있다.

1 개요

힘의 SI 유도 단위는 뉴턴(N)으로, 본 절에서는 힘의 개념과 종류 및 힘의 단위에 대하여 기술한다.

1. 힘의 개념

힘이란 정지하고 있는 물체를 움직이고, 움직이고 있는 물체의 속도나 운동 방향을 바꾸거나 물체의 형태를 변형시키는 작용을 하는 물리량이다.

힘의 개념은 뉴턴의 3가지 운동 법칙에 의해서 설명된다. 뉴턴의 첫 번째 법칙에 의하면 정지해 있거나 직선상을 일정한 속력으로 움직이는 물체는 어떤 힘이 작용하지 않으면 그 상태를 계속 유지하려고 한다.

두 번째 법칙은 외부의 힘이 물체에 작용하면 힘의 방향으로 물체의 가속도(속도의 변화)가 생긴다는 것이다. 가속도의 크기는 외력의 크기에 정비례하며 물체의 질량에 반비례한다.

세 번째 법칙은 한 물체가 다른 물체에 힘을 가하면 힘을 받은 물체는 똑같은 힘을 상대 물체에 가한다는 것이다. 작용과 반작용의 원리 즉, 상호 작용의 원리는 힘이 물체를 움직이게 하든 안 하든, 왜 물체를 변형시키려는가를 설명해 준다. 물체의 운동을 연구할 때는 대개 물체의 변형을 무시한다. 중력에서 물체의 총 하중은 무게 중심에 작용한다고 가정한다.

2. 힘의 종류

자연계에는 인위적이지 않은 여러 종류의 힘이 존재하며, 그 크기는 힘의 근원에 따라 각기 다음과 같은 다른 변수에 의해 결정된다.

1) 탄성력

탄성력elastic force은 늘어난 용수철의 복원력에 의하여 받는 힘으로, $F = kx$에 의해 결정된다. 여기서 k는 탄성 계수, x는 용수철이 늘어난 길이이다. 후크의 법칙이라고 하며, 탄성한계점 이하에서만 길이에 비례하는 복원력을 가질 뿐 그 이상의 변형이 있으면 원래의 모양으로 되돌아오지 않는다.

$$F = ma$$

2) 정전기력

정전기력electrostatic force은 전하량이 q_1과 q_2인 두 입자가 r만큼 떨어져 있을 때 작용하는 힘으로, 만유인력과 비슷한 관계를 가지나 질량이 아닌 전하량에 의해 결정되고, 전하의 종류에 따라 당기는 힘 또는 미는 힘이 될 수 있다. 이는 두 전하를 잇는 직선과 같은 방향을 가지며 크기는 다음과 같다.

$$F = \frac{1}{4\pi\varepsilon_0} \cdot \frac{q_1 q_2}{r^2} \text{ (쿨롱의 법칙이라고 하며, } \varepsilon_0\text{는 유전 상수이다)}$$

3) 자기력

자기력magnetic force은 전기와 달리 막대자석처럼 항상 두 개의 극성을 함께 갖는 자기 쌍극자 형태로만 존재하며, 두 자석 사이에는 자기 쌍극자 모멘트 μ와 거리 r의 함수로 나타내는 힘이 작용한다.

4) 원심력

원심력centrifugal force은 원운동을 하고 있는 물체에 나타나는 관성력이다. 구심력과 크기가 같고 방향은 반대이며, 반경 r인 원의 중심에서 멀어지려는 방향으로 작용한다. 운동 중인 물체 안의 관찰자는 힘이 작용한다고 느끼지만, 실제로 존재하는 힘은 아니다.

$$F = mr\omega^2 \text{ (여기서, } \omega\text{는 각속도이다)}$$

5) 구심력

구심력 centripetal force 은 물체가 운동하는 임의의 점에서 물체에 작용하는 힘을 궤도의 접선 방향과 곡률의 중심 방향으로 나누었을 때, 곡률의 중심 방향으로 작용하는 힘이며, 향심력 向心力 이라고도 한다. 구심력은 물체의 속도 방향을 항상 바꾸어 직선 운동에서 중심(고정점) 주위로의 회전 운동이 되게 한다.

$$F = mv^2 / r$$

3. 힘의 단위

국제단위계에서 힘의 단위 명칭은 뉴턴 Newton 이며, 기호는 N이다. 1 N은 질량 1 kg인 물체에 1 m/s²의 가속도를 생기게 하는 힘의 크기이다.

$$1\,\text{N} = 1\,\text{kg} \cdot 1\,\text{m/s}^2$$

국제도량형총회에서는 킬로그램힘 또는 킬로그램중(kgf), 다인(dyn), 파운드힘(lbf)을 사용하지 않도록 권고하고 있다. 킬로그램중과 뉴턴과의 관계는 아래 식과 같다.

$$1\,\text{kgf} = 1\,\text{kg} \times 9.80665\,\text{m/s}^2 = 9.80665\,\text{kg} \cdot \text{m/s}^2 = 9.80665\,\text{N}$$

위의 식에서 9.80665를 곱해 주는 이유는 중력 가속도를 보정해 주기 위해서인데, 중력 가속도는 g로 나타내며 장소에 따라 달라진다. 더 정확하게 말하면 태양, 달, 밀물 및 썰물 등의 역학 관계 때문에 시간에 따라서도 달라지므로 같은 질량에 대해서 중력 가속도가 변하면 무게도 변하게 된다. 따라서 나라마다 그리고 우리나라 교정 기관 지역에 따라 적용되는 중력 가속도는 조금씩 차이가 난다.

⟨표 2.8⟩ 힘과 관련된 단위

물리량	SI 단위계	CGS 단위계	MKS 단위계	파운드 단위계
길이	m	cm	m	in
질량	kg	g	kg	lb
시간	s	s	s	s
힘	N(kg · m/s²)	dyn(g · cm/s²)=10⁻⁵ N	kgf(= 9.80665 N)	lbf
토크	N · m			
공률	N · m/s(J/s, W)			

²³②▸ 힘 측정의 원리

물체에 힘을 가하면 물체의 상태가 변하는 것을 이용하여 힘을 측정한다. 예를 들면 스프링에 힘을 가할 때 스프링이 늘어나는 정도로 힘을 측정한다.

1. 개요

힘은 질량, 길이, 시간과 같은 기본 단위로부터 유도되었으므로, 절대적인 측정은 정의되지 않고 있다. 그러나 일반적인 분류는 다음 〈표 2.9〉와 같다.

〈표 2.9〉 힘의 측정 방법

측정 방법			측정 원리	주요한 사용 예
중력과 평형 이용	분동		힘 = 분동의 질량 중력 가속도	힘 표준기
	분동, 지렛대		힘 = 분동의 질량 중력 가속도 레버 비	힘 표준기, 대저울
	진자		진자 흔들림 상의 각도	재료 시험기
힘에 비례하는 물리 현상	탄성 변형	변형식	환상형 탄성체의 처짐 변화량	루프형, 링형 등
		용적식	원통 용기 탄성체의 내용적 변화량	표준 박스
		응력 게이지식	전기 저항선의 신축에 의한 저항 변화	로드 셀
		정전 용량식	콘덴서의 전극간 거리와 정전 용량의 변화	로드 셀
	자기 변형		변형에 의한 자기적 성질의 변화	로드 셀
	압전식		결정체에 압력을 가한 정전기	로드 셀
	유체 압력		힘 = 유체 피스톤 단면적	로드 셀, 힘 표준기
자이로스코프			자이로의 세차(歲差) 운동 속도	고정도 칭량기
전기력			가한 힘과 전자력의 평형	고정도 칭량기

2. 중력의 이용

중력을 이용한 힘 발생기는 실하중 힘 표준기, 레버식 힘 표준기가 있다.

(1) 실하중 힘 표준기

실제의 질량으로 힘을 발생시키므로 정확도가 매우 높으나 측정 시 시간과 노력이 요구된다.

(2) 레버식 힘 표준기

레버 장치를 이용하여 실하중을 증폭시켜 실하중 힘 표준기보다 더 큰 힘을 측정할 수 있으나 정확도가 떨어진다.

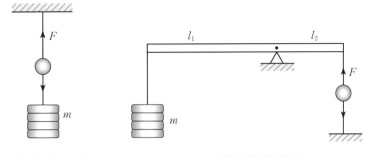

(a) 실하중에 의한 힘의 발생
(b) 레버에 의한 힘의 발생

[그림 2.39]　**중력을 이용한 힘 측정 방법**

3. 유체의 압력 이용

파스칼의 원리를 이용한 것으로, 유압식 힘 표준기, 수압 로드 셀, 공압 로드 셀 등이 있다. 이 방식은 큰 용량을 가지며 정확도도 비교적 높은 편이다.

- 압력 $p = \dfrac{F_1}{A_1} = \dfrac{F_2}{A_2}$

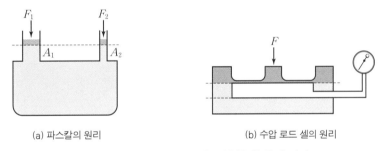

(a) 파스칼의 원리
(b) 수압 로드 셀의 원리

[그림 2.40]　**유체의 압력을 이용한 힘 측정 방법**

4. 고체의 탄성 이용

탄성체는 힘을 받으면 변형이 발생하므로 비례 한도 내에서 가해진 힘에 의한 변형량을 측정하여 힘을 구하는 방법이다. 측정 방식에 따라 다음과 같이 분류된다.

- 환상형 힘 측정기
- 용적형 힘 측정기
- 스트레인 게이지식 힘 측정기

5. 물리적 성질 이용

물체에 힘을 가할 때 발생하는 물리적 성질은 변한다. 따라서 전기적 신호로 검출하여 힘을 구하는 방법이다.

- 자기적인 효과
- 압전 효과

2 3 ③ 힘 표준의 소급 체계

힘 표준의 소급 체계는 상위 체계로부터 힘 표준기, 힘 교정기, 힘 측정기 및 시험기 순으로 되어 있다.

1. 힘 표준기

힘 측정의 정확도를 유지하기 위해서는 정확하게 힘을 발생시키는 장치가 필요하며, 이를 힘 표준기라고 한다. 힘 표준기는 힘을 발생시키고 전달하는 방법과 장치의 구조에 따라 다음과 같이 구분할 수 있다.

- 실하중 힘 표준기 deadweight force standard machine
- 레버식 힘 표준기 lever type force standard machine
- 유압식 힘 표준기 hydraulic force standard machine
- 빌드업 힘 표준기 build-up type force standard machine

2. 힘 교정기

힘 표준기의 구조와 기능이 같으며, 교정 기관에 설치되어 힘 측정기 교정에 사용되는 기기를 힘 교정기라 한다.

종류는 힘 교정기와 동일하다.

3. 힘 측정기

힘 측정기에는 전기식 힘 측정기와 기계식 힘 측정기로 대별할 수 있다. 전기식 힘 측정기는 탄성체에 스트레인 게이지 등으로 전기 신호를 변환하여 지시부에 숫자로 표시되도록 제작된 기기이다. 탄성체(감지부)의 형태는 기둥형, 환상형, 굽힘형, 전단형, 기타 여러 형태로 되어 있다. 힘 측정기는 재료 시험기, 크레인, 트럭, 호퍼, 컨베이어 스케일 등에 응용된다.

- 전기식: 스트레인 게이지식 로드 셀, 자기식 로드 셀, 압전식 센서, 디지털식
- 기계식: 교정링, 환상형, 타원(루프)형, 용적형 힘 측정기, 역량계 등
- 기타: 용적형, 관성유, 진동 와이어

4. 시험기

시험기류는 금속, 비금속, 섬유, 고무, 플라스틱 등 재료의 인장, 압축, 전단, 굴곡, 영구 변형 등 각종 시험을 행할 수 있는 기기이다. 시험기의 구조는 통상 하중을 가하는 장치, 시험편 물림 장치, 하중 표시 장치로 구성되어 있다.

1) 용도

금속·비금속들의 재료 시험, 품질 관리 및 안전 관리 등에 사용

2) 종류

인장 시험기, 압축, 굽힘, 전단(자름), 피로/만능 재료 시험기 등

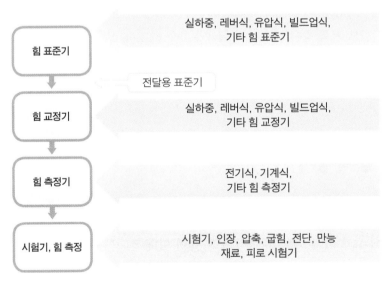

[그림 2.41] 힘 표준의 소급 체계도

5. 힘 측정 용어의 영문 표기

- 실하중 표준기(deadweight force standard)
- 힘 배율기(force multiplier)
- 교정 링(proving ring)
- 로드 셀(load cell)
- 플랫폼 스케일(platform scale)
- 추진력 시험 장치(thrust stand)
- 환상 및 루프형 동력계(ring & loop dynamometer)
- 환상 역량계(ring force gage)
- 역량계(force gage)
- 인장 동력계(traction dynamometer)
- 용적형 힘 측정기(force calibration box)
- 푸시풀 게이지(push-pull gage)
- 인장 및 압축 강도 시험기(strength testing machine)
- 이동식 축중기(axle weigher)
- 아스팔트 믹싱 시험 장치(testing machine for mix design apparatus)
- 장력 시험 장치(tensile testing machine)
- 콘크리트 큐브 시험 장치(concrete cube testing machine)
- 크리프 시험기(creep testing machine)

②③④ 힘 측정기

산업 현장에서 널리 사용되는 힘 측정기에는 환상형 힘 측정기, 용적형 힘 측정기, 스트레인 게이지식 로드 셀 및 정전 용량식 로드 셀이 있다.

1. 환상형 힘 측정기

대표적인 환상ring형 힘 측정기로 루프형 동력계가 사용되지만, 최근에는 측정 정도가 높은 스트레인 게이지식 로드 셀이 널리 사용된다.

1) 원리

링 모양의 탄성체에 인장 또는 압축 하중을 가하여 탄성체의 변형량을 측정함으로써 힘의 크기를 구하는 방식이다. 일반적인 탄성체 형상은 링형, 루프형, U자형 등이 있다. 탄성체의 변위량 측정은 다이얼 게이지, 마이크로미터, 차동 트랜스, 광학 펄스 및 엔코더에 의한 방식이 사용된다.

환상형 힘 측정기는 재료 시험기, 정밀 프레스 및 하중 측정 장치의 교정 등에 이용되지만, 최근에는 스트레인 게이지식 로드 셀이 널리 사용된다. 변위 측정 방식에 따라 루프형 동력계loop dynamometer와 프루빙 링proving ring이 있다.

2) 구조

루프형 동력계는 루프의 중앙에 설치된 다이얼 게이지에 의해 변형량을 측정하는 구조로 상부 앤빌에 힘이 가해지면 힘의 크기에 비례하여 발생하는 탄성 변형을 다이얼 게이지에 의해 측정하는 구조이다. 정격 용량에서 변형량의 크기는 루프형은 4~6 mm, 링형은 1~3 mm이다.

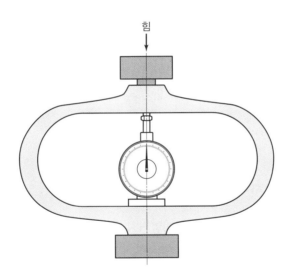

[그림 2.42] **루프형 동력계**

2. 용적형 힘 측정기

용적형 힘 측정기는 수은으로 채워진 일정한 용적을 갖는 탄성체에 힘이 가해지면 내부 변형에 의하여 수은의 배출량을 측정해서 가한 힘의 크기를 구하는 방식이다. 즉, 체적이 변화한 만큼 내부의 수은은 지시부로 이동하여 수은주가 상승 또는 하강하게 된다. 수은주가 상승할 경우에는 마이크로미터로 스핀들을 돌려 유리관의 지시선과 일치시킨다. 이때의 마이크로미터 눈금을 읽어 가해진 힘과 눈금과의 관계를 구할 수 있다.

이 측정기는 일반적으로 소형으로 가볍지만 대용량의 힘 측정도 제작이 가능하다. 정격 용량은 0.3~10 MN이지만, 온도 변화에 민감한 단점이 있다.

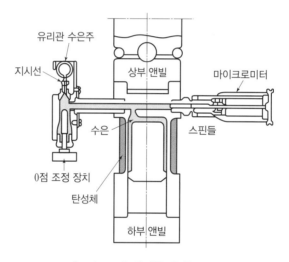

[그림 2.43] **용적형 힘 측정기**

3. 스트레인 게이지식 로드 셀

힘 측정기로 널리 사용되는 스트레인 게이지식 로드 셀은 스트레인 게이지를 이용한 휘트스톤 브리지 회로로 구성되며, 인장형, 압축형, 인장 압축 겸용 및 전단형 등이 있다.

1) 스트레인 게이지

스트레인 게이지는 하중, 압력, 변위, 속도, 가속도, 토크 등의 물리적인 변형량을 전기적인 신호로 변환하는 소자이다.

하중을 전기적인 신호로 변환하는 방법에는 스트레인 게이지식, 정전 용량식, 압전식, 인덕턴스식 등이 있으나 스트레인 게이지식이 가장 널리 사용된다.

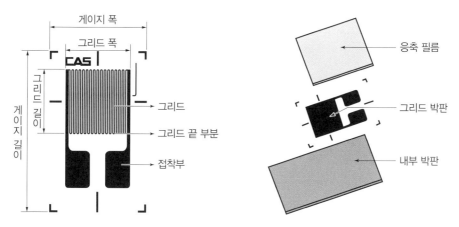

[그림 2.44] 스트레인 게이지(CAS 모델)

[그림 2.44]와 같은 스트레인 게이지를 피측정물에 부착시켜 길이 방향으로 이완과 수축이 작용하도록 하면 그 변형량에 비례하여 저항 값의 변화가 생긴다. 이때, 부착시키는 스트레인 게이지가 얇고 가늘수록 피측정물과 같이 거동하게 되므로 물체의 변형량을 올바르게 측정할 수 있다.

스트레인 게이지의 용도는 크게 변환기용과 응력 해석용으로 구분할 수 있다.

(1) 변환기용
- 로드 셀(하중 변환기)
- 압력 센서
- 토크 변환기
- 가속도 변환기 등

(2) 응력 해석용
- 기계 요소의 설계 및 시험
- 자동차, 항공기 등 수송 기계의 설계
- 교량, 레일, 산업용 구조물 등의 구조 해석
- 진동 등의 측정

2) 로드 셀

로드 셀은 힘이나 하중 등의 물리량을 전기적 신호로 변환시켜 힘이나 하중을 측정하는 하중 감지 센서를 말한다.

(1) 원리

로드 셀은 스트레인 게이지를 피접착물에 접합하려면 많은 노력과 기술이 필요하므로 스트레인 게이지와 피측정물을 일체화한 것을 말한다.

로드 셀의 종류는 인장형, 압축형, 인장 압축 겸용이 있으며, 분위기 온도에 감도의 변동이 크므로 반드시 전기 보상 회로를 추가해야 한다.

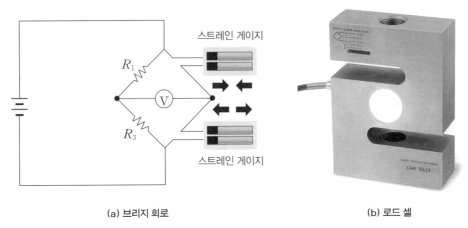

(a) 브리지 회로   (b) 로드 셀

[그림 2.45] **로드 셀의 원리**

로드 셀은 작용하는 힘이나 하중에 대하여 발생되는 변형을 스트레인 게이지를 이용하여 전기 저항 변화로 변환시키고, 휘트스톤 브리지Wheatstone bridge 회로를 구성하여 전기적 신호로 변환시키는 원리로 구성된다.

인장이나 압축 하중을 받는 재료에서 발생하는 응력과 변형률에 대한 식은 다음과 같다.

응력을 $\sigma \, (\text{N/mm}^2)$, 수직으로 작용하는 하중을 $F \, (\text{N})$, 단면적을 $A \, (\text{mm}^2)$라고 하면, 응력은

$$\sigma = \frac{F}{A} \, (\text{N/mm}^2) \text{가 되고,}$$

원래 길이를 L, 변화된 길이를 L'라고 하면, 변형률 ϵ는

$$\epsilon = \frac{L' - L}{L} \text{가 된다.}$$

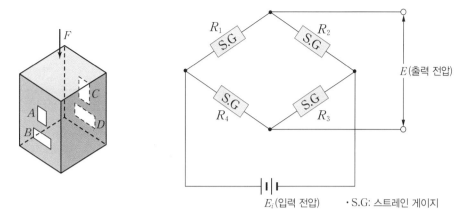

[그림 2.46] 로드 셀을 적용한 브리지 회로

[그림 2.46]과 같이 스트레인 게이지 A, B, C, D의 저항 값을 각각 R_1, R_2, R_3, R_4라고 하고, 입력 전압을 E_i라고 하면, 탄성체에 힘이 가해지지 않을 때 출력 전압 E는 다음 식으로 표현된다.

$$E = \frac{R_1 R_3 - R_2 R_4}{(R_1 + R_2)(R_3 + R_4)} E_i$$

로드 셀은 저항 값을 가진 스트레인 게이지를 사용하므로, 그 값을 R이라 하면 로드 셀이 힘을 받았을 때 출력 전압 E는 다음과 같다.

$$E = \frac{1}{4R}(\Delta R_1 - \Delta R_2 + \Delta R_3 - \Delta R_4)$$

여기서 탄성체가 힘을 받으면,
스트레인 게이지 A, C는 수축하여 저항 값은 ΔR_1, ΔR_3 만큼 감소하고,
스트레인 게이지 B, D는 팽창하여 저항 값은 ΔR_2, ΔR_4 만큼 증가하게 된다.

(2) 로드 셀의 특징

• 저항 값의 변화를 측정하므로 전원은 직류, 교류 모두 가능하다.
• 원격 표시가 가능하다.
• 변형이 적어 계측 시간이 짧다.
• 하중이 비교적 소형인 경우에 사용된다.
• 저울에서부터 고속도로 자동차 중량 검사 등 자동화에 사용된다.

(a) 인장형

(b) 굽힘형

(c) 압축형

(d) 트럭 스케일형

[그림 2.47] **로드 셀의 종류(CAS 모델)**

4. 정전 용량식 로드 셀

정전 용량식 로드 셀은 평행 평판 콘덴서의 정전 용량 C와 전극 간의 거리 d와의 관계는 다음과 같다.

$$C = \frac{\varepsilon \cdot S}{d}$$

여기서 S는 전극의 면적, ϵ은 유전율이다.

정전 용량식 로드 셀은 이 원리를 이용하여 힘에 의한 탄성체의 변위를 콘덴서의 정전 용량 변화로 변환하여 전기적으로 출력한다.

[그림 2.48]과 같이 몸체의 상부에서 힘이 가해지면 원형 구멍의 변형으로 인하여 전극 간격이 수축하여 콘덴서의 정전 용량이 증가하게 된다. 이 방식은 압연기의 압력 계측 및 제어용으로 사용되며, 정격 용량은 250 kN~30 MN 범위이다.

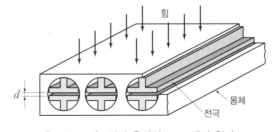

[그림 2.48] **정전 용량식 로드 셀의 원리**

4 토크 측정

○ 단원 목표

1. 토크의 개념과 토크 단위를 올바르게 표현할 수 있다.
2. 토크 측정기의 종류와 표준 소급 체계를 설명할 수 있다.
3. 토크 표준기, 토크 교정기, 토크 측정기 및 토크 렌치의 특성을 설명할 수 있다.

2 4 1 개요

토크란 물체에 작용하여 물체를 회전시키는 원인이 되는 물리량으로, 비틀림 모멘트라고도 한다. 토크 렌치는 토크의 원리를 이용한 대표적인 측정기이다.

1. 토크의 정의

토크는 물체를 동작시키려 할 때 필요로 하는 힘으로 힘의 모멘트라고도 하며, 흔히 고정된 축을 중심으로 회전시키는 모멘트, 회전 가속도의 원인이라 할 수 있는 물리량이다. 즉, 중심축이 고정되어 있고 축과 거리가 떨어진 곳에 수직력이 작용할 때, 작용하는 힘이 중심축을 향하는 방향이 아니면 토크가 생기게 된다.

정확한 토크 측정은 제품의 품질 관리와 안전 및 성능 향상에 필수적이다. 토크는 자동차의 바퀴, 각종 나사의 조임력 등 일상생활과 관련된 것들로부터 헬리콥터 프로펠러의 회전력 등의 항공 우주 산업에 이르기까지 우리의 삶과 밀접한 관련을 가지고 있다.

2. 토크의 단위

토크 단위는 힘의 단위와 길이의 단위를 곱한 형태로, 명칭은 뉴턴미터이고, 기호는 $N \cdot m$로 표현한다.

1) 힘의 단위

국제단위계에서 힘 단위의 명칭은 뉴턴, 기호는 N이다.

1 N은 1 kg의 질량을 갖는 물체를 1 m/s²의 가속도를 생기게 하는 힘의 크기로, 다음과 같이 나타낸다.

$$1\,\text{N} = 1\,\text{kg} \cdot \text{m/s}^2, \; 1\text{kgf} = 1\,\text{kg} \cdot 9.80665\,\text{m/s}^2 = 9.080665\,\text{kg} \cdot \text{m/s}^2 = 9.80665\,\text{N}$$

2) 토크의 계산식

토크는 작용하는 힘과 중심축으로부터 힘의 작용점까지의 방향 벡터와의 외적_{cross product}으로 정의된다. 토크 역시 크기와 방향을 갖는 벡터이다. [그림 2.49]와 같이 점 P에 힘 벡터 $\vec{F}$가 작용할 경우 토크는 다음과 같이 표현된다.

$$\vec{T} = \vec{L} \times \vec{F}$$

여기서 $\vec{L}$은 중심축 위치 O로부터 힘의 작용점 P까지의 방향 벡터를 나타내며, ×는 벡터의 외적을 나타낸다. [그림 2.49]에서 표현된 토크 벡터의 방향은 힘 벡터와 방향 벡터가 이루는 평면에 수직한 방향 즉, O점에서 종이 밖으로 나오는 방향이다. 이는 $\vec{L}$ 벡터로부터 $\vec{F}$ 벡터를 향하여 오른손으로 쥐듯이 감을 때, 엄지손가락의 지시 방향으로 토크 벡터의 크기는 다음과 같이 주어진다.

$$\left|\vec{T}\right| = \left|\vec{L}\right| \cdot \left|\vec{F}\right| \sin\theta$$

여기서 $\left|\vec{T}\right| = \left|\vec{L}\right| \cdot \left|\vec{F}\right|$는 각각 벡터 $\vec{T}, \vec{L}, \vec{F}$의 크기를 나타내며, θ는 힘 벡터와 방향 벡터가 이루는 각도가 된다. 위 식에서 힘 벡터의 성분 중 방향 벡터에 수직한 성분만이 토크의 발생에 영향을 미친다는 것이다. 만일, 힘 벡터의 방향이 방향 벡터의 방향과 일치한다면, 즉 [그림 2.49]에서 힘이 O와 P를 잇는 선을 따라 작용한다면 발생되는 토크의 크기는 0이 된다.

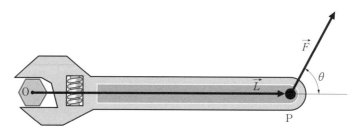

[그림 2.49] **토크의 표현**

[그림 2.49]에서 토크는 볼트의 회전력이 된다. 결국 이 힘은 볼트에 탄력적인 축력을 발생시켜 체결이 이루어지도록 하는 힘이 된다.

3) 토크의 단위

국제단위계에서 토크 단위의 명칭은 뉴턴 미터이고, 기호는 N·m로 힘의 단위와 길이의 단위를 곱한 형태이다. 1 N·m는 1 N의 힘을 중심축으로부터 1 m 떨어진 곳에서 중심축과 작용선을 연결하는 선에 수직으로 가했을 때 축에 발생하는 토크이다. N·m 외에 많이 사용되는 토크 단위로는 kgf·m와 kgf·cm 등이 있으며, 미국에서는 lbf·ft와 lbf·in가 이용되고 있다. kgf·m와 N·m 사이의 관계 및 lbf·ft와 N·m 사이의 관계는 다음과 같다.

$$1 \text{ kgf} \cdot \text{m} = 9.80665 \text{ N} \times 1 \text{ m} = 9.80665 \text{ N} \cdot \text{m}$$
$$1 \text{ lbf} \cdot \text{ft} = 4.4483 \text{ N} \times 0.3048 \text{ m} = 1.3558 \text{ N} \cdot \text{m}$$

2·4·2 토크 측정기의 종류와 토크 표준

토크 측정기에는 토크 렌치와 같은 기계식 토크 측정기와 스트레인 게이지를 이용한 전기식 토크 측정기가 있다.

1. 토크 측정기의 종류

토크 측정기의 종류와 분류표는 〈표 2.10〉과 같이 토크 표준기, 토크 교정기, 토크 측정기로 분류되며, 이들의 상대 확장 불확도는 다음과 같다.

1) 토크 표준기

- 실하중 토크 표준기: 1×10^{-4}
- 유압식 토크 표준기: 1×10^{-3}

2) 토크 교정기

- 실하중 토크 교정기: $1 \times 10^{-4} \sim 1 \times 10^{-3}$
- 유압식 토크 교정기: $1 \times 10^{-3} \sim 5 \times 10^{-3}$
- 기타 토크 교정기: $1 \times 10^{-3} \sim 5 \times 10^{-2}$

3) 토크 측정기

- 전기식 토크 측정기: $5 \times 10^{-3} \sim 1 \times 10^{-1}$
- 기계식 토크 측정기: $1 \times 10^{-2} \sim 5 \times 10^{-1}$

〈표 2.10〉 토크 측정기의 종류와 분류표

종류	세부 분류	특징	상대 확장 불확도 수준
토크 표준기	실하중 토크 표준기 (deadweight torque standard machine)	질량이 정확히 교정된 분동의 무게와 길이가 정확히 교정된 토크 암에 의해 직접 실토크를 발생할 수 있는 기능을 갖춘 기기로, 국가 표준으로 사용되는 토크 표준기	$\leq 1 \times 10^{-4}(0.01\%)$
	유압식 토크 표준기 (hydraulic torque standard machine)	정확히 교정된 힘 변환기(force transducer)와 길이가 정확히 교정된 토크 암에 의해 토크를 발생시킬 수 있는 기능을 갖춘 기기로, 국가 표준으로 사용되는 토크 표준기	$\leq 1 \times 10^{-3}(0.1\%)$
토크 교정기	실하중 토크 교정기 (deadweight torque calibration machine)	질량이 정확히 교정된 분동의 무게와 길이가 정확히 교정된 토크 암에 의해 직접 실토크를 발생할 수 있는 기능을 갖춘 기기로, 토크 측정기를 교정하는 데 사용되는 기기	$1 \times 10^{-4} \sim 1 \times 10^{-3}$ $(00.1\% \sim 0.1\%)$
	유압식 토크 교정기 (hydraulic torque calibration machine)	정확히 교정된 힘 변환기(force transducer)와 길이가 정확히 교정된 토크 암에 의해 토크를 발생시킬 수 있는 기능을 갖춘 기기로, 토크 측정기를 교정하는 데 사용되는 기기	$1 \times 10^{-3} \sim 5 \times 10^{-3}$ $(0.1\% \sim 0.5\%)$
	기타 토크 교정기 (torque calibration machine)	고정밀 토크 측정기와 부하 장치를 이용하여 토크 측정기를 교정하는 데 사용되는 기기 • 토크 렌치 교정기	$1 \times 10^{-3} \sim 1 \times 10^{-2}$ $(0.1\% \sim 1\%)$ − 정도가 낮음
토크 측정기	전기식 토크 측정기	• 스트레인 게이지식 토크 셀/지시계	$5 \times 10^{-3} \sim 1 \times 10^{-1}$ $(0.5\% \sim 10\%)$
	기계식 토크 측정기	• 토크 렌치 • 토크 드라이버	$5 \times 10^{-2} \sim 1 \times 10^{-1}$ $(1\% \sim 10\%)$

토크 표준기에는 실하중 토크 표준기, 유압식 토크 표준기 등이 있으며, 토크 교정기에는 하중 토크 교정기, 유압식 토크 교정기, 기타 토크 교정기가 있다.

토크 측정기는 전기식 토크 측정기와 기계식 토크 측정기로 대별할 수 있으며, 전기식 토크 측정기에는 스트레인 게이지식 토크 셀/지시계, 피에조 센서/지시계, 자기식 토크 셀/지시계 등이 있으며, 기계식 토크 측정기에는 토크 렌치, 토크 드라이버 등이 있다.

2. 토크 표준의 소급 체계

토크 표준의 소급 체계는 토크 표준기, 토크 교정기, 토크 측정기로 구분되며, 토크 렌치는 기계식 토크 측정기에 포함된다.

토크 표준의 소급 체계는 [그림 2.50]과 같다.

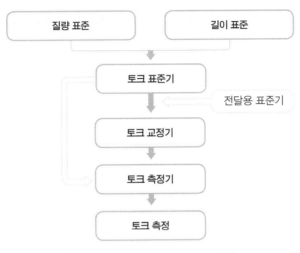

[그림 2.50] 토크 표준의 소급 체계

2 4 3 토크 표준기 및 교정기

본 절에서는 토크 표준의 상위 체계인 토크 표준기와 토크 교정기에 대하여 기술한다.

1. 토크 표준기

토크 표준기에는 실하중 토크 표준기와 유압식 토크 표준기가 있으나 실하중 토크 표준기가 널리 사용된다.

1) 종류

토크 측정의 정확도를 유지하기 위해서는 정확하게 토크를 발생시키는 장치가 필요하며, 이를 토크 표준기라고 한다. 토크 표준기는 토크를 발생시키고 전달하는 방법과 장치의 구조에 따라 여러 가지가 있으며, 그중 널리 쓰이는 것은 다음과 같다.

- 실하중 토크 표준기deadweight torque standard machine
- 유압식 토크 표준기hydraulic torque standard machine

실하중 토크 표준기는 정확한 질량 값을 갖는 분동의 무게를 토크 암에 가함으로써 발생한 실토크를 토크 측정 기기에 가할 수 있도록 제작된 장치로, 토크 표준기 중에서 가장 높은 정확도(1×10^{-4} 이상)를 갖는다.

유압식 토크 표준기는 정확히 교정된 힘 변환기와 길이가 정확히 교정된 토크 암에 의해 토크를 발생시킬 수 있는 기준을 갖춘 기기로, 국가 표준으로 사용되는 토크 표준기이다. 이는 실하중 토크 표준기에 비하여 대용량의 토크를 발생시킬 수 있다는 장점을 갖는다. 그러나 유압식 토크 표준기는 아직까지 그 활용이 많지 않으므로 본 절에서는 주로 실하중 토크 표준기에 대해 기술하기로 한다.

2) 실하중 토크 표준기

실하중 토크 표준기는 양쪽 레버에 분동이 가해지므로 정확한 토크의 구현이 가능한 표준기이다.

(1) 구조와 원리

실하중 토크 표준기의 구조는 [그림 2.51]과 같다.

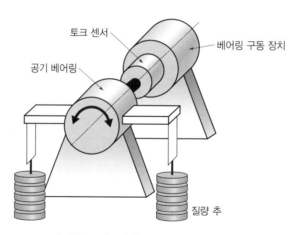

[그림 2.51] **실하중 토크 표준기의 구조**

[그림 2.51]과 같이 실하중 토크 표준기는 분동이 실하중 토크 표준기의 레버에 부하될 경우, 분동의 무게에 의해 발생한 힘과 레버의 길이를 곱한 양의 토크가 발생하여 교정하고자 하는 토크 측정기기에 가해진다. 이때, 발생된 토크에 의해 레버와 이에 연결된 토크 측정 기기의 회전을 발생시키므로 이를 방지하기 위하여 카운터 베어링 드라이버가 반대 방향의 토크를 발생시켜 레버의 수평 상태를 유지하도록 한다.

[그림 2.51]처럼 같은 2개의 레버를 갖는 실하중 토크 표준기의 경우, 분동을 부하는 레버의 선택에 따라 시계 방향과 반시계 방향의 실토크를 가할 수 있다. 양쪽 레버에 동시에 분동이 부하될 경우, 발생하는 토크는 두 레버에 가해진 무게의 차이에 레버의 길이를 곱한 값이 된다. 공기 베어링은 마찰력을 최소화하고, 원하는 방향 이외의 힘과 모멘트 성분의 전달을 최소화할 수 있으므로, 고정밀도의 토크 표준기를 구현하기 위한 필수 요소가 된다.

실하중 토크 표준기에서 사용되는 분동의 무게는 분동의 질량 값과 중력 가속도의 곱으로 분동의 정확한 무게는 정확한 질량 값과 분동이 설치되어 있는 곳의 정확한 중력 가속도 값을 알면 계산될 수 있다. 한편, 공기의 부력이 분동의 무게가 작용하는 방향과 반대로 영향을 미치므로 실제 분동의 무게는 부력만큼 감소된 값이 된다.

질량 값이 m인 분동이 발생하는 힘 F는 다음과 같다.

$$F = mg_{loc}\left(1 - \frac{\rho_{air}}{\rho_w}\right)$$

여기서 g_{loc}는 분동이 설치된 장소에서의 지역 중력 가속도 값을 나타내며, ρ_{air}와 ρ_w는 각각 공기와 추의 밀도 값을 나타낸다. 또한, $\left(1 - \frac{\rho_{air}}{\rho_w}\right)$는 공기의 부력에 의한 영향을 보정하기 위한 항이며, 지역 중력 가속도는 다음 식에 의해 계산된다.

$$g_{loc} = g_0\left(1 + b_1\sin^2\theta - b_2\sin^2 2\theta\right) - 3.086 \times 10^{-6}h$$

여기서 $g_0 = 9.7803184$ m/s^2(적도에서의 중력 가속도 값)

$\theta =$ 위도

$h =$ 고도 (m)

상수 $b_1 = 0.0053024$

상수 $b_2 = 0.0000059$

실하중 토크 표준기에서 발생하는 토크는 $F = mg_{loc}\left(1 - \frac{\rho_{air}}{\rho_w}\right)$에 표현된 힘과 레버의 길이를 곱한 양이므로, 다음과 같이 표현된다.

$$T = mg_{loc}l\left(1 - \frac{\rho_{air}}{\rho_w}\right)$$

여기서 l은 토크 레버의 길이를 나타낸다.

(2) 실하중 토크 표준기의 장단점

장점	단점
정확한 토크의 구현	• 높은 가격 • 유지시 많은 비용 및 노력 필요 • 상대적으로 큰 구조: 본체, 추조합, 컨트롤러, PC 장치 등 • 기동 형태의 토크 측정기만 교정 가능 • 교정 기관에 보급의 어려움

2. 토크 교정기

토크 교정기란 토크 표준기와 구조와 기능이 같으면서 교정 기관에 설치되어 토크 측정기의 교정에 사용되는 기기를 말한다. 토크 교정기의 종류는 다음과 같다.

- 실하중 토크 교정기
- 유압식 토크 교정기
- 기타 토크 교정기

1) 실하중 토크 교정기

실하중 토크 교정기는 정확한 질량 값을 갖는 분동의 무게를 토크 암에 가함으로써 발생한 실토크를 토크 측정 기기에 가할 수 있도록 제작된 장치로, 토크 측정기를 교정하는 데 사용되는 기기이다.

2) 유압식 토크 교정기

유압식 토크 교정기는 정확히 교정된 힘 변환기와 길이가 정확히 교정된 토크의 암에 의해 토크를 발생시킬 수 있는 기능을 갖춘 기기로, 토크 측정기를 교정하는 데 사용되는 기기이다.

②·④·**4** 토크 측정기 및 토크 렌치

토크 렌치의 교정에는 토크 측정기가 사용되며, 토크 측정기의 교정에는 토크 교정기가 사용된다.

1. 토크 측정기

토크 측정기는 토크에 대응한 탄성체의 탄성 변형을 전기적 또는 기계적으로 측정하며, 전기식 토크 렌치 교정기와 기계식 토크 측정기로 분류된다. 또한, 작동 원리에 따라 토션바, 입력 샤프트, 토크 디스크, 디지털형이 있다.

[그림 2.52] 디지털 및 전기식 토크 측정기

1) 토션바형

양방향, 최대 토크 기록을 유지하는 메모리 포인트, 지시계 부착, 비틀림바와 다이얼 지시계를 사용하며, 상대 확장 불확도는 ±1 %이다.

2) 입력 샤프트형

측정 범위는 두 가지(낮은 용량 범위, 높은 용량 범위)가 있으며, 다이얼 지시계를 부착하여 사용한다.

3) 토크 디스크형

작은 용량의 전용으로 사용된다.

4) 디지털형

기계식보다 정확도가 높고 사용이 간편하며, 데이터 전산 처리가 용이하다. 지시계에 숫자가 표시되며, 토크 셀과 디지털 지시계를 사용한다. 상대 확장 불확도는 0.1~1 %이다.

2. 토크 렌치

현장에서 널리 사용되는 토크 렌치에는 단능형, 디지털형 및 다이얼형 등이 있다.

1) 토크 렌치의 특징

- 부품을 볼트로 체결할 때에는 토크를 측정하는 것이 중요하며, 이러한 기능을 가진 기기가 토크 렌치이다.
- 토크 렌치는 토크 측정기로 주기적인 교정을 통하여 정밀 정확도를 유지해야 한다.
- 사용 범위: 교정 범위 내에서만 사용하며, 가장 좋은 사용 범위는 교정 범위의 40~70 % 이내에 들어야 한다.
- 기계식 토크 렌치: 기계식 토크 렌치 형식은 직독식과 시그널식 타입을 구분하고, 스프링이나 탄성체의 탄성 변형을 이용한 플레이트, 다이얼형, 프리셀, 단능형, 토크 드라이버로 구분한다. 상대 확장 불확도는 ± 3 % 정도이다.
- 디지털 토크 렌치: 토크 감지부를 통하여 전기 신호를 변환하여 지시부에 숫자로 표시되며, 원통이나 보형상의 탄성체로 이루어진 감지부에서 발행하는 변형도를 전기부에서 스트레인 게이지로 감지하여 전기적 신호로 변환한다. 지시계 내장형과 외장형이 있다.

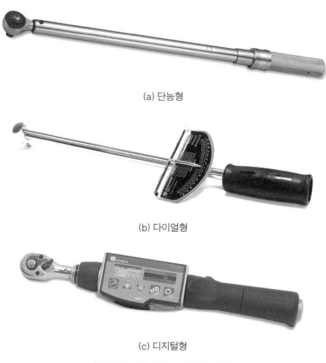

(a) 단능형

(b) 다이얼형

(c) 디지털형

[그림 2.53] **토크 렌치의 분류**

2) 토크 렌치의 교정

토크 렌치를 교정할 때 표준 장비와 수량 및 최저 요구 성능은 다음과 같다.

〈표 2.11〉 토크 렌치 교정용 표준 장비

장비 명	수량	최저 요구 사양
1. 토크 측정기 　• 토크 렌치 측정기 　• 전기식 토크 측정기, 지시계 및 부하 장치 등	1대	실하중 토크 표준기 또는 실하중 토크 교정기에 교정된 토크 측정기로, 상대 확장 불확도 1.0 % 이내일 것
2. 기타 필요 부속 장비	–	연결 소켓류, 설치대, 각종 공구 등

측정 방법에 따라 필요 기기를 선정하며, 피교정 기기의 종류와 정밀 정확도에 따라 위 장비와 대치 가능한 장비를 사용할 수 있다.

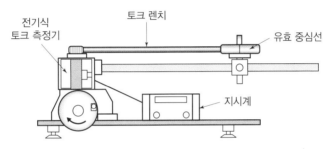

[그림 2.54] 토크 측정기를 이용한 토크 렌치 설치 방법

5 동력 측정

단원 목표

1. 동력의 단위를 올바르게 표현할 수 있다.
2. 축의 전달 동력을 올바르게 계산할 수 있다.
3. 동력계의 종류와 원리를 설명할 수 있다.

2 5 1 개요

기계란 외부로부터 에너지를 공급받아 인간에 유용한 일을 하는 것으로 정의된다. 기계에 사용되는 에너지는 일반적으로 전기 모터를 사용하며, 모터 동력 단위는 현재 kW를 사용하고 있다.

1. 동력의 정의

동력이란 기계가 일을 할 때 직접 이용된 에너지 혹은 그 작용을 의미한다. 과학이나 공학에서는 단위 시간에 이루어진 일의 양을 나타내는 것으로 일률이라고도 한다. 일반적으로 기계를 움직이는 에너지를 발생 동력, 그 기계에 의해 소비되는 에너지를 흡수 동력이라고 한다. 기계 분야에서는 공률을 동력이라고 하고, 전기 분야에서는 전력이라고 한다.

인류가 이용한 동력은 인력 이외에 축력畜力, 풍력, 수력 등이 있었다. 18세기 이후에 각종 원동기가 발명됨에 따라 동력의 이용이 비약적으로 확대되었고, 증기 기관의 발명과 함께 선박, 철도 등 수송 기관의 발달이 이루어졌다. 수력 터빈, 증기 터빈, 발전기의 발명으로 대규모 전력의 발생과 송전 및 이에 따른 동력의 효율적인 이용이 가능하게 되었고, 내연 기관의 출현은 고효율 원동기가 필요한 항공기의 발명으로 이어졌다. 최근에는 핵력이나 우주 개발에 따른 우주용 동력의 연구가 추진되고 있다.

2. 동력의 단위

동력의 단위는 제임스 와트가 처음으로 마력(HP)을 사용하였고, 현재는 kW 단위가 일반적으로 사용되고 있다. 1 HP는 0.746 kW이다. 동력은 대부분 회전 운동의 형태로 전달되는 일이 많고, 직선 운동의 반복 형태로 전달되기도 한다. 회전 운동의 형태에서 동력을 측정하는 데는 그 동력이 전달되는 축의 토크를 측정하고, 이와 별도로 측정한 축의 회전 각속도를 곱하여 동력을 산출한다.

1) 일의 단위

물체의 모양이나 운동 상태를 변화시키는 원인을 힘(외력)이라고 한다. 일이란 물리학에서 물체가 그 변위의 방향으로 작용하는 외력에 의해서 어떤 경로를 이동할 때 외력이 전달한 에너지의 양을 의미한다.

예를 들면, 어느 한 질점에 100 N의 힘(F)으로 2 m의 변위(d)를 주었다면 이 물체에 한 일(W)은 다음과 같이 표현된다.

$$W = F{\cdot}d = 100 \text{ (N)} \times 2 \text{ (m)} = 200 \text{ (N·m)} = 200 \text{ (J)}$$

여기서 일의 단위를 줄$_{joule}$이라 하고, J로 표시하며, 1 J = 1 N·m이다.

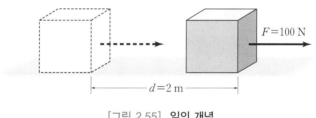

[그림 2.55] 일의 개념

2) 일률(동력)의 단위

일률을 공학에서는 동력이라고도 하며, 단위 시간당 일(에너지)로 정의된다. 동력의 단위는 와트(W) 또는 킬로와트(kW)가 널리 사용된다.

(1) 일률과 동력

일률이란 단위 시간당 한 일이나 에너지를 전달하는 비율을 의미한다. 즉, 일의 양(W)이나 전달된 에너지를 시간 간격(t)으로 나눈 양으로, W/t로 나타낸다. 같은 양의 일을 일률이 낮은 전동기를 사용하면 시간이 오래 걸리고, 일률이 높은 전동기를 사용하면 짧은 시간에 할 수 있다. 일률(동력)을 P라 하면 일률은 다음과 같이 정의된다.

$$일률(P) = \frac{일\,(W)}{시간\,(t)}$$

일률(동력)의 단위는 일(또는 에너지)을 단위 시간으로 나눈 것으로, J/s 또는 W(와트)를 사용하거나 물체를 움직이기 위하여 가한 힘과 물체가 힘의 방향으로 움직이는 속도를 곱한 양으로 나타낼 수 있다. 힘 F의 크기가 N(뉴턴) 단위이고, 속도 v가 m/s 단위라면 일률은 $F \cdot v$가 되며, 단위는 W(와트)이다.

(2) 동력의 단위 표시법

동력의 단위는 와트(W), 킬로와트(kW), 마력(PS), 영국 마력(HP; Horse Power) 등을 사용한다. 마력(PS; Pferde Starke)은 독일어 표기이며, 영국 마력은 미터 단위계의 표기이다. 즉, 마력은 공학상의 동력 단위로 일을 할 수 있는 능력의 단위를 의미한다. 원래 1 마력이란 말 한 마리가 1 초 동안에 75 kgf의 중량을 1 m 움직일 수 있는 일의 크기를 말하며, 75 kgf · m/s로 표시된다.

1 kW = 102 kgf · m/s

1 HP = 0.746 kW

1 PS = 75 kgf · m/s = 735 W (75 kg · m/s × 0.980665 m/s) = 0.735 kW

현재 계량법에서는 1 PS = 735.5 W로 정해져 있으나 동력의 국제 표준 단위(SI 단위)는 W로 표기하며, 1 W = 1 J/s = 1 N · m/s의 일을 하는 것을 말한다.

마력과 kW는 일할 수 있는 양, 즉 출력을 의미하는 단위이다. 마력은 과거 마차가 사용되던 때부터 평균적인 말 한마리가 끄는 힘을 의미하며, 말 한 마리가 1 초 동안 75 kg의 물건을 1 m 옮길 수 있는 힘이라고 할 수 있다. 마력이라는 단위가 지금의 미터법으로 세계 표준이 정해진 이후에 환산되어 kW라는 단위로 표현하게 되었다.

25 2 동력의 계산

모터의 힘으로 구동되는 축의 전달 동력은 회전력과 회전 속도에 의하여 결정된다.

1. 회전수(N)와 속도의 관계식

축의 지름을 $D(\mathrm{mm})$라고 할 때, 축의 원주 속도 v는 다음과 같다.

$$v = \pi DN \,(\mathrm{mm/\,min})$$

$$v = \frac{\pi DN}{1000} \,(\mathrm{m/\,min})$$

$$v = \frac{\pi DN}{1000 \times 60} \,(\mathrm{m/s})$$

2. 회전력(F)과 전달 토크의 관계식

회전력 F의 단위를 kgf, 축의 반지름을 r이라고 할 때, 전달 토크 T는 다음과 같다.

$$T = F \times r \,(\mathrm{kgf \cdot m})$$
$$T = 974\,000 \frac{P}{N} \,(\mathrm{kgf \cdot mm}) = 974 \frac{P}{N} \,(\mathrm{kgf \cdot m}) = 9\,552 \frac{P}{N} \,(\mathrm{N \cdot m})$$

3. 회전 속도와 전달 동력의 관계식

회전력 F의 단위를 kgf, 회전 속도를 v라고 할 때, 전달 동력 $P(\mathrm{kW})$는 다음과 같다.

$$P = \frac{F \cdot v}{102} \,(\mathrm{kW})$$

$$P = \frac{F \cdot v}{102} = \frac{F \cdot \pi DN}{102 \times 60 \times 1\,000} \,(\mathrm{kW})$$

회전력 F의 단위를 (N), 회전 속도를 v라고 할 때, 전달 동력 $P(\mathrm{kW})$는 다음과 같다.

$$P = F \cdot v \,(\mathrm{W})$$

$$P = \frac{F \cdot v}{1\,000} = \frac{F \cdot \pi DN}{1\,000 \times 60 \times 1\,000} \,(\mathrm{kW}) = \frac{F \cdot \pi DN}{6 \times 10^7} \,(\mathrm{kW})$$

²⁵❸ 동력계

동력계는 흡수 동력계, 반동 동력계 및 전달 동력계로 분류되며, 전달 동력계가 널리 사용되고 있다.

1. 흡수 동력계

흡수 동력계는 기계(엔진에 의해서 공급)에서 발생하는 동력의 대부분을 마찰 등의 방법으로 흡수하여 그 크기를 측정하는 동력계로, 동력의 흡수 방식에 따라 마찰 동력계, 수동력계, 공기 동력계로 구분된다.

1) 마찰 동력계

마찰 동력계는 마찰에 의하여 원동 축을 제동하고 그 제동력으로 토크를 측정하는 동력계로, 프로니 동력계Prony dynamometer가 대표적이다. 프로니 동력계는 [그림 2.56]과 같이 기계적인 마찰을 이용하여 동력을 열로 변환하여 흡수하는 동력계이다. 이 원리는 원동기의 축단에 연결시키는 동력계 축에 드럼을 설치하고 드럼 원주 상에 마찰 면을 만들어 여기에 브레이크 블록에 동력계 암을 설치한다. 그리고 암의 끝에 저울을 설치하면 저울추의 무게로 기관의 회전력을 측정할 수 있다. 즉, 브레이크 드럼을 설치하고 브레이크 드럼을 회전시키면 마찰이 발생하여 연결한 암arm의 길이 l에 전달된 저울추에 작용하는 힘(F)으로 토크(T)를 구할 수 있다.

$$T = F \cdot l$$

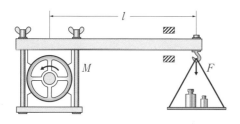

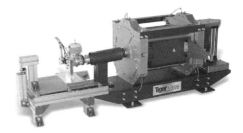

(a) 프로니 동력계의 원리 (b) 마찰 동력계의 측정 장치

[그림 2.56] **마찰 동력계**

2) 수동력계

수동력계는 케이싱 내의 물속에 로터를 회전시켜 그때 발생하는 유체의 내부 마찰 저항 또는 와류장을 이용하는 동력계로 융커스Junkers식과 푸르드식 등이 있다. 제동력이 안정되고 비교적 저가이므로 널리 이용되며, 고속, 큰 동력에 적용된다.

3) 공기 동력계

공기 동력계는 물 대신 공기를 이용하여 팬 또는 프로펠러를 기관에 직결하여 회전시켜 동력을 흡수하는 형식으로, 항공기용 엔진과 같이 토크가 일정하고 장시간 운전하는 곳에 사용된다.

2. 반동 동력계

반동 동력계란 기계를 구동할 때 전동기 고정자에서 나오는 회전력을 저울로 측정하여 반동 토크(몸체가 돌아가는 것을 잡아주는 것)를 구하는 동력계로, 전기 동력계를 전동기로 사용한다.

- 전기 동력계: 전기 동력계는 기관의 출력을 전력으로 바꾸는 일종의 발전기로, 제동력이 안정되고 제어도 간단하나 고가이다. 전기 동력계는 발전기형과 와전류형이 있으며, 발전기형은 고가이면서 회전 질량이 크므로 큰 마력의 고속 기관에는 사용하기가 어려운 단점이 있다. 와전류형은 냉각 방식의 개선으로 큰 마력의 고속 회전 및 원격 제어가 가능하여 이용 범위가 넓고 가격도 저렴하다.

3. 전달 동력계

전달 동력계는 동력 전달 축의 비틀림을 측정하여 토크를 구하는 동력계이므로 비틀림 동력계torsion dynamometer라고도 한다. 원동기와 가동되는 기계 사이에서 축의 2점 사이에 상대적 변형도(비틀림 각)를 측정하여 토크량을 구하며, 전달 동력계에 의한 측정은 다음과 같은 방법이 있다.

- 기계적, 광학적, 전기적 측정 방법
- 전기 저항선 변형 게이지에 의한 방법

토크량의 동적 및 자동 측정에는 변형 게이지법이 좋으며, 정도가 높고 주로 고속 기관의 출력 계산에 사용된다.

유체와
열의 측정

압력 측정

단원 목표

1. 압력의 단위를 올바르게 환산할 수 있다.
2. 압력계의 종류와 특징을 올바르게 설명할 수 있다.
3. 액주형, 분동식, 탄성식, 전기식 압력계의 원리를 올바르게 설명할 수 있다.

3-1 1 개요

본 절에서는 압력의 개념과 단위, 압력의 분류 및 센서에 대하여 기술한다.

1. 압력의 개요

유체에 전단력이 작용하면 연속적으로 변형이 발생된다. 유체에 임의의 면을 누르는 방향으로 작용하는 힘을 압력이라고 하고, 인장시키는 방향으로 작용하는 힘을 장력이라고 하는데, 이를 총칭하여 압력 또는 장력이라고 부른다.

압력은 단위 면적당 작용하는 유체의 압축력, 즉 압축 응력을 말한다. 단위 면적 A에 압축력 F가 작용할 때, 압력을 p라고 하면 다음과 같다.

$$p = \frac{F}{A} (\text{N/m}^2)$$

2. 압력의 단위

압력은 $1\,\text{m}^2$의 면적에 1 뉴턴(N)의 힘이 수직으로 작용할 때의 압력으로 정의되며, SI 단위는 파스칼(Pa)로 표시한다.

1) 개요

국제단위계(SI 단위계) 중 압력의 단위는 N/m²을 제청하였으나 그 후 1971년부터 N/m² 대신 파스칼(Pa)을 압력의 국제단위로 인정하여 실행하고 있다. 1 파스칼(Pa)은 $1\,\text{m}^2$의 면적에 1 뉴턴(N)의 힘이 수직으로 작용할 때의 압력이다. 즉, $1\,\text{Pa} = 1\,\text{N/m}^2$이 된다.

그러나 아직 측정법과 대기압의 관계 등으로 예전의 여러 단위를 사용하고 있다. 액주 압력계에서 비롯된 압력 단위로는 수은주밀리미터(mmHg), 수주밀리미터(mmH$_2$O 또는 mmAq), 중력 단위의 kgf/cm^2, cgs 단위에서 출발한 bar 등이 있다.

2) 압력의 단위

우리가 자주 접하는 아날로그 압력계의 경우 최근까지도 kgf/cm^{2}을 많이 사용하여 왔다. kgf/cm^{2}의 'kgf'는 힘의 단위로써 1 kg의 질량에 표준 중력 가속도 980.665 cm/s^{2}을 곱하여 얻어지는 힘을 말한다. 즉, kgf/cm^{2}란 '1 cm^{2}의 면적에 작용하는 1 kg의 질량의 힘'을 말한다. 그런데 이는 법정 계량 단위가 아니다. 2001년 7월 1일부터 사용이 중지되었으며, 법정 계량 단위로 Pa(파스칼)을 사용하고 있다.

(1) 파스칼: Pa(법정 계량 단위/유도 단위)

$$1 \text{ Pa} = 1 \text{ N/m}^2$$

1960년 SI(국제단위계)가 성립되었을 때 압력의 SI 단위는 '평방미터당 뉴턴(N/m^2)'이었으나 1971년 파스칼(Pa)로 명칭이 바뀌었다.

(2) 바: bar(법정 계량 단위/특수 단위)

$$1 \text{ bar} = 100\,000 \text{ Pa}$$

단위 면적당 10^6 dyn의 힘이 가해졌을 때, 이 압력의 단위를 1 bar라고 하고, 이것의 1/1 000을 1 mbar라고 한다. 우리나라에서는 1941년부터 mbar를 사용했으나 1983년 5월에 개최된 제9회 WMO 총회에서 기압의 단위인 mbar(millibar) 대신 SI(국제단위계) 중 압력 단위 명인 hPa(hectopascal)을 사용하기로 결정하였다.

(3) 제곱센티미터당 킬로그램힘: kgf/cm^2(비법정 계량 단위)

$$1 \text{ kgf/cm}^2 = 9.806 \times 10^4 \text{ Pa}$$

일상적으로 많이 사용하는 단위는 kgf/cm^{2}이다. 그러나 법정 단위인 파스칼(Pa)로 전환해서 사용해야 한다.

(4) 수주미터: mH$_2$O, mAq(비법정 계량 단위)

$$1 \text{ mH}_2\text{O} = 9.806 \text{ Pa}$$

수주미터는 999.972 kg/m^{3}의 밀도를 가진 1 m 높이의 액체 기둥이 가속도의 크기가 9.806 m/s^{2}인 중력 하에서 그 액체 기둥 바닥에 미치는 압력으로 정의되며, 이 999.972 kg/m^3 밀도의 액체라는 것은 4 ℃에서의 물을 말한다. 일반적으로 차압계, 미압계에서 많이 사용하고 있지만, 비법정 계량 단위로서 최근에는 Pa로 바뀌어 가는 추세이다.

(5) 수은주밀리미터: mmHg(비법정 계량 단위)

$$1\,\mathrm{mmHg} = 133.322\,\mathrm{Pa}$$

수은주밀리미터는 국제단위계는 아니지만 이전부터 혈압 측정에 사용되어 왔고, 국제적으로도 용도를 제한하여 남겨두기로 하였다. 현재 우리나라는 비법정 계량 단위로 규정하고 있다.

(6) 토르: Torr(법정 계량 단위)

$$1\,\mathrm{Torr} = 1\,\mathrm{mmHg} = 133.322\,\mathrm{Pa}$$

진공 공학용으로 사용되는 단위로서, 표준 대기압(101 325 Pa)을 760 Torr라고 정의한다. Torr란 단위는 토리첼리$_{\text{Evangelista Torricelli}}$의 이름에서 유래한 것이다.

(7) 단위 요약

- 1 bar = 100 000 Pa(exactly)
- 1 mmHg = 133.322⋯Pa
- 1 inHg = 3 386.39⋯Pa
- 1 Torr = 101 325/760 Pa(exactly)
- 1 psi = 6 894.76⋯Pa
- 표준 대기압 = 101 325.0 Pa(exactly)
- 1 mbar = 100 Pa(exactly)
- 중력 가속도 = 9.80665 m/s^2
- 1 mmH$_2$O = 9.80665 Pa
- 물 밀도(4 $^\circ$C) = 1 000 kg/m^3
- 1 kgf/cm^2 = 98 066.5 Pa(exactly)

〈표 3.1〉 압력의 단위 환산

Pa(N/m^2)	bar	mmHg(Torr)	mmH$_2$O	kgf/cm^2
1	1.0000×10^{-5}	0.007501	0.101974	1.01972×10^{-5}
100 000	1	750.062	10.1972	1.01972
133.3224	0.0013332	1	13.5954	0.0013595
9.80638	0.000098	0.073554	1	0.00060
98 066.5	0.980665	735.561	10000.2	1

3) 압력의 계산

물체가 고체인 경우 외력이 작용할 때 단위 면적 당 내부에서 저항하는 힘의 크기를 응력이라고 하며, 물체가 유체인 경우에는 압력이라고 한다. 대기 중과 물속에 작용하는 압력은 다음과 같이 계산된다.

(1) 대기의 힘 계산

가로, 세로 1 m인 정사각형 면적에 작용하는 대기에 의한 힘(F)은 다음과 같다.

$$F = p \times A \fallingdotseq 100\,000\,\text{N/m}^2 \times 1\,\text{m}^2 = 100\,\text{kN}$$
$$F = mg \fallingdotseq 10\,000\,\text{kg} \times 10\,\text{m/s}^2 = 100\,\text{kN}$$

(2) 1기압의 계산

진공 펌프로 올릴 수 있는 물의 깊이(h) 계산은 다음과 같다.

$$p = \rho g h \fallingdotseq 100\,\text{kPa} \fallingdotseq 1\,000\,\text{kg/m}^3 \times 10\,\text{m/s}^2 \times h$$
$$h = 10\,\text{m}$$

물속 10 m 깊이마다 1 기압씩 증가한다.

3. 압력의 분류

압력은 크게 시간적 변화와 기준 값에 따라 분류할 수 있다.

1) 시간적 변화

압력은 시간적 변화의 유무에 따라 정압, 변동압, 맥동압 등으로 나눌 수 있다.

(1) 정압

정압이란 변화가 없는 일정한 압력이나 압력계의 최대 압력이 1초당 1 %를 넘지 않는 변동 압력을 말한다.

(2) 변동압

변동압이란 압력계의 1초당 시간적 변화가 정압 한계를 넘거나 압력계의 최대 압력이 1~10 % 이내에서 변동하는 압력으로서, 주기성 없이 불연속적으로 증감되는 압력이다.

(3) 맥동압

맥동압이란 압력계의 1초당 시간적 변화가 정압 한계를 넘는 것으로, 압력계의 최대 압력이 1~10 % 사이에서 변동하는 압력으로 주기성이 있는 압력이다.

2) 압력 기준 값

압력은 기준점 0을 어떻게 정하느냐에 따라 절대압, 게이지압, 표준 대기압, 진공압, 차압 등으로 분류되며, 현장에서 널리 사용되는 압력계는 게이지압으로 표시되고 있다.

(1) 절대압

절대압은 완전 진공을 기점으로 측정되는 압력이다. 완전 진공이란 지구의 위도 45° 해면 상에서 온도 0℃ 조건으로 수은주 0 mmHg에 해당되는 압력 상태를 완전 진공 또는 절대 진공이라 한다. 완전 진공은 밀폐되어 있는 용기 안에 기체 분자가 하나도 없거나 기체 분자의 운동 에너지가 0인 상태를 말한다. 모든 분자를 밀폐된 공간으로부터 완전히 제거하여 얻는 압력은 사실상 불가능하지만, 압력 측정에서는 편리한 단위로 사용한다.

절대 단위로 압력을 표현할 때에는 absolute pressure의 약자로, 양을 표현하는 수치와 단위 끝에 반드시 'abs'를 붙여야 한다.

(2) 게이지압(상대압)

게이지압이란 주위 압력(대기압)을 기준으로 측정하는 압력을 말한다. 일반적으로 압력이라 하면 게이지 압력을 말하므로, 공업적으로 측정되는 압력은 주로 게이지 압력으로 표시되고 있다. 즉, 지구 위도 45° 해면상에서 온도 0 ℃ 조건으로 수은주 760 mmHg에 해당되는 압력 상태를 기점으로 측정되는 압력이다.

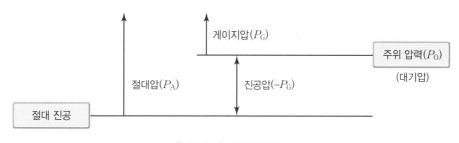

[그림 3.1] **압력의 분류**

절대압을 p_A, 주위 압력인 국소 대기압을 p_O, 게이지압을 p_G라 하면, 절대압은 다음과 같이 표시된다.

$$p_A = p_O + p_G$$

따라서 게이지압 p_G는 다음과 같다.

$$p_G = p_A - p_O$$

(3) 표준 대기압

표준 대기압은 지구 위도 45° 해면상에서 온도 0 ℃ 조건으로 수은주 760 mmHg인 압력으로서, 1기압이라고 하고, 1 atm이라 표시한다. 대기압은 기후의 조건에 따라 변화하므로 특정 장소에서의 대기압은 표준 대기압을 사용하지 않는다.

- 1 기압 = 1 kgf/cm^2 = 760 mmHg = 10 mH$_2$O = 100 000 Pa = 1013 mbar
- 표준 대기압(atm)의 정의는 정확히 101 325.0 Pa
- 위도 45° 해수면 높이에서의 평균 기압
- 가스의 밀도를 명시하는 경우와 같이 현재도 기준 환경을 정의하는데 종종 사용되지만, 이것은 압력 단위가 아니기 때문에 압력 값을 표현하는데 사용되어서는 안 된다.

(4) 진공압

대기압 이하의 압력을 게이지 압력으로 표시할 때, 이것을 진공압이라고 한다. 압력의 특수 단위로 진공압은 mmHg를 사용하며, mmHg = Torr로 하고, 다음과 같이 표시된다.

진공압 1 Torr = 101 325/760 Pa = 133.322 Pa

(5) 차압

차압은 두 개의 압력 차로서, 임의의 서로 다른 압력 중 어느 한쪽을 기준으로 다른 압력과 차이 압력을 말하며, 주로 유량 측정에 많이 사용된다.

차압의 표시는 $\Delta p = p_2 - p_1$로 한다.

4. 압력 센서의 분류

압력을 계측하기 위한 압력 센서에는 크게 기계식 압력 센서, 전기식 압력 센서, 반도체식 압력 센서로 분류된다.

1) 기계식 압력 센서

기계식 압력 센서에는 가장 널리 사용되는 부르동관 압력계와 다이어프램 및 벨로우즈가 있다.

(1) 부르동관 압력계

부르동관Bourdon tube 압력계는 프랑스의 발명가 Eugene Bourdon이 발명한 압력계로서, 구조가 간단하고, 저가이며, 압력 범위가 넓다. 그러나 다른 센서에 비해 크기가 크고, 응답이 느리며 히스테리시스hysteresis가 크다.

(2) 다이어프램

다이어프램diaphragm은 감도가 높고 저압 측정이 용이하다. 그러나 다른 탄성 소자에 비해 변위가 작고, 히스테리시스와 크리프creep 현상이 크다.

(3) 벨로즈

벨로즈Bellows는 저압 측정에 주로 사용되며, 재질은 황동, 인청동 및 베릴륨동이 사용된다.

2) 전기식 압력 센서

- 스트레인 게이지   · 전기 용량형   · 압전형   · 인덕턴스형   · 전위차계형

3) 반도체식 압력 센서

(1) 스트레인 게이지형 반도체

저항 역할의 금속을 반도체 공정을 통하여 접착 문제를 해결한 압력 센서이다.

(2) 용량형 반도체

반도체 다이어프램을 전극으로 이용한 압력 센서이다.

4) 압력 센서의 선택 기준

- 센서의 측정 방법: 측정 환경에서의 적용 가능성
- 분해능: 센서의 감도, 최소 출력 전압 오차
- 측정 범위: 최고 허용 압력
- 선형성: 압력에 대한 출력의 직선성(히스테리시스 효과)
- 안정성: 장단기 시간에 대한 변화 정도(ppm/year)
- 적용 온도: $-10 \sim 60\,^\circ\mathrm{C}$ 등

③①② 압력계의 종류

본 절에서는 압력계의 측정 범위와 분류에 대하여 기술한다.

1. 개요

압력계는 기압계, 압력차계, 고압계, 진공계 등 용도별로 여러 종류가 있으며, 구조도 다양하다.

1) 압력계 일반

압력계에는 1차 및 2차 압력계가 있다. 압력 단위의 정의에 따라서 계기 눈금이 정해진 압력계를 1차 압력계(액주형)라고 하며, 실험실용으로 사용된다. 1차 압력계는 2차 압력계(현장용)를 교정하는 표준급이다.

2) 측정 범위

압력계의 눈금 범위는 일반적으로 사용 압력의 1.5배~2배인 것을 선택한다. 사용 압력이 100 kgf/cm² 이하인 경우는 1.5배인 것을 선택한다. 사용 압력이 맥동압이나 진동압인 경우는 2배, 그 외의 압력인 경우는 1.5배를 선택한다.

2. 압력계의 분류

압력계는 압력의 측정 원리에 따라 〈표 3.2〉와 같이 분류되며, 실용화된 압력계의 형식은 다음과 같다.

1) 압력계

측정하는 지점의 대기압을 영의 기준점으로 하여 대기압보다 큰 압력을 측정할 수 있도록 만들어진 압력계이다.

2) 진공계

대기압보다 작은 압력을 측정할 수 있도록 만들어진 압력계이다.

3) 연성계

한 눈금판에 대기압을 영의 기준점으로 하여 진공과 압력을 모두 측정할 수 있도록 만들어진 압력계이다.

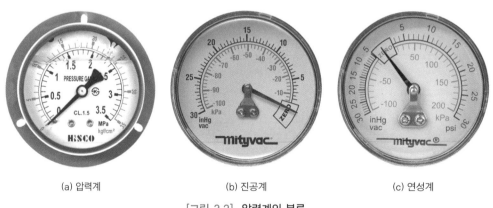

(a) 압력계   (b) 진공계   (c) 연성계

[그림 3.2] 압력계의 분류

형식	종류		사용 범위	점도	용도
액주형	U자관식		Hg 또는 H_2O로 5~200 mm	Hg, H_2O로 ±0.1 mm	게이지압, 차압, 정압, 표준계
	단관식				게이지압, 정압, 지시계, 실용 표준계
	경사관식		10~50 mmH_2O	0.01 mmH_2O	게이지압, 진공, 풍압용 지시계, 정압
	2액 마노미터		0.5/~ 30 mmH_2O	±0.5 %	게이지압, 차압, 풍압용 지시계, 정압
침종형	침종형		Hg용 5~30 mmH_2O OIL용 2~3 mmH_2O	±1 %	게이지압, 풍압, 차압, 정압
분동형	일반형		2~300 kgf/cm^2	±0.1 %	게이지압, 표준용, 정압
	차동형		1 000~13 000 kgf/cm^2	±0.2~0.5 %	게이지압(고압), 표준용, 정압
탄성형	부르동관형	단관형	0.5~5 000 kgf/cm^2	±1~2 %	게이지압, 진공, 전송, 기록 가능
		스파이럴형	0.5~70 kgf/cm^2	±1~2 %	〃
		헬리컬형	0.3~30 kgf/cm^2	±1~2 %	〃
	다이어프램형	금속막	10 mmH_2O~20 kgf/c	〃	게이지압, 진공, 차압, 전송, 기록 가능, 정압
		비금속막	1~2 000 mmH_2O	〃	
		챔버	10~3 000 mmH_2O	〃	절대압, 게이지압, 진공, 차압, 동압
	벨로즈형		10 mmH_2O~ 10 kgf/cm^2	〃	게이지압, 진공, 풍압, 차압, 정압
전기형	저항선형		1 000 kgf/cm^2 이하	〃	게이지압, 기록, 동압
	압전기형	수정형	5~1 000 kgf/cm^2	±2 %	〃
		반도체형	3~150 kgf/cm^2	〃	〃

③1③ 액주형 압력계

  액주형 압력계는 투명 유리관의 내부에 액체를 채워 넣고 압력을 가했을 때 관 내부 액체의 레벨 변화를 측정하여 압력을 구하는 압력계이다.

  임의의 유리관 내부 단면적(A) 상에 임의 높이(h)의 액주가 있다면 그 액주 밑면에 작용하는 압력 p는 다음과 같이 유도된다.

$$p = \frac{F}{A} = \frac{W}{A} = \frac{mg}{A} = \frac{\rho Vg}{A} = \frac{\rho Ahg}{A} = \rho gh$$

여기서,

> F: 액주 표면에 작용하는 힘(N)
>
> W: 액주의 중량(N)
>
> m: 액주의 질량(kg)
>
> V: 액주의 체적(m^3)
>
> ρ: 충진액의 밀도(kg/m^3)
>
> g: 중력 가속도(m/s^2)

위 식에서 ρ와 g가 일정하다면, 압력 p는 액주의 높이 h에 비례한다.

〈표 3.3〉 액주형 압력계의 종류

압력계의 종류	범위	정도	용도
U자관식	5~200 mmHg	0.1 mmHg	게이지압, 유량 차압용, 표준용, 정압
단관식			게이지압, 표준용, 정압
경사관식	10~50 mmHg	0.01 mmHg	게이지압, 정압, 드래프트 지시압
2액식	0.5~30 mmHg	0.5 %	게이지압, 유량 차압용, 드래프트 지시용, 정압
수은 기압계	대기압	0.05 mmHg	기상용

1. U자관 압력계

U자관 압력계U-tube manometer는 구조가 가장 간단한 압력계로서, 관경이 일정한 유리관을 U자형으로 하여 그 내부에 액체를 충진시킨 압력계이다. 양관에 서로 다른 압력을 가했을 때는 차압을 또는 한쪽 측을 대기압 상태로 유지시키고, 다른 쪽에 압력을 가했을 때 게이지 압력을 측정한다.

U자관 압력계에서는 관의 형상은 그리 중요하지 않으며, 단지 두 액면 사이의 높이 차만이 중요하다.

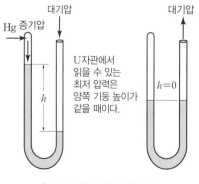

[그림 3.3] U자관 압력계

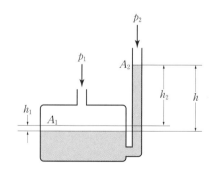

[그림 3.4] 단관식 압력계

2. 단관식 압력계

단관식 압력계cistern manometer는 U자관 압력계의 변형이다. U자관 한쪽 관의 단면적을 크게 하고, 사용액을 담는 용기인 다른 쪽의 작은 단면적의 단관인 p_1, p_2의 압력 차에 따른 양쪽 액의 이동 중 단관 내의 높이 변화만을 측정하여 압력을 구하는 압력계이다.

[그림 3.4]에서 $A_1 h_1 = A_2 h_2$이므로, $h_2 = \dfrac{A_1}{A_2} h_1$가 된다.

그러므로 $h = h_1 + h_2 = h_1 + \dfrac{A_1}{A_2} h_1 = h_1 \left(1 + \dfrac{A_1}{A_2} \right)$

$p_1 - p_2 = pg \left(1 + \dfrac{A_1}{A_2} \right) h$가 된다.

3. 경사관식 압력계

경사관식 압력계inclined tube manometer는 단관식 압력계의 유리관을 일정한 각도로 기울여서 수직 단관의 지시 값을 확대 지시한 압력계로서, 50 mmH$_2$O 이하의 저압 측정을 정확하게 측정하기 위한 압력계이다.

[그림 3.5]와 같이 액조의 단면적을 A, 경사관의 단면적을 a라고 할 때, $p_1 > p_2$가 되는 압력이 단면에 가해지면 액조 내의 액면은 h_1만큼 내려가고, 수평면에서 θ만큼 경사진 경사관 내의 액면은 관내를 l만큼 이동하며, h_2만큼 상승하게 된다. 즉, 두 액면의 높이를 h라 하면,

$$h = h_1 + h_2, \quad A h_1 = a h_2$$
$$h_1 = \frac{a}{A} h_2, \quad h_2 = l \sin \theta$$

따라서 유체의 비중량을 각각 γ, γ_1이라고 하면, 차압 $p_1 - p_2$는 다음과 같다.

$$p_1 - p_2 = (\gamma - \gamma_1)(h_1 + h_2) = (\gamma - \gamma_1) l \left(\frac{a}{A} + \sin \theta \right)$$

여기서 $\dfrac{a}{A_1}$가 $\sin \theta$에 비하여 무시할 정도로 작은 값이면, 다음과 같이 정리된다.

$$p_1 - p_2 = (\gamma - \gamma_1) l \sin \theta$$

이 경사관식은 작은 관의 지름을 2~3 mm, 사용 범위를 10~50 mmH$_2$O로 하고, 측정 정도는 0.01 mmH$_2$O이다.

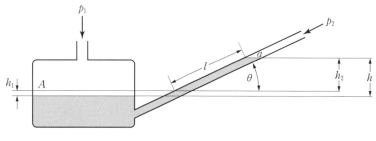

[그림 3.5] 경사관식 압력계

③①④ 분동식 압력계

본 절에서는 분동식 압력계deadweight tester의 특징과 종류에 대하여 기술한다.

1. 개요

수은 압력계는 일반적으로 1기압 이하의 저압 영역에서 사용되는 데 비하여 분동식 압력계는 1기압 이하의 낮은 압력부터 1만 기압 이상의 초고압까지 널리 사용된다. 분동식 압력계는 압력의 기본 원리를 그대로 현시한 것이기 때문에 재현성이 좋고 구조가 간단하므로 고장이 거의 없는 장점이 있다. 그러나 연속 측정이 곤란하고 이동이 불편한 단점이 있다. 현재 분동식 압력계는 대부분 표준기나 공장용 기준기로 사용하고 있다.

2. 분동식 압력계의 종류

분동식 압력계는 부르동관 압력계의 교정에 널리 사용되며, 단순형, 재귀형, 간격 조절형 및 구형 분동식 압력계가 있다.

1) 단순형 분동식 압력계

분동식 압력계는 펌프로 오일을 가압하고 이것을 램ram 위에 태운 무게 추와 평형시켜 무게 추 중량으로부터 오일의 압력을 알아내는 표준 압력계이다. 분동식 압력계는 부르동관 압력계의 교정을 위해 널리 사용되는 표준 압력계이다.

[그림 3.6] 분동식 압력계

2) 재귀형 분동식 압력계

재귀형 실린더에서는 측정 압력과 같은 압력이 실린더 외부에서 가해지기 때문에 실린더 내부의 탄성 변화가 감소된다. 이 압력계는 단순형에 비해 제작상 특별한 어려움이 없으면서도 정밀도가 높기 때문에 표준 기관 등에서 표준기로 많이 사용하고 있다.

3) 간격 조절 분동식 압력계

재귀형은 고압에서 피스톤과 실린더 사이의 간격을 통한 압력 유출을 감소시키기 위해 고안된 것이나, 이 압력계로 피스톤과 실린더 사이의 간격을 조절하는 데 한계가 있다. 이와 같은 단점을 보완하기 위하여 고안된 것이 간격 조절 분동식 압력계이다. 이 압력계는 피스톤과 실린더 사이의 간격을 임의로 조절할 수 있으며, 압력 유체의 변화에 따른 오차를 감소시킬 수 있는 특징이 있다.

4) 구형 분동식 압력계

일반적으로 분동식 압력계의 피스톤과 실린더는 원통형으로 되어 있다. 그러나 구형 분동식 압력계에서는 피스톤이 볼$_{ball}$로 되어 있고 실린더도 반구 모양이다. 피스톤과 실린더가 구형으로 되어 있으므로, 피스톤에서 압력 유체의 점성 저항을 현저하게 감소시킬 수 있다. 이 압력계는 유압에서는 사용이 불가능하며 공기압에서 주로 일정한 압력을 공급시키기 위한 조절기로 많이 사용하고 있다.

③①⑤ 탄성식 압력계

탄성식 압력계는 가장 널리 사용되는 부르동관 압력계와 유체가 다이어프램에 의해 격리되는 격막식 압력계가 있다.

1. 부르동관 압력계

부르동관 압력계는 [그림 3.7]과 같은 구조를 가진다. 구조는 부르동관의 변위를 확대 지시하기 위한 링크link, 섹터sector, 피니언pinion, 지침으로 구성되어 있다. 부르동관은 단면이 타원 또는 편평형의 금속관으로 제작되고, 여기에 압력이 가해지면 관이 늘어나며, 이 늘어남이 지침을 움직이도록 되어 있다. 눈금은 특별한 경우를 제외하고는 게이지 압력으로 표시된다.

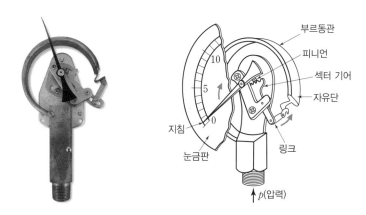

[그림 3.7] **부르동관 압력계와 그 구조**

2. 격막식 압력계

격막식diaphragm 압력계는 측정부의 얇은 막에 압력이 가해지면 수직 방향으로 팽창하게 되는데, 이때 다이어프램에서 부르동관 내부에 작업 유체로 힘을 전달해서 지침을 움직여 압력을 측정하는 원리이다. 부르동관 압력계와 달리 격막식 압력계는 유체가 다이어프램에 의해 격리되므로 오염원의 차단이 가능하다.

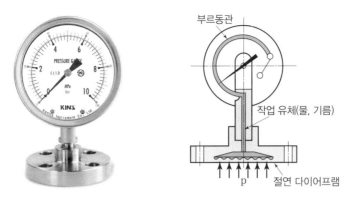

부르동관

작업 유체(물, 기름)

p 절연 다이어프램

[그림 3.8] 격막식 압력계와 그 구조

전기식 압력계

보통 기계식 압력계는 육안용으로 사용하지만, 공정에 대한 기록, 분석, 원격 자동 제어를 하기 위해서는 전기식 압력계를 사용하는 것이 편리하다. 전기식 압력계는 변환기, 지시계indicator, 기록계 등의 측정 장치가 있다. 정확도 및 신뢰성은 아날로그 압력계보다 우수하다.

전자식 압력계는 스트레인 게이지, 정전 용량형, 압전형, 인덕턴스형 등이 있다.

1. 스트레인 게이지형 압력 센서

스트레인 게이지는 "금속은 늘어나면 전기 저항이 증가하고, 줄어들면 전기 저항이 감소한다."는 압전 저항piezo resistivity 효과 원리를 이용한 것으로써, 전기 저항 측정기 휘트스톤 브리지를 결합하여 압력을 전기적인 신호로 감지하여 측정한다.

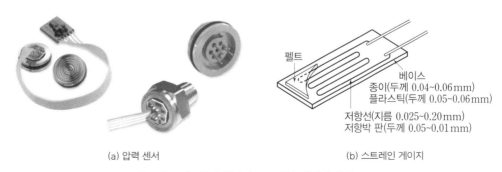

펠트

베이스
종이(두께 0.04~0.06mm)
플라스틱(두께 0.05~0.06mm)

저항선(지름 0.025~0.20mm)
저항박 판(두께 0.05~0.01mm)

(a) 압력 센서

(b) 스트레인 게이지

[그림 3.9] **압력 센서와 스트레인 게이지의 구조**

스트레인 게이지는 휘트스톤 브리지 회로에 연결하여 사용하는데, 휘트스톤 브리지 회로는 저항 변화가 작아도 우수한 감도로 측정하는 것이 가능하다.

2. 정전 용량형 압력 센서

정전 용량형capacitance type 압력 센서는 평판과 전극 사이의 정전 용량을 측정한다. 이때, 평판은 다이어프램이 주로 사용된다. [그림 3.10]과 같이 다이어프램에 압력이 가해지면 고정 전극 사이에 위치에 따른 정전 용량의 변화가 일어나며, 이 정정 용량을 측정하여 압력으로 환산하는 원리이다.

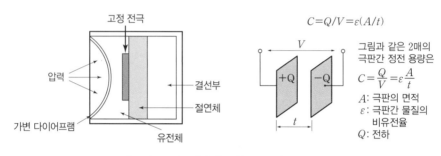

[그림 3.10] **정전 용량형 압력 센서의 원리**

3. 압전형 압력 센서

압전형 압력 센서는 피에조 전기 저항 효과라고도 불리는 압전 효과를 이용한 측정 방법이다. 압전 효과는 수정이나 세라믹 등을 매개로 하여 특정한 방향으로 기계적 에너지(압력 등)를 받으면 매개 자체 내에 전압이 발생되는데, 이 전기적 에너지를 측정하여 압력으로 환산해 사용하는 원리이다.

2 유량 측정

단원 목표

1. 유량의 정의와 단위를 올바르게 표현할 수 있다.
2. 차압식 유량계의 종류와 특성을 올바르게 설명할 수 있다.
3. 면적식 유량계 및 용적식 유량계의 원리를 올바르게 설명할 수 있다.

3 2 ① 개요

본 절에서는 유량과 유속의 정의를 설명하고, 레이놀즈수Reynolds number의 개념 및 유량 측정 시 유의 사항에 대하여 기술한다.

1. 유량과 유속의 정의

유량과 유속을 정의할 때 유량은 매 초당 부피 또는 질량이나 중량으로 나타내며, 유속은 매 초당 유체의 이동 거리로 나타낸다.

1) 유량의 정의

공기, 물, 기름 등 기체와 액체를 유체라고 하며, 유체는 비압축성이다. 유체가 관 속의 어떤 단면을 흐를 때 그 단면을 단위 시간에 통과하는 유체의 용적이나 중량을 유량률 또는 유량이라고 한다. 유량은 크게 부피 유량, 질량 유량, 중량 유량으로 나눈다.

(1) 부피 유량

부피 유량은 체적 유량volumetric flow이라고도 하며, 단위 시간당 흐르는 공기나 가스의 부피를 말한다. 부피 유량을 구하는 공식은 $Q = Av(\text{m}^3/\text{s})$로, 관의 단면적과 유체의 속도를 곱한 값이다. 단위는 m^3/s를 사용하고, 수도와 같은 유체를 유량으로 나타낼 때 사용한다.

(2) 질량 유량

질량 유량mass flow은 단위 시간당 관의 단위 면적을 통과하는 질량을 말하며, 평균 유량과 유체의 밀도를 곱하면 질량 유량이 된다. $M = \rho Av\,(\text{kg/s})$로 나타내며, 단위는 kg/s이다. 도시가스나 물엿 같은 유체를 질량 유량 단위로 표시한다.

(3) 중량 유량

중량 유량은 단위 시간에 흐르는 유체의 중량을 나타낸 것으로, $G = \gamma Av(\text{kgf/s})$로 나타내며, 단위는 kgf/s이다.

2) 유속의 정의

유체가 단위 시간에 이동하는 속도를 유속velocity of flow이라고 한다. 유속의 단위는 m/s로서, 보통 속도의 단위를 사용한다. 유속은 유량 계측에 영향을 주며, 가장 큰 영향을 미치는 것이 유속 분포이다. 유속 분포는 소용돌이와 비대칭 유속 분포가 존재하기 때문이다. 관 속에 유체가 흐른다고 가정하면 유속이 가장 빠른 부분은 가운데 부분이고, 관과 마찰이 일어나는 벽 부분은 가장 느린 부분이다.

관로 안을 흐르는 상태를 표시할 때는 층류와 난류를 사용한다. 흐름이 느릴 때에는 일반적으로 층류로 흐르다가 관 내부에 돌기가 있다든가 유속이 빠르면 소용돌이가 발생하여 난류가 된다.

2. 레이놀즈수

어떤 유체의 흐름이 층류에서 난류로 변할 때의 경곗값을 나타내고자 할 때 레이놀즈수를 사용한다. 원형 관로에서 레이놀즈수 R는 체적 유량을 Q, 유체의 밀도를 ρ, 관의 내경을 D, 유체의 점도를 η라고 하면, 다음과 같이 표시된다.

$$R = \frac{4\rho Q}{\pi D \eta}$$

레이놀즈수는 2 320보다 작으면 층류가 되고, 2 320보다 커지면 난류가 된다. 실제로는 층류에서 난류로 바뀌는 레이놀즈수가 항상 정해진 값이 아니라 작게는 1 000~2 000에서부터 크게는 3 000~5 000의 넓은 범위에서 층류에서 난류로 전이轉移한다.

3. 유량 측정시 주의 사항

유량 측정 시 다음과 같은 영향 인자에 주의하여 측정하도록 한다.
- 유속 분포: 소용돌이가 일어나지 않도록 관 내부의 돌기가 발생하지 않게 한다.
- 비균일 유동 발생: 밀도가 균일하지 않을 때 유동이 발생한다.
- 맥동 유동: 펌프, 컴프레서, 유량계, 밸브 등의 원인으로 발생한다.
- 캐비테이션: 유체의 압력이 저하될 때 발생한다.

③②② 유량계

유량계는 측정 방법에 따라 종류가 많으며, 유량과 유속의 측정은 명확한 구별이 없다. 유량 또는 유속만을 측정하는 경우도 있으나 일반적으로 유량계 또는 유속계의 어느 것으로도 무방하다.

널리 사용되는 유량계의 종류는 다음과 같다.

- 차압식 유량계
- 면적식 유량계
- 용적식 유량계
- 전자 유량계
- 질량 유량계
- 와류식 유량계
- 터빈식 유량계
- 초음파식 유량계

1. 차압식 유량계

차압식 유량계는 관로 내에 차압 기구를 설치하여 유체 흐름의 상류 측과 하류 측의 차압으로부터 유량을 구하는 방법으로 만들어진 유량계이다. 차압 기구로는 오리피스orifice, 노즐nozzle, 벤투리관venturi tube 및 피토관pitot tube 등이 있다.

유체가 흐르다가 수축부가 생기면 차압이 발생하는데, 그것을 유량으로 환산하는 원리를 이용한다. 직관이 변해도 유량이 같으므로, 다음과 같은 식을 이용한다.

$$A_1 v_1 = A_2 v_2 \ (A는 \ 단면적, \ v는 \ 유속)$$

1) 개요

베르누이 법칙에 의하면 유체가 흐르고 있는 관로상 일부를 축소시키면 유체가 그 부분을 통과할 때 속도는 증가하고 압력이 감소함으로써 조리 기구의 전후 압력 차와 유량과의 사이에는 일정한 관계가 성립되므로 차압을 측정하여 유량을 구하는 것이다.

이와 같이 관로 내에 설치할 수 있는 조리 기구에는 오리피스, 벤투리, 플로우 노즐 외에 유량 센서를 변형 및 개선한 형태의 여러 종류 유량계와 엘보우 미터, 충류 유량계 등이 있다.

2) 측정 원리

[그림 3.11]과 같이 관로의 중간 부분에 오리피스를 설치하여 단면적을 축소시키면 유량이 교축되어 그 전후에서 차압이 발생한다. 따라서 중심부의 유체는 오리피스 통과 직후 급격히 단면적이 축소됨에 따라 유속이 급격이 빨라지고, 정압 또한 급격히 감소한다.

이 차압을 구함으로서 유량을 알 수 있으며, 베르누이의 정리를 적용하면 다음과 같다.

$$\frac{p_1}{\gamma} + \frac{v_1^2}{2g} = \frac{p_2}{\gamma} + \frac{v_2^2}{2g}, \quad v_2^2 - v_1^2 = \left(\frac{2g}{\gamma}\right)(p_1 - p_2)$$

여기서 p_1 : 교축 전의 압력, p_2 : 교축 후의 압력, γ : 유체의 비중량, g : 중력 가속도이다. 단면 A, B를 단위 시간에 통과하는 유체의 체적 유량은 연속의 법칙에 의해 다음과 같이 표시된다.

$$Q = Av_1 = Bv_2, \ v_1 = v_2(B/A)$$

$v_2^2 - v_1^2 = \dfrac{2g}{\gamma}(p_1 - p_2)$에 위 식의 $v_1 = v_2(B/A)$을 대입하면,

$$v_2 = \frac{1}{\sqrt{1 - (B/A)^2}}\sqrt{\frac{2g}{\gamma}(p_1 - p_2)}$$

개구비 $m = B/A$, 차압 $\Delta p = p_1 - p_2$이라면, 체적 유량 Q는 다음과 같다.

$$Q = Av_1 = Bv_2 = \frac{B}{\sqrt{1 - (B/A)^2}}\sqrt{\frac{2g}{\gamma}(p_1 - p_2)} = \frac{mA}{\sqrt{1 - m^2}}\sqrt{\frac{2g\Delta p}{\gamma}}$$

위 식은 이상 유체에 대하여 유도한 식이므로 실제 유체에서는 유체의 점성 및 축류 등을 고려하여 유량 계수 c를 고려하여 사용하면, 다음과 같이 정리된다.

$$Q = c\frac{mA}{\sqrt{1 - m^2}}\sqrt{\frac{2g\Delta p}{\gamma}}$$

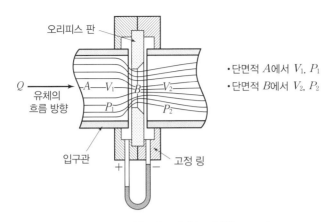

[그림 3.11] U자형 마노미터를 부착한 오리피스

3) 차압 기구의 종류

차압식 유량계는 검출 기구인 오리피스, 노즐, 벤투리관과 이들로부터 나오는 차압을 변환하여 지시하는 차압계로 구성된다.

(1) 오리피스

오리피스는 노즐이나 벤투리관에 비해 압력 손실이 크고 다른 조리 기기에 비해 유량 계수가 작은 결점이 있다. 그러나 형상이 간단하고 제작이 용이하므로 널리 사용된다. [그림 3.12]는 오리피스 단면의 형상 치수를 나타내고 있다.

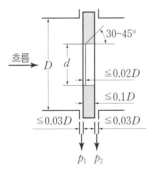

[그림 3.12] 오리피스의 단면

(2) 플로우 노즐

노즐 형상은 일반적으로 둥근 유입부와 이것에 이어지는 원통부로 되어 있다. 노즐을 흐르는 유체는 유체 흐름에 의한 유선 형로를 많이 따르고 있기 때문에 유체 중에 이물질에 의한 마모 등의 영향은 직각 날 오리피스에 비해 매우 작은 편이다. 또한, 동일한 직경, 동일 차압을 발생시키는 오리피스에 비하여 약 65 % 정도 많은 유체를 흘릴 수 있다.

일반적으로 노즐은 수직 관로 상에서 유입부를 위쪽으로 설치하는 것이 바람직하며, 액보다는 기체 유량 측정에 더 적합하다고 할 수 있다.

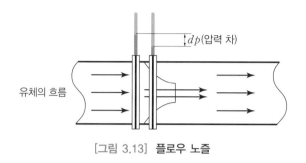

[그림 3.13] 플로우 노즐

(3) 벤투리관

벤투리관은 원통 부분의 중간 하단에 압력 탭이 있다. 벤투리관의 특징은 중간부 유체의 유입 및 유출 부분이 모두 유선형으로 되어 있으므로, 오리피스나 노즐에 비하여 유량에 대한 차압이 크지 않아 압력 손실이 매우 적고, 내구성이 큰 장점이 있다.

실제적인 유체 유동과 벤투리의 유선형이 잘 일치하기 때문에 유출 계수는 거의 1에 가깝다. 전형적인 벤투리관 사양의 유출 부분 발산 각도는 규격서에 7~15°로 되어 있지만, 7~8°로 하는 것이 압력 손실을 줄일 수 있다.

또한, 벤투리관은 설치하는데 긴 길이를 요하지 않고, 고속 대유량의 측정이나 압력 손실에 주의해야 하는 경우에 사용된다. 그리고 고체가 측정 유체 중에 포함되어 있어 탁한 액체에도 사용된다. 압력 탭을 내는 방법은 상류 측에는 노즐의 경우와 같이 바로 앞에서 탭을 내고, 하류 측은 원통부의 거의 중앙에서 압력 탭을 낸다.

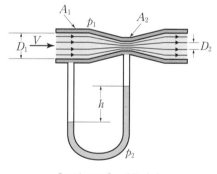

[그림 3.14] 벤투리관

4) 차압계

오리피스 등의 차압 기구에서 발생한 차압은 차압계 또는 차압 변환기에서 측정 및 변환되어 유량을 지시한다. 간단한 차압계로는 액주 압력계가 있으나 원격 지시 또는 조절을 위해 힘 평행식이 정전 용량식 등의 차압 변환기를 사용한다.

차압 변환기의 출력 신호는 전기식에서는 보통 DC 4~20 mA이며, 공기압식에서는 대부분 0.2~1.0 kgf/cm^2 정도이다.

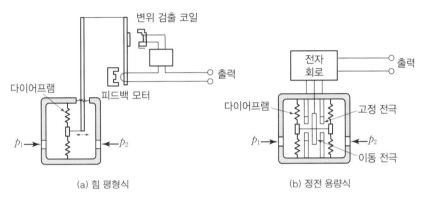

[그림 3.15] **차압 변환기의 원리**

2. 면적식 유량계

차압식 유량계는 오리피스 관로 내의 차압을 측정하여 유량을 알 수 있으나, 면적식 유량계는 관내의 플로트_{float(부자)}의 이동으로 유관 내에서 유로 면적을 변화시켜 차압을 일정하게 유지하므로, 이때 면적을 측정하여 유량을 구하는 것이 면적 유량계이다. 면적 유량계는 로터미터_{rotameter}라고도 한다.

(1) 측정 원리

[그림 3.16]과 같이 테이퍼 관내를 상하로 이동하는 플로트의 위치가 유량을 지시한다. 따라서 플로트가 어느 위치에서 균형을 잡고 있을 때, 플로트가 아래로 미는 힘과 위 방향으로 미는 힘이 같으므로 관내에 흐르는 체적 유량 Q는 다음과 같이 구할 수 있다.

- 테이퍼 관의 단면적: A, A_1,
- 플로트의 체적, 밀도, 단면적: V_f, ρ_f, A_f
- 플로트 상하의 차압: $\Delta p = p_2 - p_1$
- 중력 가속도: g
- 플로트에 작용하는 위 방향의 힘: $\rho g V_1 + \Delta p A_f$
- 플로트에 작용하는 아래 방향의 힘(중력): $\rho_f g V_f$

따라서 플로트의 정지 위치에서 다음 식이 성립된다.

$$\rho g V_1 + \Delta p A_f = \rho_f g V_f$$

여기서 차압 Δ_p는

$$\Delta p = p_2 - p_1 = \frac{g(\rho_f - \rho)V_f}{A_f}$$

테이퍼 관과 플로트 사이의 공간 면적이 A, 유량 계수가 α이면, 여기에 흐르는 유량 Q는 다음과 같다.

$$Q = \alpha A \sqrt{\frac{2(p_1 - p_2)}{\rho}} = \alpha A \sqrt{\frac{2g(\rho_f - \rho)V_f}{\rho A_f}}$$

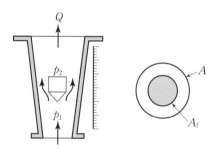

[그림 3.16] **면적식 유량계**

면적식 유량계의 테이퍼 관에는 유리관식과 스테인리스강 등의 금속관식이 있다. 유리관식은 플로트의 위치에 의하여 유량을 직접 읽을 수 있으므로 현장의 감시용으로 주로 사용되며, 금속관식은 자석 등으로 플로트의 위치를 외부에서 탐색하여 $0.2 \sim 1.0 \, \text{kgf/cm}^2$의 공기압 신호 또는 DC $4 \sim 20 \, \text{mA}$의 전류 신호로 변환해서 필요한 장소로 전송하는 데 사용된다.

(2) 특징

- 기계나 액체, 부식성 유체도 측정이 가능하다.
- 유량 눈금이 균등하게 새겨져 있다.
- 전후의 직관부가 거의 필요하지 않으며, 압력 손실이 작다.
- 액체 주에 기포가 들어가면 오차가 발생하므로 기포 제거가 필요하다.
- 유리관식은 급격한 온도 변화 및 충격에 주의해야 한다.

(3) 설치 방법

- 유체의 유입 방향은 반드시 하부에서 상부로 한다.
- 설치 시 수준기 또는 중추를 사용하여 수직으로 설치한다.
- 하류 측에는 반드시 체크 밸브를 설치하여 유체의 역류를 방지한다.
- 유량계의 분리가 편리하도록 계수 또는 플랜지를 사용하여 배관한다.
- 설치할 때 유량계 자체에 세로·가로 방향으로 응력이 작용하지 않도록 주의한다.

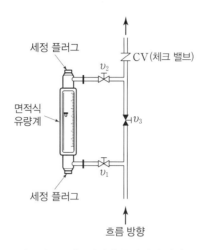

[그림 3.17] 면적식 유량계의 설치

3. 용적식 유량계

용적식 유량계는 PD미터$_{positive\ displacement\ meter}$라고도 하며, 액체용과 기체용이 있다. 계량법상 적산 유량계의 일종으로 분류된다. 유량 측정 방법은 내부 회전자나 피스톤 등의 가동부와 케이스 사이에 일정한 용적을 갖는 공간부를 밸브로 하고, 그 속에 유체를 충전시켜서 연속적으로 유출구로 송출하는 구조이며, 그 계량 횟수에서 용적 유량을 측정하는 방식이다.

용적식 유량계는 타 유량계에 비하여 직접 체적 유량을 측정하는 방법이므로, 계량 정도가 높다. 따라서 공업 계기용부터 가정의 가스 소비량 및 주유소의 판매기 등에 다양하게 이용되고 있다.

1) 측정 원리

케이스와 가동부에 의해서 형성되는 계량 공간부 형식에 따라 회전자형, 피스톤형, 로터리 벤형 등 여러 가지가 있으나 회전자형에서 가장 널리 사용된다. 회전자형에는 오벌 기어형, 루츠형, 스파이럴 기어형이 있다.

용적식 유량계 원리는 [그림 3.18]과 같이 유체가 유입되면 회전자 Ⓐ 및 Ⓑ의 표면에는 입구 측 압력 p_1 및 출구 측 압력 p_2가 작용한다. $p_1 > p_2$인 조건에서 회전자 Ⓑ는 회전력이 발생하지 않으나, 회전자 Ⓐ에서는 화살표 방향으로 회전력이 발생하고 서로 맞물린 상태의 양 회전자는 외측으로 회전을 하게 된다.

회전이 증가함에 따라 회전자 Ⓐ의 회전력은 점차 감소하고, 반대로 회전자 Ⓑ측에 회전력이 발생·증가하여 [그림 3.18] (a)의 ②와 같이 양측 힘이 동일한 상태를 이루게 된다. 그림 ③과 같이 되면 양쪽 회전자가 90° 회전된 상태에서 Ⓐ의 회전력은 0이 되고 Ⓑ의 회전력은 최대가 된다. 이때, 계량실의 일정한 유체는 Ⓐ 회전자 측에서 1회 배출되며, 이러한 현상은 양 회전자가 90° 회전할 때마다 다음 Ⓑ측에서 1회 토출된다. 따라서 연속적으로 회전자가 360°로 회전할 경우 계량실의 용적 유량을 4번 밖으로 토출하게 되는 것과 같다. 즉, 회전자 회전수는 유체의 통과량과 일정 관계를 이루게 된다.

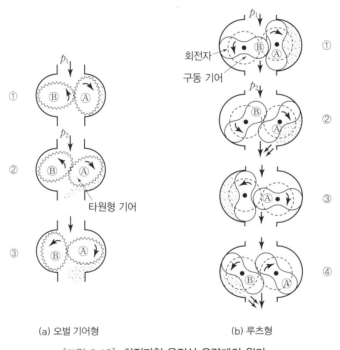

(a) 오벌 기어형   (b) 루츠형

[그림 3.18] 회전자형 용적식 유량계의 원리

루츠형의 작동 원리는 오벌 기어형과 같으나 2개의 회전자가 한 점에서 미끄럼 접촉을 하면서 회전하므로 회전자의 주위에는 기어의 이tooth가 없다.

오벌 기어형 유량계는 0.2리터 작은 용량의 유량부터 $100\,\text{m}^3/\text{h}$까지 다양한 용량의 것이 있고, 스파이럴 회전자형은 비교적 대용량인 $2\,700\,\text{m}^3/\text{h}$ 석유 제품 출하·수입 관리용으로 사용된다. 또한, 스파이럴 회전자형은 회전자에 2개의 스파이럴 기어를 사용한다. 따라서 등속 회전이 되고 유출량에 맥동이 없고, 진동 및 소음 발생이 적은 특징을 가지고 있다.

2) 용적식 유량계 구조

용적식 유량계는 크게 계량부, 전동부, 변환부로 구성되며, 필요에 따라 발신부 및 습도와 압력을 보정하는 보정 연산부가 추가된다. 또한, 발신부에는 사용 조건에 따라 수신부가 결합되는 경우도 있다.

(1) 계량부

계량부(본체부)는 내압을 받아 유지하는 외통부와 일정 체적에 해당하는 계량실을 구성하는 내통부로 되어 있다. 외통부는 계측 유체의 압력, 습도 부식성에 따라 주철, 주강 등의 용기로 충분한 강도를 가져야 하며, 내통부는 운동체와 그 축 및 축받이를 포함하고 있다.

(2) 전동부

운동체(회전자)의 운동을 외부로 취출시키는 부분으로 자기 연결 방식과 기밀 방식이 있다. 용적 유량계는 위험물을 계량하는 경우가 많으므로 위험 방지 관점에서 봉입성이 확실한 자기 연결 방식을 이용하며, 이것은 계량 부분의 운동을 외부로 전달할 때 기어 등이 없기 때문에 유체 누설이 적다.

(3) 변환부

전동부에서 전달된 계량부 회전을 계수부(지침부)의 계수 단위량으로 변환시키기 위한 감속 기어부로서, 기종에 따라 감속 기어부 일부 또는 전부가 계량부 내에 장착된 것도 있다. 이 부분은 필요에 따라 모든 기어 열을 교환하는 고정 기어식과 일부분을 기어 열 또는 무단 변속기를 내장해서 노브만 조정, 소정의 변속비를 얻을 수 있는 연속 기어 조정 장치로 구성되어 있다.

3 온도 측정

단원 목표

1. 온도의 정의와 단위를 올바르게 표시할 수 있다.
2. 1차 온도계와 2차 온도계에 대하여 올바르게 설명할 수 있다.
3. 측정 방식에 따른 온도계의 특징을 설명할 수 있다.

3·3·1 개요

온도는 인간이 물의 뜨겁고 차가운 정도를 알아낼 수 있는 능력을 나타낸 것이다. 그러나 인간의 몸은 온도가 비슷하거나 따뜻함을 느끼는 개략적인 느낌은 알 수 있어도 미소한 온도 차이를 느낌이나 숫자로 표현하는 것에는 한계가 있다.

따라서 미미한 온도의 차이를 숫자로 나타내기 위하여 온도계가 발명되고, 온도의 단위가 생기게 되었다. 본 절에서는 온도의 정의와 온도 단위에 대하여 기술한다.

1. 온도의 개념

온도는 일반적 정의로, 또는 열역학적 정의로 개념화할 수 있다.

1) 온도의 일반적인 정의

온도란 어떤 물체가 갖는 뜨겁고 차가운 정도를 수치적으로 표시하는 물리적 변수를 의미한다. 과학적으로 표현하면 물체를 구성하는 분자의 평균 운동 에너지를 나타낸 것을 말한다. 열은 어떤 물체를 이루는 전체 분자들의 운동 에너지의 총량이고, 온도는 그 분자들의 평균 에너지를 나타내는 양이다. 예를 들어, 뜨거운 물 한 컵의 온도는 욕조기 물의 온도보다 높지만, 총 에너지는 훨씬 작다. 즉, 80 ℃의 물 한 컵을 40 ℃의 욕조기에 부었다고 해서 욕조기 물의 온도가 갑자기 60 ℃로 올라가지는 않는다.

2) 온도의 열역학적인 정의

온도가 다른 물체를 열 교환이 일어날 수 있도록 접촉시켰을 때 온도가 높은 물체에서 낮은 물체로 열이 자발적으로 흐르게 된다. 즉, 두 물체가 충분한 열 교환을 통해서 열평형에 이르렀을 때 두 물체의 온도가 같게 된다.

물이 높은 곳에서 낮은 곳으로 흐르듯이 열도 높은 곳에서 낮은 곳으로 흐른다. 즉, 온도는 열이 흘러가야 할 방향을 가리키는 표지이다. 온도가 높은 곳은 열이 흘러나와야 할 곳이고, 온도가 낮은 곳은 열이 흘러들어야 할 곳이라는 것을 말해 준다.

2. 온도의 단위

온도 단위는 섭씨온도, 화씨온도 및 켈빈온도가 사용되어 왔으나 섭씨온도와 켈빈온도가 국제 공용의 온도 단위로 사용되고 있다.

1) 개요

온도에는 섭씨온도, 화씨온도 등의 단위가 사용되지만, 열역학 온도 단위는 법정 기본 단위인 켈빈(K) 단위가 사용된다. 열역학적 온도는 물의 3중점(얼음, 물, 수증기에 공존하는 상태점)에 있어서 온도를 273.16 K이라고 한다. 즉, 1 K의 간격은 물의 3중점 열역학 온도의 1/273.16이다. 섭씨온도 t와 절대 온도 T와의 관계는 다음과 같다.

$$t = T - 273.16$$

물의 3중점은 섭씨온도 0.01 ℃이고, 이들 양 온도의 눈금 간격은 같다. 시각과 시간의 의미가 다른 것과 같이 온도와 온도 간격(또는 온도 차)의 의미는 다르다. 온도 차를 표시할 때는 켈빈 온도를 사용하지만, 섭씨온도를 사용하기도 한다. 열역학 온도를 실제로 사용하기는 어려우므로 열역학 온도와 거의 같게 만들어진 국제 실용 온도 눈금(IPTS; the international practical temperature scale)을 사용한다. 이것은 여러 개의 재현하기 쉬운 평형 온도를 정점으로 정하고 이것을 이용하여 눈금을 교정하며 온도계의 온도 표시와 온도 간의 관계를 결정하는 공식을 만들 수 있다.

(a) Kelvin   (b) Celsius   (c) Fahrenheit

[그림 3.19] 온도의 창시자

2) 온도 단위의 종류

인류 최초의 온도계는 1600년경 갈릴레오 갈릴레이에 의해 발명되었으며, 온도 단위에는 화씨degree Fahrenheit, 섭씨degree Celsius 및 켈빈Kelvin이 있다.

(1) 화씨(℉)

1기압 하에서 물의 어는점을 32 ℉, 끓는점을 212 ℉로 정하고, 두 점 사이를 180등분한 눈금이다.

국제 공용으로 잘 사용하지 않는 온도 단위인 화씨온도 단위는 1724년 독일의 물리학자인 화렌하이트Fahrenheit가 고안하였다. 화씨의 명칭은 화렌하이트라는 이름이 중국으로 넘어가서 한자어로 표기하면서 화륜해華倫海로 되어 이름의 첫 글자를 성으로 생각하여 화씨華氏온도라 부르게 되었다.

(2) 섭씨(℃)

1기압에서 물의 어는점을 0 ℃, 끓는점을 100 ℃로 하여 그 사이를 100등분한 눈금이다.

- 0 ℃ = 32 ℉
- 화씨(℉) = (섭씨 × 1.8) + 32
- 100 ℃ = 212 ℉
- 섭씨(℃) = (화씨 − 32) × 5/9

섭씨온도 단위는 1742년에 스웨덴의 천문학자이자 물리학자인 셀시우스Celsius가 제안하였다. '화씨'와 마찬가지로 그의 이름인 셀시우스가 중국으로 넘어가서 한자어로 표기하면서 섭이사攝爾思로 되어 이름의 첫 글자를 성으로 생각하여 섭씨攝氏온도라 부르게 되었다.

(3) 켈빈(K, 절대 온도, 열역학적 온도)

켈빈은 이론상 생각할 수 있는 최저 온도를 기준으로 한 온도 단위이다. 학문적으로 가장 엄밀한 의미를 가진 온도 눈금이며 열역학적 온도이다.

- 물의 3중점: 물, 얼음, 수증기가 공존하는 온도(273.16 K)
- 절대 온도 0 K: 이론상 기체의 부피가 0이 되는 온도
- 0 K = −273.15 ℃ (K = 물 삼중점의 열역학적 온도의 1/273.16)

열역학적 온도 단위와 온도 눈금은 기존의 방법과는 다른 방식으로 정해졌다. 1824년 북아일랜드의 벨파스트에서 태어난 톰슨은 1854년 온도의 개념을 새롭게 정립하였다. 그 후 스코틀랜드의 글래스고우 대학의 자연 철학 교수로 재직하면서 공학과 물리학에서 탁월한 연구 업적이 인정되어 1866년 기사 작위를 받고 1892년에는 귀족 신분인 켈빈 경으로 개명되었다.

톰슨과 켈빈은 동일 인물로서, 열역학 제2법칙과 절대 온도 눈금, 열의 동역학적 이론 등을 발전시키는 데 중요한 역할을 하였다.

(4) 온도 단위의 요약

- T로 표시되는 열역학적 온도의 기본 물리 단위는 K로 나타낸다.
- 섭씨온도(t)와 열역학 온도(T)와의 관계는 다음과 같다.

$$t(^\circ C) = T(K) - 273.15, \quad T(K) = t(^\circ C) + 273.15$$

- $^\circ C$는 K의 크기와 같다. 따라서 온도의 차이는 K나 $^\circ C$로 나타낼 수 있다.

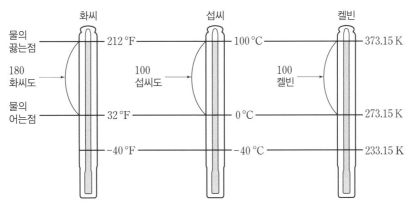

[그림 3.20] 화씨, 섭씨, 켈빈 온도의 비교

(5) 온도의 비교

물질계 온도인 켈빈과 섭씨온도의 비교는 〈표 3.4〉와 같다.

〈표 3.4〉 물질계의 온도 비교

구분	온도	
	K	$^\circ C$
절대 온도	0 K	$-273.15\,^\circ C$
인간이 도달한 최소 온도	100 pK	$-273.149999999900\,^\circ C$
물의 삼중점	273.16 K	$0.01\,^\circ C$
물의 끓는점	373.1339 K	$99.9839\,^\circ C$
백열전구	2 500 K	$\approx 2\,200\,^\circ C$
태양의 표면	5 778 K	$5\,505\,^\circ C$
번개	28 kK	$28\,000\,^\circ C$

❸❸② 온도계의 분류

온도계는 기체 온도계인 1차 온도계와 산업용으로 널리 사용되는 2차 온도계로 분류된다.

1. 개요

공업적으로 이용되는 온도의 범위는 −200 ℃에서 수 만 ℃이며, 0.01 ℃ 이하가 필요한 경우도 있다. 이와 같이 측정할 온도가 광범위하기 때문에 각종 측정 방법을 알아야 한다.

프로세스 산업에서 사용되는 온도는 보통 −200~+2 000 ℃의 범위에 속하며, 이들의 계측과 제어에는 주로 접촉 방식인 저항 온도계와 열전 온도계, 비접촉 방식인 방사 온도계가 사용된다. 저항 온도계와 열전 온도계는 단순한 구성으로 값이 싸고 취급이 간편하며, 온도 측정의 정도는 높지만 특징을 잘 이해하고 사용해야 한다.

일반적으로 온도계의 주요 부분은 측온체, 표시부 및 이것을 결선하는 도선 또는 도관으로 이루어진다. 측온체는 온도를 감시하는 부분, 즉 측온부를 가지며 온도를 측정하는 물체에만 가까이 해야 한다. 표시부는 온도를 표시하며, 표시 계기라고 한다.

2. 온도계의 분류

온도계는 1차 온도계와 2차 온도계로 분류된다. 온도라는 물리량은 길이와 같은 다른 단위들과 같이 직접 측정할 수 없는 물리량이다. 그러므로 액체나 기체의 팽창과 수축에 의한 압력 또는 수은주의 변화량을 온도 눈금으로 환산하여 온도 측정값을 얻게 된다.

1) 일반적인 분류

온도계는 일반적으로 다음과 같이 분류된다.

(1) 1차 온도계

물리적으로 직접 변화하는 현상에서 명확한 상태 방정식으로 온도를 결정할 수 있는 온도계를 1차 온도계라고 하며, 대표적인 온도계로 기체 온도계가 있다.

기체 온도계 외의 1차 온도계는 소리의 속도가 온도에 의해 변하는 원리를 응용한 음향 온도계와 금속 내에 있는 전자들의 이동이 온도에 따라 불규칙하게 움직이는 노이즈 전압을 이용한 잡음 온도계 등이 있다.

(2) 2차 온도계

2차 온도계는 1차 온도계로 계산한 온도에서 특정 금속의 저항 값을 측정하여 온도 눈금을 표시한 온도계이다. 2차 온도계는 일반적으로 산업 현장이나 가정에서 널리 사용되는 온도계를 말하며, 대표적인 온도계로 백금 저항 온도계가 있다.

2) 측정 방식에 따른 분류

온도계는 측정 방식에 따라서 두 가지로 분류할 수 있다. 센서를 피측정물에 직접 접촉시켜 측정하는 접촉식인 측온 저항체(RTD; resis tance temperature detector), 서미스터, 열전대, 바이메탈, 유리제 온도계 등이 있으며, 센서를 접촉시키지 않고 측정하는 비접촉식인 적외선 온도계와 열화상 카메라 등이 있다.

(1) 접촉식 온도계

접촉식 표면 온도 측정용 센서로는 저항 온도계와 열전대가 많이 사용되며, 다음과 같은 특징이 있다.

- 열전대는 금속으로 피측정물에 직접 접촉할 수 있기 때문에 센서가 열평형에 도달하는 것이 용이하다.
- 비교적 가공하기 쉽기 때문에 센서의 열용량을 작게 할 수 있다.
- 급격한 온도 변화나 기계적인 스트레스에 비교적 강하다.
- 저온에서 고온까지 측정 범위가 넓다.

예를 들어, 금속 블록 표면과 같은 열전도가 양호하고 열용량이 큰 것의 표면 온도는 오차도 작고 안정적으로 측정할 수 있지만, 플라스틱 블록과 같이 열전도가 나쁘고 열용량이 작은 것은 센서가 흡열되어 오차가 커지는 경향이 있다. 단, 열전대는 가공이 비교적 용이하기 때문에 피측정물의 크기, 열용량, 형상, 온도 영역, 환경 등에 맞추어 센서를 제작할 수 있어 오차를 최소한으로 억제하는 용도로 사용할 수 있다.

(2) 비접촉식 온도계

비접촉식 온도계는 다음과 같은 경우에 사용이 가능하다는 장점이 있다.

- 온도 센서를 접촉시킬 때 측정 부분이 손상될 위험이 있을 경우
- 이동하는 물체로서 온도 센서를 접촉시킬 수 없는 경우
- 접촉식 센서로 측정할 수 없을 정도로 고온인 경우
- 열용량이 작은 경우
- 어떤 이유로 피측정물에 접근할 수 없는 경우

즉, 온도 범위, 측정 정도, 동특성, 접촉 또는 비접촉 측정, 원격 측정, 비용 등이 검토되어야 한다.

3) 온도계의 종류

현재 현장에서 일반적으로 사용하는 온도계는 저항식 온도계인 측온 저항체, 서미스터, 열전대, 바이메탈 온도계 및 유리제 온도계 등이 있다.

〈표 3.5〉 각종 온도계의 사용 범위

온도계의 종류		사용 가능 온도 (°C)		상용 온도 (°C)	
		하한	상한	하한	상한
접촉 방식	〔액체 봉입 유리 온도계〕				
	수은 온도계	−55	650	−35	350
	유기 액체 온도계	−100	200	−100	100
	바이메탈 온도계	−50	500	−20	300
	〔압력 온도계〕				
	액체 팽창식 압력 온도계	−40	500	−40	400
	증기압식 압력 온도계	−20	200	40	180
	〔저항 온도계〕				
	백금 저항 온도계	−200	500	−180	500
	니켈 저항 온도계	−50	150	−50	120
	구리 저항 온도계	0	120	0	120
	서미스터 온도계	−50	300	−50	200
	〔열전 온도계〕				
	R열전 온도계	0	1 600	200	1 400
	K열전 온도계	−200	1 200	0	1 000
	J열전 온도계	−200	800	0	600
	T열전 온도계	−200	350	−180	300
비접촉 방식	〔광고온계〕	700	2 000	900	2 000
	〔방사 온도계〕	50	2 000	100	2 000

〈표 3.6〉 측정 방식에 따른 온도계의 특징

방식	종류	특징	오차 확인
접촉 방식	저항 온도계	• 측정값은 수 cm^2(검출 소자의 크기) 정도의 평균값이 된다. • 약 $-273{\sim}500\,°C$로 정밀도가 좋은 측정에 적합하다. • 강한 진동이 있는 대상에는 부적합하다.	• 온도의 변화 속도 • 검출기의 경시 변화 • 열 이력에 의한 변화 • 측정 도선으로부터의 열의 유출입
	서미스터 온도계	• 측정값은 수 mm^2(검출 소자의 크기) 정도의 평균값이 된다. • 도선 저항에 비례하여 검출기의 저항이 크다. • 하나의 검출기에서의 사용 온도 범위가 좁다. • 충격에 약하다.	• 검출기의 경시 변화 • 자기 가열 • 측정 도선으로부터의 열의 유출입
	바이메탈 온도계	• 바이메탈을 내장한 직관형의 통으로 피측온물 내부에 삽입하여 측정하는 원리이다. • 일반적인 온도 관리용으로 널리 인정되고 있다. • 별도의 지시 장치가 필요 없다.	• 경시 변화 • 진동에 의한 변화
	열전대 온도계	• 원리적으로는 접점 크기 정도의 공간 온도를 측정할 수 있다. • 응답이 좋다. • 진동, 충격에 강하다. • 온도 차를 측정할 수 있다. • 기준 접점이 필요하다.	• 기준 접점의 안정도 • 보상 도선의 영향 • 기생 열기전력 발생 • 검출기의 경시 변화 • 열 이력에 의한 변화
	유리제 온도계	• 간편하고 신뢰도가 높다. • 충격에 약하다.(수온 온도계의 경우는 각별한 취급 주의가 필요하다.) • 높은 정밀도의 온도 측정이 가능하다.	• 액의 끊어짐 • 노출부 영향 • 경시 변화
	액충만식 온도계	• 진동, 충격에 강하다. • 간편하게 사용할 수 있다.	• 도관으로부터의 열의 유출입 • 열 이력에 의한 변화 • 도관부 노출부의 영향 • 경시 변화
비접촉 방식	방사 온도계, 적외선 온도계, 열화상 카메라	• 높은 온도 측정에 적합하다. • 원격 측정이 가능하다. • 움직이거나 회전하고 있는 물체의 표면 온도를 측정할 수 있다. • 피측정물의 온도를 혼란시키는 일이 적다.	• 방사율의 부정확도 • 방사율의 변동 • 광로중의 흡수, 산란 • 미광(외래광, 반사광) • 경시 변화

③③❸ 저항 온도계

저항 온도계는 금속 저항 센서인 측온 저항체(RTD; Resistance Temperature Detector)와 반도체 저항 센서인 서미스터thermistor로 구분된다.

1. 저항 온도계의 측정 원리

저항 온도계란 고순도 금속선의 전기 저항이 온도에 비례하여 변하는 성질을 이용하는 것으로, 알고자 하는 분위기 내에 투입된 저항 온도계의 전기 저항을 측정하여 온도를 알아낸다.

저항 온도계에 사용하는 물질sensor을 이용하여 전기식 온도계를 만들 수 있다. 전기식 온도계는 온도 변화를 전기 저항이 변하는 물질을 사용하여 온도 차이에 따라 변한 저항 값을 저항 측정기로 계측하여 온도 눈금으로 바꾸어 읽는 방식이다. 실제로는 일부 금속과 반도체만이 온도계로 사용되며, 금속 저항 센서들은 측온 저항체로, 반도체 저항 센서들은 서미스터라고 부른다.

온도 상승 후의 저항 값을 측정하여 그때의 온도 t'를 구하기 위해 $0\,°C$에서의 저항을 R_0, $t\,(°C)$에서의 저항을 R_t, $t'\,(°C)$ $(t' > t)$에서의 저항을 $R_{t'}$라 하고, 저항의 온도 계수를 a라 하면, 다음과 같다.

$$R_t = R_0\,(1 + at),\ \ R_{t'} = R_0\,(1 + at')$$

$$R_{t'}/R_t = (1 + at)/(1 + at')$$

$$\therefore t' = (R_{t'}/R_t)\left(\frac{1}{a} + t\right) - \frac{1}{a} \fallingdotseq \frac{R_{t'}}{R_t}(234 + t) - 234$$

즉, 주위 온도 t에서 저항 R_t를 알고, 온도 상승 후의 저항 $R_{t'}$를 측정하면, 그때의 온도 t'를 위 식에서 구할 수 있다.

2. 측온 저항체의 종류

측온 저항체에는 백금 측온 저항체, 권선형 측온 저항체, 박막형 측온 저항체가 있다.

1) 백금 측온 저항체

한국산업표준규격 KS C 1603에서는 $0\,°C$ 때의 저항 값이 $100\,\Omega$인 백금 측온 저항체에 대해 규정하고 있다. 규준 측온 저항체의 온도 저항비인 R100/R0의 값은 백금 소선의 순도가 클수록 높다. 우리나라 산업 규격에는 다음 두 가지를 규격화하였다. 저항비 값이 1.3850이 되는 측온 저항체를 Pt 100 Ω으로 부르고, 저항비 값이 1.3916이 되는 저항 소자를 KPt 100 Ω이라고 부른다.

2) 권선형 측온 저항체

저항 소선을 용수철처럼 권선捲線하여 고순도의 알루미나 세라믹관에 삽입하여 조립한 것을 세라믹형 측온 저항체라고 하고, 유리에 감아서 만든 것을 글라스형 측온 저항체, 그리고 운모판에 감은 것을 마이커형 측온 저항체라고 한다. 절연재로 사용되는 재질로는 운모, 고순도 알루미나(Al_2O_3), 마그네시아(MgO) 등이 있다.

운모는 고순도의 재질을 쉽게 얻을 수 있고, 낮은 온도에서 절연성이 우수하여 일반 산업용으로 가장 많이 사용되는 재료이다. 고온에서 전기 절연 저항이 높고 안정성이 높아 고온용 측온 저항체의 절연재로 많이 사용되는 고순도 알루미나가 있다. 권선형 측온 저항체는 일반적으로 고온용, 고정밀 온도 측정에 사용된다.

3) 박막형 측온 저항체

박막형 측온 저항체는 자동화를 통해 대량 생산이 가능하며, 값이 싸고 권선형보다 감도가 빠르다. 또한, 판상이므로 실제 측정 시 열방사에 의한 오차와 온도 분포 불평형에 의한 오차를 방지하는 장점이 있다. 그러나 정밀도가 권선형보다 떨어지고, 소자와 연장선이 수지樹脂 접착제로 접착되어 고온에서 견디기 어려우므로 고온 측정이 어려운 단점이 있다. 따라서 박막형 측온 저항체는 일반적인 산업용 측온 저항체에 사용된다.

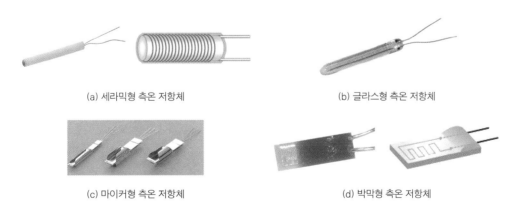

(a) 세라믹형 측온 저항체   (b) 글라스형 측온 저항체

(c) 마이커형 측온 저항체   (d) 박막형 측온 저항체

[그림 3.21] **측온 저항체의 종류**

3. 측온 저항체의 구성

저항 온도계는 측온 저항체, 도선, 계측기로 구성된다. 측온 저항체는 측온 저항소자, 연장 도선, 절연 재료, 보호관 및 단자판으로 조립하여 만들어진 온도 측정용 센서이다. 종류로는 보호관으로 조립한 일반형 측온 저항체와 시스형 측온 저항체 등이 있다.

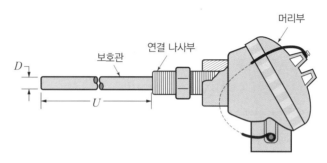

[그림 3.22] **측온 저항체**

1) 일반형 측온 저항체

보호관으로 조립한 일반 측온 저항체는 [그림 3.23]과 같다. 보호관은 일반적으로 금속관을 사용하며, 특수한 경우에는 테프론을 코팅하여 사용하기도 한다. 내부 도선은 균질하고 순도 높은 금속선을 사용한다. 도선의 저항 특성은 $0.5\,\Omega/\mathrm{m}$ 이하가 되어야 한다. 이러한 조건을 만족하는 금속선은 고순도 백금선, 고순도 은, 고순도 금 등이 가장 좋다.

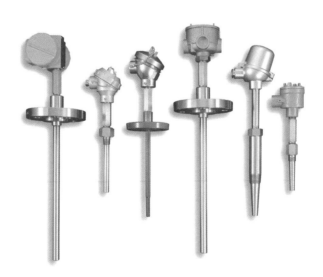

[그림 3.23] **보호관의 종류**

2) 시스형 측온 저항체

시스형sheath type 측온 저항체는 보호관을 사용하지 않고, 내부 도선을 보호관과 같은 역할을 하는 금속 시스에 넣고 분말로 된 무기 절연재를 충전하여 일체화한 후, 시스 케이블의 내부 도선체에 측온 저항 소자를 연결하여 다시 용접으로 밀봉한 저항체이다. 이것은 일반 측온 저항체와는 다르게 내진동성과 내굽힘성이 좋은 측온 저항체이다.

 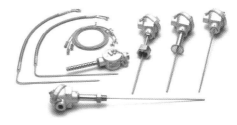

(a) 시스 절단면 내부 (b) 시스형 측온 저항체의 종류

[그림 3.24] **시스형 측온 저항체**

4. 서미스터

서미스터는 산화 금속으로 만들어진 저항 센서로서, 아주 작은 온도 변화에도 전기 저항이 크게 변하는 반도체의 성질을 이용한 소자이다. 온도 측정, 전력 측정 등에 사용된다.

1) 서미스터의 개요

서미스터는 산화 금속으로 만들어진 반도체로서, 온도 계수(단위 온도당 저항 변화량)가 큰 특징을 갖고 있다. 보통의 서미스터 온도계의 사용 영역은 −100 ℃부터 300 ℃까지이다. 최근 −270 ℃ 근처에서 사용되는 반도체 저항 온도계가 개발되었고, 600 ℃ 근처에서 사용되는 것도 있다.

2) 서미스터의 특성

저항 온도계의 특성과 비슷한 점이 많지만, 몇 가지는 저항 측정기의 구조나 원리가 다르게 사용된다. 차이점은 다음과 같다.

- 금속 저항 온도계는 저항 값이 100 Ω 정도지만, 서미스터는 10 000 Ω 정도로 매우 크다.
- 금속 저항 온도계는 1 ℃ 당 0.4 % 저항이 변하는 데 비해 서미스터는 1 ℃당 3~5 %의 저항이 변한다.
- 보통의 서미스터 온도계는 온도가 증가하면 저항이 감소하지만, 금속 저항 온도계는 반대이다.
- 금속 저항 온도계는 선형성이 좋으나 서미스터는 선형성이 매우 나쁘다.

[그림 3.25] 서미스터

❸❸④ 열전대 온도계

열전대_{thermocouple}는 열기전력 현상인 열전 효과를 이용한 것으로서, 제벡 효과, 펠티에 효과 및 톰슨 효과가 있다.

1. 열전대의 원리

열전대는 측온 저항체와 같이 비교적 안정되고 정확하며, 일부 원격 전송 지시를 할 수 있는 특징이 있으므로 산업용으로 널리 사용되고 있다.

금속 중에는 자유 전자가 있으나 금속에 따라 자유 전자의 밀도가 다르며 고온일수록 증가한다. 이러한 성질을 응용하여 [그림 3.26]과 같이 서로 다른 2종의 금속 A, B를 접합하여 양단 a, b에 온도 차를 주면 단자 사이에 기전력이 발생된다. 이것을 열기전력이라고 하며, 이런 현상을 이용하여 온도를 측정하기 위한 소자가 열전대이다.

이와 같은 열기전력 현상을 열전 효과라고 하며, 이는 제벡 효과, 펠티에 효과 및 톰슨 효과를 총칭한 말이다.

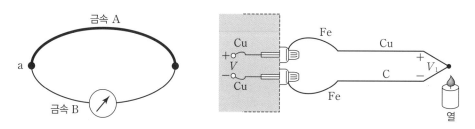

[그림 3.26] 열전대의 원리

(1) 제벡 효과

제벡 효과는 열전대 두 종류의 금속을 고리 모양으로 연결하여 한쪽 접점을 고온으로, 다른 쪽을 저온으로 하였을 때, 두 접점 사이의 온도 차로 인하여 회로에 전류가 생기는 현상으로서, 1821년에 독일의 제벡이 발견하였다.

[그림 3.27]의 (a)와 같이 서로 다른 금속선 A, B를 접합하여 2개의 접점 J_b와 J_c 사이에 온도 차$(T_b > T_c)$를 주면 일정한 방향으로 전류가 흐른다. [그림 3.27]의 (b)와 같이 폐회로의 한쪽 또는 금속선 B를 도중에 절단하여 개방하면 두 접점 간의 온도 차에 비례하는 기전력(e)이 나타난다. 이 현상을 제벡 효과라고 하며, 이때 발생한 개방 전압을 제벡 전압 또는 기전력이라고 부른다.

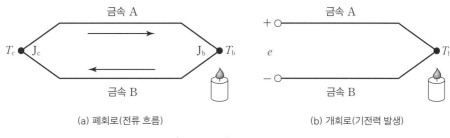

(a) 폐회로(전류 흐름)　　　　　　　(b) 개회로(기전력 발생)

[그림 3.27] **제벡 효과**

(2) 펠티에 효과

펠티에 효과는 열전대에 전류를 흐르게 했을 때, 전류에 의해 발생하는 줄열 외에도 열전대의 각 접점에서 발열 혹은 흡열 작용이 일어나는 현상을 말한다. 이 현상은 1834년에 프랑스의 펠티에에 의해 발견되었으므로 펠티에 효과라고 한다. 이렇게 두 금속의 접합점에서 한쪽은 열이 발생하고, 다른 쪽은 열을 빼앗기는 현상을 이용하여 냉각도 할 수 있고 가열도 할 수 있으며, 이러한 특성 때문에 냉동기나 항온조 제작에 사용된다.

(3) 톰슨 효과

한 종류의 금속선이라도 선에 온도 차가 있으면 전류를 흘렸을 때 선 내에서 주울열 이외에 열의 발생 또는 흡수가 일어나는 것을 톰슨 효과라고 하며, 1851년 영국의 톰슨에 의해 발견되었다. 열역학 제1, 제2, 제3법칙을 사용하면 위의 세 가지 현상 사이에는 밀접한 관계가 있다는 것이 톰슨에 의해서 명백하게 밝혀졌다.

- 부(−) 톰슨 효과: 만약, 고온에서 저온부로 전류 → 흡열 ex) Pt, Ni, Fe
- 정(+) 톰슨 효과: 만약, 고온에서 저온부로 전류 → 발열 ex) Cu, Sb

2. 열전대의 종류

열전대는 가장 널리 사용되는 온도 센서로서, 보호관이 부착된 일반형 열전대가 널리 사용된다.

1) 열전대의 구성 요소

열전대는 기본적으로 감지부sensing element assembly, 보호관protection tube, 보상 도선compensating lead wire으로 구성되며, 그 용도에 따라 여러 가지 형태를 갖는다. 여기서 보상 도선이란 연결선을 의미한다.

(1) 감지부

감지부는 두 개의 서로 다른 소선과 이 선을 지탱해 주는 전기 절연체, 그리고 측정 접점으로 되어 있다. 비자기non ceramic 재료의 절연체, 내화 자기 절연체 및 시스형sheathed으로 구분된다.

(2) 보호관

감지부를 부식 또는 산화로부터 보호하기 위하여 사용되며, 자기 재료나 금속 보호관이 사용된다.

(3) 보상 도선(연결선)

감지부를 외부의 측정 기기에 연결하기 위한 것으로, 터미널, 연결 헤드 등이 다양한 형태로 제조된다.

[그림 3.28] 보상 도선

2) 열전대의 구조

원리적으로는 열전대의 한쪽 접점은 기준 접점이 되지만, 열전대의 값이 비싸므로 길어야 할 경우에는 보상 도선을 접속시켜 그 끝을 기준점으로 한다. 소선素線은 보통은 0.5~1 mm의 직경으로 만들어지고, 금속 산화물의 분말로 절연되며, 금속 시스에 의해 보호되어 제작된 온도 센서이다.

열전대가 프로세스 유체에 직접 접촉되지 않도록 보호관에 넣어 사용해야 하며, 낮은 온도일 때는 금속관, 고온일 때는 도자기관 또는 석영관을 사용한다. 보호관은 유체의 부식성, 유체의 압력, 유체의 온도, 기계적 강도(유속, 설치 장소의 진동 등) 등을 만족하고, 일부 열전대에 해를 끼치지 않는 재질을 선정해야 한다. 또한, 응답 시간과 정적 및 동적 오차가 작은 구조이어야 한다.

3) 열전대의 종류

열전대의 종류에는 일반형 열전대와 시스 열전대가 있다.

(1) 일반형 열전대

열전대의 소선은 접점이 용접된 알루미나 관으로, 각기 절연되어 보호관 안에 설치되어 있다. 보호관의 한 끝은 터미널 블록에 고정되어 있다.

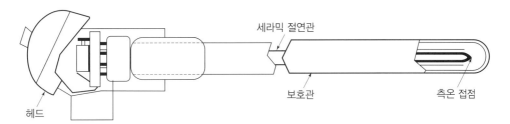

[그림 3.29] **보호관이 부착된 일반용 열전대**

(2) 시스 열전대

시스 열전대는 열전대의 보호관 안에 산화마그네슘(MgO)이나 알루미나(Al_2O_3) 등을 넣어서 굳게 하고 밀폐한 것으로, 강도가 좋고 내열, 내진성이 우수하여 사용 범위가 늘고 있다.

시스의 지름은 0.25 mm부터 12 mm 정도의 굵은 것도 있으며, 휠 수 있는 반경은 직경의 1~4배이다.

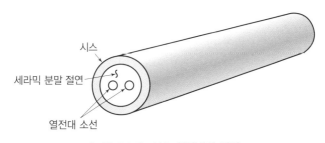

[그림 3.30] **시스 열전대의 단면**

<표 3.7> 열전대의 종류

종류	사용 재료	온도 범위	특기 사항
B-Type	+: 백금, 로듐(30 %) −: 백금, 로듐(6 %)	0 ℃~1 700 ℃	고온 측정 시 사용
R-Type	+: 백금, 로듐(13 %) −: Platinum	0 ℃~1 600 ℃	고가격, 고온에서 정도가 좋음.
S-Type	+: 백금, 로듐(10 %) −: Platinum	0 ℃~1 600 ℃	재현성, 안정성이 좋음.
K-Type	+: Chromel −: Alumel	−200 ℃~1 250 ℃	기전력의 직선성이 좋아 가장 많이 사용
J-Type	+: Iron −: Constantan	0 ℃~750 ℃	수소와 일산화탄소 등에 사용 가능하며 산화 분위기 사용은 불가
T-Type	+: Copper −: Constantan	−200 ℃~350 ℃	저온 영역에서 기전력의 안정성과 정도가 좋음.
E-Type	+: Chromel −: Constantan	−200 ℃~900 ℃	기전력이 크고, 발전소나 대형 플랜트에 주로 사용
N-Type	+: Nicrosil −: Nisil	0 ℃~1 300 ℃	고온에서 열화 현상 적고, 수명이 길며, 안정성이 높음.

열전대 사용상의 오차는 기준 접점에 의한 것, 보상 도선에 의한 것, 열전도에 의한 것이 있다. 열전 온도계는 열전대·보상 도선 및 수신 계기, 저항 온도계는 측온 저항체·도선·전원과 지시 또는 기록계로 구성되어 있다.

3. 열전대의 특징

열전대의 장단점은 다음과 같다.

1) 장점

- 비교적 빠른 응답 속도
- 경제적이고, 광범위하게 응용
- 넓은 온도 측정 범위(−270 ℃~2 500 ℃)
- 특정 부분이나 좁은 장소에서도 온도 측정 가능
- 온도가 열기전력으로 검출되므로 측정, 조절, 증폭, 변환 등이 용이

2) 단점

- 측정하려는 곳에 따라 사용할 수 있는 열전대의 종류에 제한
- 측정 온도의 0.2 % 정도 이상의 정밀도를 얻는 것이 어려움
- 비교적 고온 및 장기간 이용한 경우, 사용하고 있는 곳에 열화가 발생하여 정기적인 점검과 보정이 필요

〈표 3.8〉 열전 온도계와 저항 온도계의 비교

비교 항목	열전 온도계	저항 온도계
계기 구조	자기 발전의 미소 전압으로 약함.	공급 전원을 가지므로 견고함.
냉접점	있음.	없음.
눈금 범위	전체 범위	필요한 범위만
전원	필요 없음.	필요함.
내열성	고온에서도 측정	고온에서는 적당하지 않음.

③③⑤ 바이메탈 온도계

바이메탈 온도계는 열팽창 계수가 서로 다른 두 종류의 금속을 맞붙여서 온도의 변화에 따라 휘는 정도가 다른 점을 이용하여 만든 온도계이다.

1. 원리

바이메탈이란 흔히 고체의 열팽창을 이용한 온도계를 일컫는다. 바이메탈은 온도에 따라 열팽창 계수가 서로 다른 인바와 황동 또는 인바와 철 등의 이종재를 서로 밀착시켜 온도가 증가하면 한쪽으로 휘게 하여 한쪽은 고정시키고 붙인 것이다.

전류가 흐르는 동안 발생한 열량에 따라 열팽창률이 큰 금속판이 작은 금속판 쪽으로 휘어짐으로써 회로의 연결이 차단되었다가 식으면 다시 회로가 연결되는 방식으로 적정 온도를 유지하게 하는 것이다. 다리미와 같이 일정한 온도를 유지해야 하는 기구에 사용되고 있다. 배관이나 설비에 장착된 바이메탈 온도계는 감온부感溫部를 스프링식으로 만들어 고정하고 그 끝에는 온도 눈금판과 지침이 장착되어 온도 증감에 따라 지침이 회전하여 온도를 지시한다.

2. 종류

바이메탈 온도계는 일반적으로 대기 온도 측정용 바이메탈식 온도계와 공업용 바이메탈식 온도계가 있다.

3. 특성

바이메탈 온도계의 케이스, 커버 및 감온부 등은 스테인리스강으로 제작되어 있으며, 완전 밀폐형으로 옥외 설치도 가능하다. 또한, 구조가 간단하여 취급이 간단하고 가격이 저렴하며, 측정 온도치의 판독이 쉽고 유리제 온도계에 비하여 견고하다.

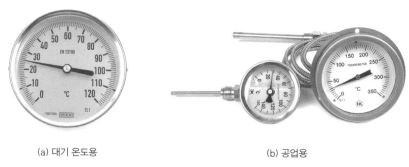

(a) 대기 온도용   (b) 공업용

[그림 3.31] **바이메탈 온도계**

③③⑥ 유리관 온도계

유리관 온도계는 인류가 과학적으로 측정하는 데 최초로 사용된 계기이다. 200년 가까이 사용되면서 수밀리 켈빈(mK)의 온도 차이 측정은 물론 −190~600 ℃의 온도 범위를 측정할 수 있도록 발전되어 왔다.

1. 측정 원리

1654년 Ferdinad Ⅱ가 제대로 된 모양과 기능을 갖춘 유리관 온도계를 만든 후 1887년 표준 온도계로 채용되다가 1927년에 백금 저항 온도계로 바뀌었다.

물질은 열을 받으면 부피나 길이가 늘어나고 열을 잃으면 부피나 길이가 줄어드는데, 이 원리를 이용한 온도계가 열팽창 온도계이다. 주변에서 흔히 보는 액체 온도계는 수은이나 붉은 색소를 첨가한 알코올 온도계이며, 액체 온도계는 진공 상태의 가느다란 유리관에 수은이나 알코올을 적당량 넣은 것이다.

유리관 온도계는 유리 모세관 아래에 있는 구형 용기에 봉입된 액체가 접촉된 측정 물체의 온도와 열적 평형을 이루었을 때 온도에 따라 팽창하여 유리 모세관에 나타난 높이를 온도 눈금으로 읽는다.

온도를 측정하기 위해서 이 온도계를 뜨거운 물에 담그면 뜨거운 물에서 온도계로 열이 이동하게 된다. 이때, 열을 얻은 수은이나 알코올의 부피가 열적 평형 상태가 될 때까지 늘어나 유리관 위로 올라간다. 열적 평형 상태가 되면 온도계 속의 액체 부피는 더 이상 변하지 않기 때문에 이때의 수은주나 알코올의 높이를 읽으면 측정하려는 물질의 온도가 된다.

알코올 온도계는 수은 온도계보다 부피 팽창 비율이 크기 때문에 눈금을 읽기 편하지만 끓는점이 78 ℃로 낮아서 높은 온도를 측정한 후에 유리관 벽에 알코올이 붙어 정확한 눈금을 읽기가 어려워지는 단점이 있다. 이러한 알코올 온도계의 단점을 해결한 것이 수은 온도계이므로 상대적으로 눈금이 더 정확하다고 할 수 있지만, 눈금 간격이 좁은 단점이 있다.

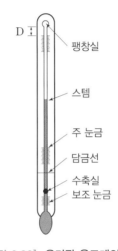

[그림 3.32] 유리관 온도계의 구조

2. 유리관 온도계의 종류

액체 봉입^{封入} 온도계는 형태에 따라 고체 봉상 온도계와 이중 유리관 온도계로 분류된다. 일반적으로 우리가 흔히 접하게 되는 온도계인 알코올, 수은을 이용한 막대 온도계, 교정용으로 많이 사용되는 베크만 온도계, 의료용으로 많이 사용되는 체온계와 산업용으로 사용되는 최고·최저 온도계 등이 있다.

1) 이중관 온도계

이중관 온도계는 모세관과 배후에 유백색 유리 눈금판이 1개의 유리관에 봉입되어 있는 온도계로서, 막대 온도계보다 눈금을 가늘게 그을 수 있어 정밀하게 온도 지시도를 판독할 수 있다.

2) 막대 온도계

두꺼운 모세관 막대에 직접 눈금이 새겨진 온도계로서, 이중관 온도계보다 구조적으로 튼튼하지만 눈금을 읽을 때 지시도 판독에서 정확도가 다소 떨어진다.

3) 판붙이 온도계

가정이나 대기 온도를 측정하는 여러 장소에 흔히 사용되는 온도계로서, 목재나 합성수지 등에 눈금을 새겨 막대 온도계를 부착한 온도계이다.

4) 베크만 온도계

모세관 윗부분에 감온액(수은이나 알콜)을 담을 수 있는 보조 기구가 있어 측정하는 온도에 맞게 구부의 감온액(수은) 양을 조정하여 사용하는 열량계용 온도계이다. 이 온도계는 온도의 변화를 정확하게 측정할 수 있다. 측정할 수 있는 온도 범위는 5~6℃ 정도지만, 0.0001℃ 정도의 미소한 온도 변화를 측정할 수 있다.

5) 최고·최저 온도계

측정 시간 내에 최고 온도와 최저 온도를 측정하는 온도계이다. 이 온도계의 감온액은 유기 액체이며, 하반부에 수은이 들어있는 U자형 모세관의 한쪽 끝에는 구부가, 다른 한쪽 끝에는 보조구가 붙어 있다. 보조구의 일부에는 기체가 봉입되어 있으며, 이외의 부분에는 전부 감온액으로 채워져 있다.

4 습도 측정

단원 목표

1. 습도의 정의와 용어를 올바르게 설명할 수 있다.
2. 습도의 표준 체계와 습도 센서의 특징을 설명할 수 있다.
3. 모발 습도계와 건습구 습도계의 구조와 원리를 설명할 수 있다.

3 4 1 개요

본 절에서는 습도의 정의와 용어에 대하여 기술한다.

1. 습도의 정의

일반적으로 말하는 습도란 상대 습도를 말하며, 대기 중 수증기량의 표현법으로 습도와 가장 밀접한 관계에 있는 물리량은 수증기압이다. 습도에는 절대 습도와 상대 습도가 있다.

1) 습도란

습도는 공기나 다른 기체 안에 수증기가 존재하는 것을 의미한다. 수증기는 안개나 김과는 다른 개념이다. 안개나 김은 매우 작은 물방울로 이루어진 액체 상태지만, 수증기는 기체 상태의 물을 의미한다. 우리 주위에 있는 공기의 백분의 일 정도가 수증기이다.

뜨거운 물에서 수증기가 나오는 것처럼 낮은 온도에서도 수증기가 발생한다. 심지어 얼음에서도 발생하므로 물이나 얼음에서도 증발은 발생한다. 또한, 물을 함유한 다른 액체나 고체에서도 수증기 증발이 일어난다. 이와 같은 증발의 발생 중 가장 중요한 요소는 온도이다.

공기는 수증기를 포함할 수 있는 용량이 정해져 있으며, 공기의 온도가 높으면 더 많은 수증기를 함유할 수 있다. 어떤 온도에서 수증기를 최대한 포함한 공기를 '포화'되었다고 하며, 공기의 상대 습도는 수증기가 얼마나 포함되어 있느냐의 정도를 말한다.

2) 습도 측정의 필요성

지구상에 존재하는 모든 물체는 습도에 많은 영향을 받는다. 따라서 습도 측정은 상당히 오래 전부터 기상학자들에 의하여 시도되었으며, 최근 반도체 산업을 비롯한 여러 분야에서 습도 측정 및 조절의 실제적인 필요성이 대두되고 있다.

습도는 생태계에 영향을 미치는 환경 요소 중 하나로서, 습도가 높아지면 습한 환경을 좋아하는 세균이나 곰팡이가 잘 번식하므로 문제가 생길 수 있다. 부수적으로는 빨래가 잘 마르지 않아서 불편하며, 옷이나 이불 등이 눅눅해져 불쾌한 느낌이 들기도 한다.

사람은 땀이 증발하면서 열을 빼앗는 것을 이용하여 체온을 낮추는데, 습도가 높아지면 땀이 잘 증발하지 않게 된다. 따라서 체온을 낮추기 힘들어지므로 같은 온도라도 더 덥게 느끼게 된다. 그리고 겨울철에는 난방을 하므로 낮은 습도가 이어지게 된다. 낮은 습도에서는 피부가 건조해지고 가려워지며, 입술이 트기도 한다. 따라서 쾌적한 생활 환경을 추구하는 인간에게 습도 측정과 조절의 필요성은 매우 중요하다.

2. 습도의 용어 및 정의

1) 공기

공기는 질소와 산소가 주성분이고, 수증기 및 미량의 원소가 포함되어 있으며 기타 오염 물질(연기, 분진, 배기가스 등)의 혼합 형태로 구성된다.

공기는 건조 공기와 습공기로 분류된다.

질소 78.084 %
산소 20.9476 %
아르곤 0.934 %
이산화탄소 0.0314 %
네온 0.001818 %
헬륨 0.000524 %
메탄 0.0002 %
이산화황 0.0001 % 이하
수소 0.00005 %
기타 원소 0.002 %

건조 공기
(28.9645 g/mol)

대기
(습공기)

수증기(물)
(18.01534 g/mol)

(0~100) % R.H.

(1) 건조 공기

건조 공기는 수증기와 오염 물질이 제거된 상태로서, 평균 분자량은 28.9645 g/mol이며, 기체 상수는 287.005 J/kg·K이다.

(2) 습공기

습공기는 건조 공기와 수증기의 혼합물로서, 공기 중 수증기량은 0(건조 공기)~100(포화 상태)으로 나타내며, 포화 상태란 액체 상태의 물로부터 공기가 더 이상 수분을 증발시키지 못하는 평행 상태를 말한다.

2) 습도

습도는 공기 또는 다른 기체에 존재하는 수증기를 말한다. 머리카락은 습도가 높아지면 약간씩 늘어나고 습도가 낮아지면 약간씩 줄어들며, 이러한 원리를 이용한 것이 모발 습도계이다. 또한, 곱슬머리는 습도가 높아지면 더욱 곱슬곱슬해지는 경향이 있다.

3) 상대 습도

상대 습도란 공기 중에 있는 수증기 양과 그때의 온도에서 공기 중에 최대로 포함할 수 있는 수증기의 양을 백분율로 나타낸 것이다. 즉, 수증기압과 포화 수증기압의 비를 말한다.

(1) 상대 습도의 계산

수증기압을 P_w, 포화 수증기압을 P_{ws}라고 하면, 상대 습도 U는 다음과 같이 나타낸다.

$$U = \left(\frac{P_w}{P_{ws}}\right) \times 100 (\% \text{ R.H.})$$

(2) 상대 습도의 표시

상대 습도가 60 %인 경우 상대 습도는 다음 중 하나로 표시한다.

- 상대 습도 60 %
- 습도 60 % R.H
- 60 % R.H.

예를 들어 상대 습도가 60 %라면 공기 중에 있을 수 있는 수증기의 양이 60 %란 의미이다. 기온이 높아질수록 포화 수증기압이 높아지므로 수증기 양이 고정된 상태에서 기온이 올라가면 상대 습도는 내려간다. 겨울에 실내가 건조해지는 것은 주로 이 때문이다.

4) 혼합비

혼합비(r)mixing ratio란 건조 공기 1 kg 내에 포함된 물의 질량이며, 물의 질량을 m_w, 건조 공기의 질량을 m_a라면, 혼합비 r은 다음과 같다.

$$r = \frac{m_w}{m_a} = \frac{M_w \cdot P_w}{M_a \cdot (P - P_w)} = 0.622 \times \frac{P_w}{P - P_w}$$

여기서 M_w: 물의 분자량(18.01534 g/mol), M_a: 공기의 분자량(28.9645 g/mol)
　　　P_w: 수증기압, P: 건조 공기압

5) 포화 증기압

포화 증기압이란 수증기가 더 이상 포함될 수 없는 상태를 말한다. 압력과 온도가 달라짐에 따라 포화 수증기압이 달라지며, 압력과 온도에 제한된다.

6) 노점 온도

노점 온도(T_d)dew point temperature란 이슬점의 온도라고도 하며, 응결이 시작되는 온도이다. 공기의 수분 함유 능력은 온도와 압력에 따라 달라지며, 동일 압력에서 온도가 높아지면 공기의 수분 함유 능력은 기하급수적으로 증가한다. 또한, 냉각 시에는 포화 수증기압에 도달한다.

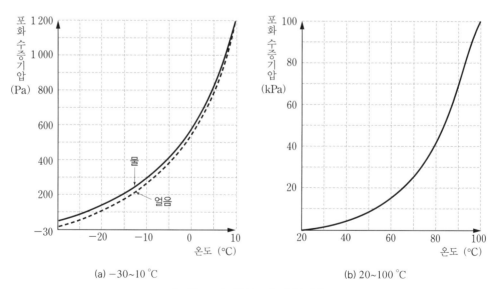

[그림 3.33] **물의 포화 수증기압**

7) 절대 습도

절대 습도(d)absolute humidity란 대기 중에 포함된 수증기의 양을 표시하는 방법으로, 공기 1 m³ 내에 포함된 수증기의 양을 그램(g) 질량으로 나타내며, 수증기의 밀도라고도 한다. 절대 습도는 비선형성을 가지고 있으므로 잘 사용되지 않는다.

$$절대 \ 습도(d) = \frac{수증기의 \ 질량(g)}{공기의 \ 체적(m^3)} = \frac{m_w}{V} (g/m^3)$$

8) 불쾌지수

불쾌지수(THI; temperature humidity index)란 온도와 습도가 사람의 감정에 미치는 정도를 나타내는 통계적 수치로서, 미국의 기후학자 톤이 고안하였으며, 1959년 미국 기상국이 처음 사용하였다. 실내에서 불쾌지수는 다음과 같은 식으로 구할 수 있다.

$$불쾌지수(THI) = 40.6 + 0.72 \times (\ 건구 \ 온도 \ T + 습구 \ 온도 \ T_w)$$

여기서, 건구 온도란 대기 온도이며, 습구 온도란 물에 젖은 헝겊에 싸인 온도계의 감지부로부터 측정되는 온도이다.

위 식에서 건공기 온도와 습공기 온도를 적용하여 계산한 값이 70~75이면 불쾌 시작 단계로서 절반이 불쾌감을 느끼고, 80~85일 때는 전원이 불쾌감을, 85 이상이면 참을 수 없는 불쾌감을 느끼게 된다. 또한, 고온 고습이면 불쾌지수가 증가하고, 햇빛이 강할수록 불쾌지수가 높아진다. 반면, 바람이 강할수록 불쾌지수가 낮아진다.

쾌적 상태란 온도, 습도 및 공기의 움직임과 청결 상태가 알맞게 조화를 이룬 상태를 말하며, 피부 표면이 33℃ 정도가 되면 정상 온도와 정상 습도 조건에서 가장 쾌적함을 느낀다는 실험 보고가 있다.

9) 날씨와 습도

우리나라의 습도는 전국적으로 연중 60~75 % 범위이며, 7월과 8월에 70~85 % 정도, 3월과 4월에 50~70 % 정도로 나타난다.

서울의 연평균 상대 습도는 64 %로, 월별로 보면 4월에 56 %로 습도가 가장 낮고, 7월에 78 %로 가장 높다. 여름철의 평균 상대 습도는 74 %로 매우 습하며, 봄과 겨울철의 상대 습도는 평균 59 %로 상대적으로 건조하다.

본 절에서는 습도의 표준 체계와 습도 센서의 종류에 대하여 기술한다. 습도의 표준 체계에는 1차 표준, 2차 표준, 산업용 습도계 및 정밀 습도 발생 장치가 있다.

1. 습도의 표준 체계

습도 표준은 습도 1차 표준과 습도 2차 표준으로 구분된다. 산업체에서 많이 사용되는 모발 습도계, 전기식 습도계 등의 산업용 습도계는 2차 습도 표준의 기준 습도계인 이슬점 온도계나 그 이상의 정확도를 갖는 습도계 또는 습도 발생 장치를 이용하여 교정하여야 한다.

[그림 3.34]와 같이 습도 1차 표준에 해당되는 습도계에는 중량식 습도계가 있으며, 습도 발생 장치로는 2온도식(2개의 온도식), 2압력식(2개의 압력식) 등이 있다.

[그림 3.34] **습도의 표준 체계**

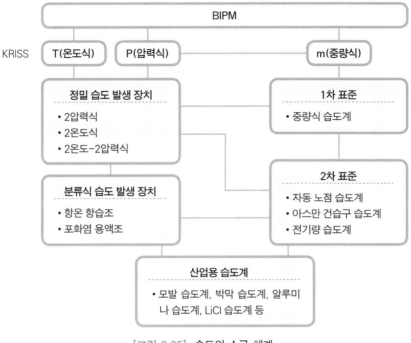

[그림 3.35] 습도의 소급 체계

(1) 1차 표준

중량식 온도계가 있으며, 0.1 %의 정도를 갖는다.

(2) 2차 표준

자동 노점 습도계, 아스만 건습구 온도계, 전기량 습도계가 있으며, 1 %의 정도를 갖는다.

(3) 산업용 습도계

모발 습도계, 전기식 습도계, 염화리튬 습도계가 있으며, 2~3 %의 정도를 갖는다.

(4) 정밀 습도 발생 장치

2압력식(2P), 2온도식(2T), 2온도 2압력식(2T 2P), 분류식으로 구성된다.

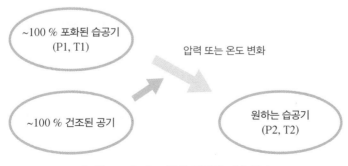

[그림 3.36] 습도 발생 장치의 기본 원리

(5) 2압력식(2P) 습도 발생 장치

발생 범위는 10~100 % R.H., > −5 ℃ D.P. 중고습이며, 정확도는 ±0.1 % R.H.이다.

(6) 2온도식(2T) 습도 발생 장치

발생 범위는 −100~−10 ℃ D.P. 저습이며, 정확도는 ~0.02 ℃ D.P.이다.

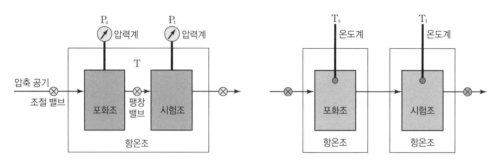

[그림 3.37] 2압력식(2P) 습도 발생 장치   [그림 3.38] 2온도식(2T) 습도 발생 장치

(7) 2온도 2압력식(2T 2P) 습도 발생 장치

2온도식과 2압력식의 복합형으로 구성되어 있다.

(8) 분류식 습도 발생 장치

구조가 간단하고 발생 습도의 급격한 변화가 가능하지만, 정확도가 떨어진다(0.5 % R.H.)

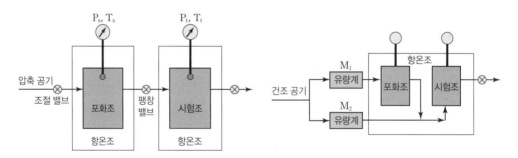

[그림 3.39] 2온도 2압력식(2T 2P) 습도 발생 장치   [그림 3.40] 분류식 습도 발생 장치

2. 습도 센서

습도 센서는 수정 진동자식 습도 센서, 고분자 습도 센서, 전해질 습도 센서, 금속 산화물 습도 센서 및 반도체 습도 센서 등이 있다.

1) 수정 진동자식 습도 센서

수정 진동자식 습도 센서의 원리와 용도는 다음과 같다.

(1) 원리

수정 진동자는 특정 주파수(공진 주파수)에서 전기적 임피던스가 낮아 발진 회로의 주파수가 정확히 유지된다. 보통 수정 진동자는 대기 중에서 수증기가 흡착되면 진동자의 외관 밀도가 증가하므로 공진 주파수가 변하게 된다. 수정 진동자는 이 원리를 이용하여 진동자에 흡착되는 수증기의 양이 대기 중의 습도 변화에 따라 크게 변화하도록 진동자 표면에 폴리아미드 수지 등으로 된 얇은 흡습 막(두께 $2 \mu m$)을 부착한 것이다.

이 센서는 측정 범위가 넓어 0~50 ℃에서 0~100 % R.H.의 습도 검출이 가능하며, 정밀도는 5 %로 높은 편이다. 그러나 먼지나 기름 등이 진동자에 부착하면 공진 주파수가 변하므로 필터 등을 부착해서 수증기만 흡착되도록 할 필요가 있다.

(2) 용도

수정 진동자는 고주파(10 MHz)를 사용하므로 일반적으로 널리 사용되지는 않으나, 의료용으로서 유아용 보육기 속의 습도 감지에 사용된다.

2) 고분자 습도 센서

고분자 습도 센서에는 용량 변화형과 저항 변화형이 있다.

(1) 용량 변화형

수지 필름의 양면에 각각 금 전극을 부착한 것으로서, 다공질 수지 필름의 전기 용량이 상대 습도에 의해서 변화하는 현상으로 습도를 측정한다.

(2) 저항 변화형

알루미나 등의 기판에 빗 모양으로 된 한 쌍의 전극을 설치하여 그 위에 도전성 고분자 막을 부착한 것이다. 이 고분자막의 재료는 일반적으로 에폭시 수지를 이용한다.

이 센서는 성능이 우수하여 정밀 습도 측정을 요하는 항습조의 점검에 사용된다.

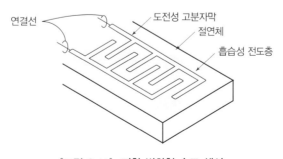

[그림 3.41] 저항 변화형 습도 센서

3) 전해질 습도 센서

폴리스틸렌의 원통에 2개의 파라듐 선을 평행으로 감아 전극으로 사용하고 여기에 폴리비닐 아세테이드와 염화리튬 수용액의 혼합물을 도포해서 건조한 것이다.

염화리튬 막에 수분이 흡습되면 리튬 이온이 막 주위에서 이동하기 쉬워 2개의 파라듐 선 사이의 전기 저항이 감소하므로 이 전기 저항을 측정하여 습도를 구하는 방식이다.

이 센서는 곡물의 건조도 측정, 종이의 수분 측정, 식물 잎의 표면에서 수증기 방사량 조사 및 수면에서 물의 증발 속도 측정에 사용된다.

4) 금속 산화물 습도 센서

금속 산화물 분말을 가압 성형하여 만들어지는 세라믹의 표면에 수증기가 흡착하여 흡착층을 형성하면 흡착층 내에서 H^+ 등의 이온이 흐를 때 저항 값을 변환해서 습도 변화를 측정하는 원리이다. 이 원리를 이용한 습도 센서가 가열 크리닝형 습도 센서이다.

5) 반도체 습도 센서

감습막에 수증기가 붙으면 전기 저항이 감소하는 현상을 이용하여 저항이 감소하는 시간을 측정하여 그때의 습도를 구하는 원리이다.

이 센서는 상대 습도를 시간으로 변환하는 기능이 있어 발진기를 구성하면 아날로그의 상대 습도를 디지털량인 주파수로 변환할 수 있다.

❸ 습도계

습도를 정확히 측정하려면 수증기를 함유한 공기를 건조제 속을 통과하도록 하여 수증기를 전부 흡수시킨 뒤에 증가된 건조제의 무게를 측정하면 되지만 측정이 복잡하므로 간단한 구조로 된 모발 습도계가 널리 사용되고 있다.

1. 모발 습도계

흡습성 물질의 수축이나 팽창을 이용하여 습도를 측정하는 방법을 역학적 습도계라고 하며, 특히 모발은 습도에 따라서 신축성이 좋으므로 오랫동안 사용되고 있다. 흡습성 재료로는 보통 말총(말꼬리)을 사용하여 습도에 의한 길이 변화를 나타낸다.

1) 원리

사용되는 모발은 탈지(에틸에테르, 벤젠, 묽은 칼륨, 탄산나트륨 등을 사용)를 한 후 감습 특성을 향상시키기 위하여 압연 처리하고, 화학 처리하여 사용한다. 사람의 모발은 상대 습도가 0 % R.H.에서 100 % R.H.로 변할 때, 약 2.5 %의 길이가 늘어난다.

모발은 15~16세 프랑스 소녀의 금발 머리가 가장 좋다. 모발의 신축과 상대 습도와의 관계는 1845년 경 르뇨Regnault의 실험을 통하여 밝혀졌으며, 상대 습도가 100 %일 때 늘어난 길이를 100으로 할 경우 상관관계는 〈표 3.9〉와 같다.

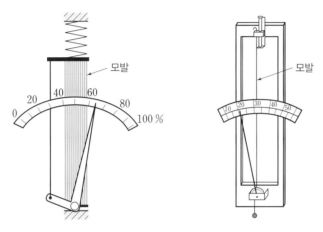

[그림 3.42] 모발 습도계

〈표 3.9〉 상대 습도와 모발의 팽창

(단위: %)

상대 습도	모발		
	No.44	No.5	No.68
0.0 (%)	0.0	0.0	0.0
2.1	2.4	2.6	4.6
9.2	14.2	14.5	19.3
13.3	25.3	27.1	30.6
18.9	35.6	36.3	40.0
31.8	51.2	52.0	56.0
35.6	58.6	59.9	61.3
43.7	65.4	66.7	68.0
47.8	71.3	72.1	72.3
54.1	76.8	77.6	78.0
61.9	83.7	83.9	83.2
67.1	87.3	87.7	86.7
77.8	93.4	93.2	91.3
100.0	100.0	100.0	100.0

[그림 3.43]은 〈표 3.9〉에서 실험에 사용한 모발 No.68에 대한 측정 결과를 나타내고 있다.

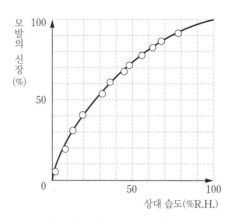

[그림 3.43] 상대 습도와 모발의 팽창

2) 특성

모발의 흡습 특성은 다음과 같다.

- 상대 습도가 0 %일 때, 모발의 길이는 상대 습도에 따라 일정한 길이를 가진다.
- 상대 습도가 0 %에서 100 %로 변할 때, 모발은 약 2.5 % 길이가 신장한다.
- 20 % R.H. 이하일 경우에는 정확성이 떨어진다.
- 흡습에 따른 신축 특성을 온도에 의존한다.

3) 정확도에 미치는 영향

- 모발의 습도 히스테리시스 현상
- 장력의 온도 의존도
- 상온에서의 불확도는 ±3~7 % R.H.
  (상온 상습: 성능 우수 / 0 ℃ 이하, 20 % R.H.: 지시 값을 믿을 수 없으며 모발 손상)
- 지시 값은 0 ℃ 이상에서는 1 ℃ 온도 상승에 따라 상대 습도의 지시는 0.4 % 감소
- 상온 상습 풍속이 1~5 m/s의 경우
  흡습 과정일 때는 약 30초, 탈습 과정일 때는 약 60초 모발 습도계의 오동작 발생
- 모발 1본당 25 g 중 이상의 장력을 받을 때
- 상대 습도가 10 % 이하인 곳에서 수일간 방치될 때
- 모발의 압연 처리가 안 되어 습도 히스테리시스가 클 때
- 상대 습도 100 % 근처에서 오래 방치할 때
- 암모니아, 유화물 수용액 등의 화학 물질에 오염되었을 때
- 외부로부터 기계적 충격을 크게 받았을 때

4) 자기 온습도 기록계

- 모발을 감습 센서로 하여 습도를 자동 측정 기록할 수 있는 장치
- 보통은 바이메탈을 이용하여 온도도 동시에 기록
- 측정 범위: $-15 \sim 50\,°C$, $20 \sim 100\,\%$ R.H.
- 측정 오차: $\pm 3 \sim 5\,\%$ R.H.

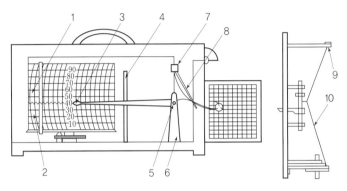

1. 기록원통
2. 기록지
3. 펜
4. 펜 분리기
5. 축
6. 지지대
7. 추
8. 확대 기구
9. 장력 조절 나사
10. 모발

[그림 3.44] **자기 습도 기록계의 구조**

2. 건습구 습도계

건습구 습도계psychrometer는 1750년 경 리치만이 물이 증발할 때 주위로부터 증발열의 흡수에 의해 주위 온도가 내려간다는 것을 발견한 이래로 1825년에 어거스트가 발명하였다. 이후 1886년에 줄리어스 아스만에 의해 표준형 건습구 습도계가 설계·제작되었다.

1) 원리

건습구 습도계는 증발을 통한 습도 측정을 위하여 두 개의 온도계를 이용한다. 하나의 온도계에는 수은구 주변에 얇고 젖은 천으로 만든 심지를 설치한다. 이때, 습구 온도계의 온도는 증발에 의한 냉각이 일어나 건구 온도계의 온도보다 더 떨어지게 되며, 두 온도계의 온도 차를 이용하여 습도를 측정한다. 즉, 두 온도계의 온도를 동시에 측정하고 이때 얻어진 측정치로부터 습도 환산표를 이용하여 대기의 상대 습도와 이슬점 온도를 구한다. 일반적으로 대기 중의 습도가 증가하면 건구 온도계와 습구 온도계의 온도 차(건습구 온도 차)는 감소한다.

물의 증발은 주위의 상대 습도 변화에 따라 달라지고, 상대 습도가 100%일 때는 물이 증발하지 않는다. 물이 증발할 때 외부에서 열의 공급이 없으면 증발 수면 근처의 물, 공기, 수증기 등으로부터 증발열을 흡수하여 주위의 온도가 내려간다.

습구 온도는 물의 증발에 필요한 열량과 주위 환경으로부터 공급되는 열량이 같은 정상 상태에서 온도를 보고 습구 온도를 구한다. 공기 중의 수증기 분압을 P_w라고 하면,

$$P_w = P_{ws} - A(T - T_w)$$

여기서 P_w: 공기 중 수증기의 분압, A: 실험 상수, T: 건구 온도, T_w: 습구 온도이다.

실험 상수 A는 주위의 온도, 압력 및 습구 온도계의 크기에 따라 변하며, 확산층의 두께는 풍속에 의해 많은 영향을 받게 된다. 실험적으로 풍속이 3 m/s 이상이면 A는 풍속에 영향을 거의 받지 않는 것으로 알려져 있다.

2) 아스만 건습구 습도계

아스만 건습구 습도계는 측정 오차에 대한 풍속의 영향을 최소화하기 위해 강제 통풍 장치를 이용하여 특별히 설계된 습도계이다. 기상 계측 및 표준형 건습구 습도계로 널리 사용되며 특징은 다음과 같다.

- ±1 % R.H. 이내의 정확도로 측정 가능
- 통풍 모터를 적어도 12분 이상 돌려 건구 온도계와 습구 온도계의 구부 주변에 2.4 m/s 이상의 풍속을 유지
- 측정 전 측정 환경에 충분히 방치하여 같은 온도가 되도록 해야 함.
- 기기 동작 후 수분(8~10분) 이상 경과 후 습구 온도가 최솟값에 지시되었을 때 온도 눈금을 읽음.

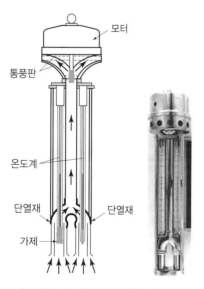

[그림 3.45] 아스만 건습구 습도계

[그림 3.46] 간이 건습구 습도계

3) 간이 건습구 습도계

건구 온도계와 습구 온도계가 나란히 배치되어 별도의 통풍 장치 없이 자연 상태에 노출된 구조로 되어 있다. 풍속의 영향을 줄이기 위한 구조의 슬라이딩 건습구 온도계도 있으며, 특징은 다음과 같다.

• 사용 온도: −10~60 ℃
• 습도 범위: 10~100 % R.H.
• 풍속이 1 m/s 또는 그 이하에서 사용
• 풍속에 따른 습도 계수의 변화 및 건구와 습구 사이의 열전달에 의해 ±5 % R.H. 이상의 낮은 정확도를 가짐.

4) 건습판 습도계

건습판 습도계는 건구와 습구의 온도 차를 열전대로 측정하여 상대 습도를 지시한 습도계로서, 온도 차를 직접 측정하는 방식이므로 오차가 적은 것이 특징이다. 형식에 따라 열전대식 건습판 습도계와 저항식 건습판 습도계로 구분되며, 특징은 다음과 같다.

• 직접적인 온도 차 측정을 통한 오차의 감소
• 통풍 건습구 습도계에 비하여 풍속이 작아도 정확한 측정이 가능
• 풍속의 영향을 적게 받음
• 장시간 연속 측정이 가능
• 측정 조작이 간단

(1) 열전대식 건습판 습도계

건습부 양측의 온도 차를 직렬 박막형 열전대를 사용하여 측정하는 구조로서, 상대 습도를 환산하기 위한 건조부의 온도는 서미스터로 측정된다.

습부는 반사가 되는 보호관 내에 장치되어 있어 흡입 모터를 이용하여 건조부에서 공기를 흡입하여 습부를 지나 배기된다.

(2) 저항식 건습판 습도계

두 개의 박막형 백금 측온 저항체를 이용하여 온도 차를 측정할 수 있는 구조이다. 두 측온 센서의 온도가 다를 때에는 [그림 3.48]과 같이 브리지 회로의 전류를 감지하여 온도 차를 알 수 있다.

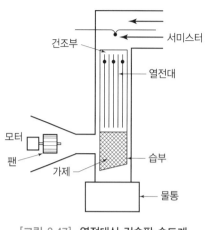

[그림 3.47] 열전대식 건습판 습도계

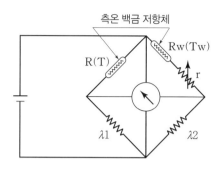

[그림 3.48] 온도 차 측정 회로

노점과 온도가 선택된 경우 해당 상대 습도의 값들

온도 (°C)	0	5	10	15	20	25	30	35	40	50	60	70	80	90	100
노점 (°C)	상대 습도(%)														
0	100.0	70.1	49.8	35.8	26.1	19.3	14.4	10.9	8.3	4.9	3.1	2.0	1.3	⟨1	⟨1
5	−	100.0	71.1	51.1	37.3	27.5	20.5	15.5	11.8	7.1	4.4	2.8	1.8	1.2	⟨1
10	−	−	100.0	72.0	52.5	38.7	28.9	21.8	16.6	9.9	6.2	3.9	2.6	1.7	1.2
15	−	−	−	100.0	72.9	53.9	40.2	30.3	23.1	13.8	8.6	5.5	3.6	2.4	1.7
20	−	−	−	−	100.0	73.8	55.1	41.6	31.7	18.9	11.7	7.5	4.9	3.3	2.3
25	−	−	−	−	−	100.0	74.6	56.3	42.9	25.7	15.9	10.2	6.7	4.5	3.1
30	−	−	−	−	−	−	100.0	75.4	57.5	34.3	21.3	13.7	9.0	6.1	4.2
35	−	−	−	−	−	−	−	100.0	76.2	45.6	28.2	18.0	11.9	8.0	5.6
40	−	−	−	−	−	−	−	−	100.0	59.8	37.0	23.7	15.6	10.5	7.3
50	−	−	−	−	−	−	−	−	−	100.0	61.9	39.6	26.1	17.6	12.2
60	−	−	−	−	−	−	−	−	−	−	100.0	63.9	42.1	28.4	19.7
70	−	−	−	−	−	−	−	−	−	−	−	100.0	65.8	44.5	30.8
80	−	−	−	−	−	−	−	−	−	−	−	−	100.0	67.6	46.8
90	−	−	−	−	−	−	−	−	−	−	−	−	−	100.0	69.2

습도 측정에서 대표적으로 사용되는 장비들의 성능 개요

센서 유형	절대 습도 (A) 또는 상대 습도 (R)	대략적인 범위 [확장된 범위는 괄호로 표시]		전형적 단위	오염 허용치[2] (괄호는 청소 후)	측정 환경에 측정기 삽입 정도 (측정기 설치)	최적 습도 불확도 가이드[3](±)
		습도	온도[1]				
기계적	R	(20~80) % R.H.	상온	% R.H.	* * *	전체	(5~15) % R.H.
건습구	R	(5~100) % R.H.	(0~100) ℃ 위 범위 밖에서도 사용 가능	% R.H. 온도 측정을 수동 계산해야 할 때도 있음.	* (* *)	전체(또는 샘플 기체 이송)	(2~5) % R.H.
저항형	R	(5~95) % R.H. [~99 % R.H.까지]	(−30~+60) ℃ [−50~200] ℃	% R.H.	* *	프로브 (또는 전체)	(2~3) % R.H.
정전 용량형	R	(5~100) % R.H. [~0 % R.H.까지]	(−30~+60) ℃ [−40~200] ℃	% R.H.	* *	프로브 (또는 전체)	(2~3) % R.H.
노점 저항형	A	노점 (−18~+60) ℃	대부분 포화만 되지 않으면 +60 ℃까지 사용 가능함.	노점 증기압	* *	프로브	(2~5) ℃
응축형	A	노점 (−18~+100) ℃	(−85~+100) ℃ 주요 기기 부분은 상온	노점	* (* *)	샘플 기체 이송 (또는 프로브)	(0.2~1.0) ℃
리튬클로라이드 (염화리튬)	A	노점(−45~+60) ℃ 기체는 +11 % R.H. 이상이고, 포화되지 않아야 함.	(−20~+60) ℃ 때로는 −40~ +100 ℃까지 사용하기도 함.	노점	*	프로브	(2~4) ℃
전해질 (P_2O_5)	A	(1~1000)ppm$_v$	상온	ppm$_v$ 또는 증기압	*	샘플 기체 이송	측정값의 (3~10) %

진동, 소음 및
조도 측정

진동 측정

4.1 1 개요

본 절에서는 진동의 개요와 진동의 기본적 물리량을 소개하고, 진동 측정 파라미터 및 고유 진동과 강제 진동에 대하여 기본적인 이론을 기술한다.

1. 진동의 기초

진동은 유용한 경우도 있지만 대부분 기계 자체의 수명과 건축 구조물 수명에 나쁜 영향을 준다. 진동의 정의와 자연계에서 발생되는 일반적인 진동의 분류는 다음과 같다.

1) 진동의 정의

물체가 일정한 시간 간격을 두고 계속 반복되는 떨림 현상을 진동vibration 또는 oscillation이라고 하며, 진자의 흔들림과 인장력을 받고 있는 현의 운동 등이 진동의 전형적인 예이다.

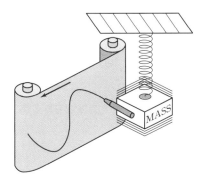

[그림 4.1] 질량의 진동 운동 모양

공해 진동의 진동수 범위는 1~90 Hz이며, 진동 레벨은 60 dB~80 dB까지가 많다. 사람이 느끼는 최소 진동 가속도 레벨은 55±5 dB 정도이다. 진동은 대개 물리계에서 나타나지만 생물이나 사회 현상에도 나타나며, 소리를 들을 수 있는 것도 공기가 진동하기 때문이다. 또한, 진동은 계에 작용한 내부 또는 외부의 가진 또는 힘에 대한 계의 응답이며, 측정될 수 있는 3가지 중요한 매개 변수 즉 진폭, 주파수 및 위상각을 가진다.

2) 진동의 분류

실제 자연계에서 발생되는 대부분의 진동은 불규칙하고 비선형적이며 감쇠 진동이다. 그러나 기초적인 문제 해결을 위해서는 진동 발생이 규칙적이고 선형적이며 비감쇠 진동이라고 가정하여 계산한다.

(1) 자유 진동과 강제 진동

• 자유 진동: 어떤 물체에 초기 힘을 가한 후 자체적으로 진동하도록 놔두었을 때 계속해서 일어나는 진동을 자유 진동free vibration이라고 하며, 이때의 진동수를 고유 진동수라고 한다. 단진자의 진동이 자유 진동의 한 예이다.

• 강제 진동: 임의의 동력계에 외부로부터 반복적인 힘에 의하여 발생하는 진동을 강제 진동forced vibration이라고 하며, 모터의 회전으로 발생되는 진동이 대표적인 예이다.

(2) 규칙 진동과 불규칙 진동

진동계에 작용하는 가진 값이 시간이 지남에 따라 진폭이 규칙적으로 발생할 때의 진동을 규칙 진동deterministic vibration이라고 한다. 규칙 진동은 회전부에 생기는 불평형, 커플링부의 중심 어긋남 등이 원인으로 발생하는 진동이다.

불규칙 진동random vibration은 시간이 지남에 따라 진폭이 불규칙적으로 발생하는 진동을 말하며, 기어나 베어링의 마모 등으로 발생하는 진동이다.

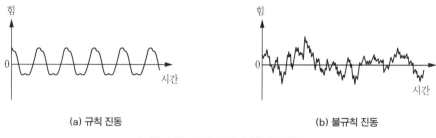

(a) 규칙 진동   (b) 불규칙 진동

[그림 4.2] 규칙 진동과 불규칙 진동

(3) 선형 진동과 비선형 진동

진동하는 계의 모든 기본 요소(스프링, 질량, 감쇠기)가 선형 특성일 때 생기는 진동을 선형 진동linear vibration이라고 하고, 기본 요소 중 어느 하나가 비선형적일 때의 진동을 비선형 진동nonlinear vibration이라고 한다. 선형과 비선형 진동계를 지배하는 미분 방정식은 각각 선형과 비선형이다. 진동의 진폭이 증가함에 따라 모든 진동계가 비선형적으로 운동하기 때문에 어느 정도 비선형 진동에 대한 지식을 갖추어야 한다.

(4) 비감쇠 진동과 감쇠 진동

진동하는 동안 마찰이나 다른 저항으로 에너지가 손실되지 않는다면 그 진동을 비감쇠 진동undamped vibration이라고 하고, 에너지가 손실되면 그 진동을 감쇠 진동damped vibration이라고 한다.

2. 진동의 기본량

진동 현상을 표현할 때 일반적으로 진동 진폭, 주파수, 위상 등의 물리량을 사용한다.

1) 진동 진폭

진동 진폭을 나타내는 파라미터는 진동 변위, 진동 속도, 진동 가속도가 있으며, 진동 진폭의 크기는 양진폭peak to peak, 편진폭peak, 실효값(RMS; root mean square) 및 평균값AVE 등으로 나타낸다.

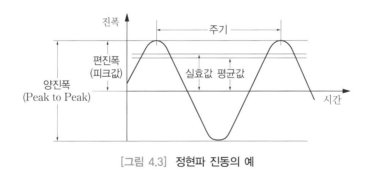

[그림 4.3] 정현파 진동의 예

- 양진폭: 정(+) 측의 최댓값에서 부(−) 측의 최댓값까지의 값인 $2A_p$(편진폭 A_p의 2배)이다.
- 편진폭: 진동량의 절댓값 A_p이다.
- 실효값: 진동의 에너지를 표현할 때 적합한 값으로, 정현파의 경우 $2A_p\sqrt{2}$ 배이다.
- 평균값: 진동량의 평균값으로 정현파의 경우 $2A_p\sqrt{\pi}$ 배이다.

(1) 진동 변위

기준 축에 대하여 어떤 질점의 변화량을 의미하며, 진동 변위는 양진폭의 최댓값으로 $D(\mu m, mm)$로 나타낸다.

(2) 진동 속도

시간 변화에 대한 진동 변위의 변화율을 나타내며, 진동 속도는 단위 초당 변위량으로 $V(mm/s, cm/s)$로 나타낸다.

(3) 진동 가속도

시간의 변화에 대한 진동 속도의 변화율을 나타내며, 진동 가속도의 단위는 $a(mm/s^2)$로 나타낸다.

〈표 4.1〉 진동 측정량의 ISO 단위

진동 진폭	ISO 단위	설명
변위	m, mm, μm	회전체의 운동(10 Hz 이하의 저주파 진동)
속도	m/s, mm/s	피로와 관련된 운동(10~1 000 Hz의 중간 주파수)
가속도	m/s^2	가진력과 관련된 운동(고주파 진동 측정이 용이)

2) 진동 주파수

진동 주파수란 1초당 사이클 수를 말하며 그 표시 기호는 f, 단위는 Hz이다. 또한, 진동의 완전한 1사이클 동안의 시간을 진동 주기(T)라고 한다.

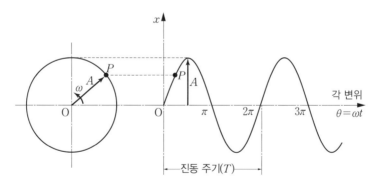

[그림 4.4] **원운동의 표현**

진동 주기 $\quad T = \dfrac{2\pi}{\omega}\,(\text{s/cycle})$

$[T:\ \text{진동 주기(s/cycle)},\ \ \omega:\ \text{각 진동수(rad/s)}]$

$$진동 \ 주파수 \ f = \frac{1}{T} = \frac{\omega}{2\pi} (\text{cycle/s 또는 Hz})$$

축의 분당 회전수 $N(\text{rpm})$은 다음과 같이 주파수로 표현할 수 있다.

$$f = \frac{N}{60} (\text{Hz})$$

예를 들어, $N = 1\,800\,\text{rpm}$으로 회전하는 모터에서 발생하는 회전 주파수는

$$f = \frac{N}{60} = \frac{1\,800}{60} = 30 (\text{Hz}) 가 \ 된다.$$

3) 진동 위상

진동 위상이란 다른 진동체 상의 고정된 기준점에 대하여 어느 진동체의 상대적 이동이다. 즉, 순간적인 위치 및 시간 지연이다. [그림 4.5]에서 질량 A와 B는 $180\degree$ 위상차로 진동하는 두 개의 질량이며, 질량 X와 Y는 $90\degree$ 위상차로 진동하는 두 개의 질량이다.

또한, 질량 C와 D는 $0\degree$ 위상으로 동일한 진동을 하는 두 개의 질량을 나타내고 있다. 예를 들어, 양쪽 베어링 사이의 두 축 정렬이 불량한 경우 위상차가 크게 나타나고, 볼트의 풀림이나 기초가 불량할 때도 위상차가 나타난다.

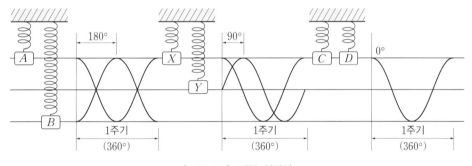

[그림 4.5] **진동 위상차**

3. 진동 측정 파라미터

기계 진동의 크기를 나타낼 경우 진동 진폭의 평가에는 진동 변위, 진동 속도 및 진동 가속도를 진동 측정 파라미터로 사용하도록 ISO에서 권장하고 있다.

1) 진동 변위

진동 변위는 기계의 구조물이나 회전체의 운동과 응력에 관계되며, 기준 축에 대하여 어떤 질점의 변화량을 의미한다. 일반적인 기계 운동이 +피크값과 −피크값이 다른 비조화 진동이기 때문에 변위는 양진폭의 최댓값으로 표시된다.

진동 변위의 편진폭을 A로 표시할 때, 표기 기호는 D(로 표시하며, 단위는 μm나 mm 등이 널리 사용된다.

2) 진동 속도

진동 속도는 시간의 변화에 대한 진동 변위의 변화율을 나타내며, 속도로 측정되는 진동 진폭은 시간 함수이므로 기계 시스템의 피로 및 노후화와 관련이 크다. 진동 속도는 단위 초당 변위량으로 V(mm/s, cm/s)로 표시하며, 가속 도형의 진동 신호를 적분함으로써 얻을 수 있다.

진동 속도와 진동 가속도라는 개념은 감각적으로 파악하기 어려운 면이 있지만, 이것은 진동이 베어링 등을 통하여 전달하는 빠르기이므로 이 속도가 빠르면 빠른 만큼 열화가 진행되고 있음을 의미한다. 일반적으로 측정 가능한 진동 주파수는 10~1 000 Hz 범위이다.

3) 진동 가속도

진동 가속도는 시간의 변화에 대한 진동 속도의 변화율을 나타내며, 진동 변위나 진동 가속도에 비하여 높은 진동 주파수 측정에 널리 사용된다. 진동 가속도의 단위는 a(mm/s^2)로 표시하며 가진력과 관계된 기어나 베어링 등 회전 기계의 정밀 진단에 널리 사용된다. 일반적으로 회전 기계의 진동 측정에서 낮은 주파수 특성을 가진 트러블은 변위, 중간 주파수는 속도, 높은 주파수 특성을 지닌 트러블은 가속도를 측정한다.

4) 변위, 속도, 가속도 관계

변위, 속도, 가속도는 진동 측정량의 ISO 단위로, 속도와 가속도는 각각 변위, 속도를 시간에 대한 미분 관계에 있다.

(1) 개요

가장 간단한 진동 형태의 조화 운동을 하는 정현파 주기 진동에서 시간 t에 대한 변위 $x(t)$는 다음과 같이 표시된다.

$$x(t) = A \sin \omega t$$

여기서 A는 변위 편진폭을 나타내며, $\omega = 2\pi f$로 각진동수이다. 이 진동의 진동 속도와 진동 가속도는 각각 위 방정식의 1차와 2차 도함수에 의하여 구할 수 있다.

$$V(t) = \frac{dx}{dt} = \omega A \cos \omega t, \quad a(t) = \frac{d^2 x}{dt^2} = -\omega^2 A \sin \omega t$$

위 식에서 진동 진폭의 최대 변위, 최대 속도 및 최대 가속도를 각각 D, V, a라고 하면, 다음과 같이 정리된다.

- 최대 변위 양진폭 $D = 2A$
- 최대 속도 편진폭 $V = \omega A = (2\pi f)A$
- 최대 가속도 편진폭 $a = \omega^2 A = (2\pi f)^2 A$

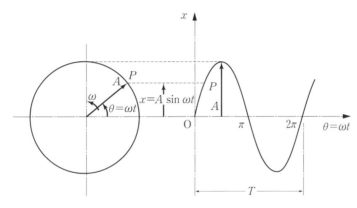

[그림 4.6] 조화 운동

이와 같이 D, V, a를 통상은 변위, 속도, 가속도로 표현한다. 변위, 속도, 가속도를 각각 μm, mm/s, $g(= 9\,800\text{mm/s}^2)$로 하면, 다음과 같이 표현된다.

$$D = 2A(\mu\text{m})$$

$$V = 2\pi f D \times 10^{-3}(\text{mm/s})$$

$$a = \omega^2 A = (2\pi f)^2 A = \frac{(2\pi f) \cdot V}{9\,800}(g)$$

여기서 $\omega = 2\pi f$는 주어진 각속도이며, t는 시간이다. 위 식에서 보면 변위는 주파수와 관계가 없고 속도는 A가 일정하므로 주파수와 비례하며 가속도에서는 주파수의 제곱에 비례한다.

(2) 진동 측정량의 ISO 단위

〈표 4.2〉는 ISO에 의한 진동 측정량의 단위를 나타내며, 〈표 4.3〉은 변위, 속도, 가속도의 관계를 비교한 것이다.

〈표 4.2〉 진동 측정량의 ISO 단위

진동 진폭	ISO 단위	설명
변위	m, mm, μm	회전체의 운동(10 Hz 이하의 저주파 진동)
속도	m/s, mm/s	피로와 관련된 운동(10~1 000 Hz의 중간 주파수)
가속도	m/s^2	가진력과 관련된 운동(고주파 진동 측정이 용이)

〈표 4.3〉 변위, 속도, 가속도의 관계

	변위(μm)	속도(mm/s)	가속도(g)
변위(μm)	D	$\begin{aligned} V &= 2\pi f D \times 10^{-3} \\ &= 6.28 f D \times 10^{-3} \end{aligned}$	$\begin{aligned} A &= \frac{(2\pi f)^2 D}{9.81} \times 10^{-6} \\ &= 4.30 f^2 D \times 10^{-6} \end{aligned}$
속도(mm/s)	$\begin{aligned} D &= \frac{V}{2\pi f} \times 10^3 \\ &= \frac{1.59}{f} \times 10^2 \end{aligned}$	V	$\begin{aligned} A &= \frac{2\pi f V}{9\,810} \\ &= 6.41 f V \times 10^{-4} \end{aligned}$
가속도(g)	$\begin{aligned} D &= \frac{A}{(2\pi f)^2} \times 10^6 \\ &= \frac{2.48}{f^2} A \times 10^5 \end{aligned}$	$\begin{aligned} V &= \frac{9\,810}{2\pi f} A \\ &= \frac{1\,560}{f} A \end{aligned}$	A

(3) 진동 측정량의 dB 단위

진동 측정량을 ISO 단위가 아닌 dB 단위로 표현하면, 진동 측정값을 대수로 표현하는 데 유용하게 사용할 수 있다.

• 진동 변위 D의 dB 단위

$$L_D = 20 \log_{10} \left(\frac{D}{D_o} \right) (\text{dB})$$

여기서 측정된 진동 변위: D (μm)
　　　기준 진동 변위: $D_o = 10$ (pm) $= 10^{-5}$ (μm)

• 진동 속도 V의 dB 단위

$$L_V = 20 \log_{10} \left(\frac{V}{V_o} \right) (\text{dB})$$

여기서 측정된 진동 속도: $V(\mu m)$

기준 진동 속도: $V_o = 10 \, (\text{nm}) = 10^{-2} \, (\mu m)$

- 진동 가속도 A의 dB 단위

$$L_A = 20 \log_{10} \left(\frac{A}{A_o} \right) (\text{dB})$$

여기서 측정된 진동 가속도: $A \, (\mu m)$

기준 진동 가속도: $A_o = 10 \, (\mu m)$

변위, 속도 및 가속도의 계산 예

진동 주파수 $f = 100 \, \text{Hz}$에서 진동 가속도 $a = 0.1 \, g$일 때$(1 \, g = 9.8 \, \text{m/s}^2)$, 진동 속도와 진동 변위(편진폭)를 계산하시오.

풀이

$D = A$(변위를 편진폭으로 계산할 경우), $V = \omega A = (2\pi f)A$　$a = \omega^2 A = (2\pi f)^2 A$에서
$f = 100 \, \text{Hz}, \; a = 0.1g = 0.98 \, \text{m/s}^2$이므로,

속도 $V = \omega A = a/\omega = a/(2\pi f) = \dfrac{0.98}{2 \times \pi \times 100} = 1.56 \times 10^{-3} (\text{m/s}) = 1.56 \, (\text{mm/s})$

변위 $D = A = a/\omega^2 = a/(2\pi f)^2 = \dfrac{0.98}{(2 \times \pi \times 100)^2} = 2.48 \times 10^{-6} (\text{m}) = 2.48 \, (\mu m)$

4. 고유 진동과 강제 진동

모든 물질이 각각 고유 진동수를 가지고 있어 외력을 가하지 않더라도 일정한 주기로 진동하는 것을 고유 진동proper vibration이라고 하며, 진동계에 모터의 회전과 같이 외력이 가해질 때 발생하는 진동을 강제 진동forced vibration이라고 한다.

1) 고유 진동

고유 진동이란 기준 진동이라고도 하며, 신동체의 기준이 되는 진동이다. 진동체에 몇 가지 물리량이 주어졌을 때 그 진동체가 갖는 특정한 값을 가진 진동수와 파장에 대한 진동만이 허용된다. 이 진동을 고유 진동이라고 하며, 이때의 진동수를 고유 진동수라고 한다. 하나의 물체에 대한 고유 진동은 1개만이 아니고 무수히 있으며, 그중 진동수가 가장 작은 진동을 기본 진동이라고 한다.

2) 강제 진동

강제 진동이란 임의의 진동계에 외부로부터 주기적인 힘이 가해져 발생하는 진동 현상으로, 모터의 회전 진동이 이에 속한다. 외력이 가해지기 때문에 자유 진동과는 다른 진동 특성이 나타나게 된다.

진동계에 주기적 외력이 연속적으로 가해지면, 처음에는 자유 진동과 강제 진동이 합쳐진 진동이 일어나지만 시간이 흐름에 따라 자유 진동은 저항 마찰 등의 제동으로 진폭이 점차 감소하고, 일정한 시간이 지난 후에는 작용한 진동수의 강제 진동만 남게 된다.

3) 공진

고유 진동수는 각 물체가 가지는 고유한 진동 특성을 말하는 것으로, 만일 진동계가 고유 진동수와 동일한 진동수를 가진 외력을 주기적으로 받으면 그 진폭이 크게 증가하게 된다. 이렇게 물체가 갖는 고유 진동수와 외력의 진동수가 일치하게 되어 진폭이 증가하는 현상을 공진resonance 현상이라고 하며, 대표적인 예로 미국의 타코마Tacoma 현수교(1940년 7월 1일 개통되어 1940년 11월 7일 붕괴됨)의 붕괴를 들 수 있다.

기계를 설계할 때는 공진을 고려한 설계가 중요하다. 시스템에 공진이 발생하면 큰 진동 진폭으로 인하여 시스템이 불안해지지만, 초음파 세척기, 악기 등 공진을 이용하는 경우도 많이 있다.

4) 위험 속도

축의 굽힘이나 비틀림으로 인하여 변형이 발생하면 이것을 회복시키려는 에너지가 생기게 된다. 이때 발생된 운동 에너지는 축의 회전과 더불어 축선을 중심으로 하여 변동한다. 이와 같이 축에 작용하는 굽힘 모멘트나 토크의 변동 주기가 축의 고유 진동수와 일치되었을 때의 속도를 위험 속도 또는 임계 속도critical speed라고 한다. 이 상태에서는 공진이 발생하여 진동이 심하게 나타나서 축의 파괴를 초래한다.

5. 1자유도계의 진동

1자유도계는 하나의 질점이 한쪽 방향으로만 운동하는 가장 간단한 시스템을 의미하며, [그림 4.7]과 같이 탄성 요소(스프링)에 연결된 질량으로 구성된다. 이 1자유도계에는 질량에 가해지는 외력이 없으므로 초기 기진으로 발생되는 진동은 자유 진동이 된다.

따라서 질량이 진공 상태에서 운동할 때 운동의 진폭이 일정한 비감쇠계가 된다. 만약 공기 저항이라도 있으면 진동 진폭이 시간이 지남에 따라 감소하므로 감쇠 진동을 하게 된다.

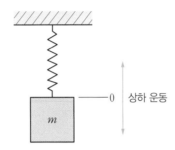

[그림 4.7] **1 자유도 스프링-질량계**

1) 비감쇠 자유 진동

[그림 4.7]과 같이 1자유도의 스프링-질량계에서 스프링 자체의 질량을 무시하면, 물체의 질량을 m, 스프링 상수를 k라고 할 때 x 방향으로 질량에 가해지는 힘은 스프링 힘뿐이므로 x 방향의 힘 총합은 뉴턴의 운동 법칙에 따라 질량에 가속도를 곱한 값과 같다.

따라서 스프링-질량계에 대하여 점성력이 존재하지 않는 비감쇠 진동인 경우 다음과 같은 운동 방정식을 얻을 수 있다.

$$m\ddot{x} = -kx$$

위 식에서 $\ddot{x}$는 변위 x를 2차 미분한 가속도에 해당되며, 다음과 같이 표현된다.

$$m\frac{d^2x}{dt^2} + kx = 0$$

여기서 x는 평형 위치로부터의 진동자의 변위이고, k는 스프링 상수로 시스템의 강성을 나타낸다.

$$x = A\sin(\omega_n t + \phi)$$
$$\upsilon = \frac{dx}{dt} = \dot{x}(t) = \omega_n A\cos(\omega_n t + \phi)$$

$$a = \frac{d^2 t}{dt^2} = \ddot{x}(t) = -{\omega_n}^2 A \sin(\omega_n t + \phi)$$

위 식에서 A를 진폭, ϕ를 초기 위상, ω_n을 고유 각진동수라고 한다.

위 식에서 진동 변위, 속도 및 가속도의 최댓값을 취하면,

$$x = A, \quad \upsilon = \omega_n A, \quad a = -\omega_n^2 A \text{가 되므로,}$$

$$m\frac{d^2 x}{dt^2} + kx = 0 \text{에 대입하면 } -m\omega_n^2 A + kA = 0$$

따라서 고유 각진동수는 다음과 같이 정리된다.

$$\omega_n = \sqrt{\frac{k}{m}}, \text{ 고유 진동 주파수 } f_n = \frac{\omega_n}{2_\pi} \text{이므로, } f_n = \frac{\omega_n}{2\pi} = \frac{1}{2\pi}\sqrt{\frac{k}{m}}$$

2) 비감쇠 강제 진동

질량이 m인 어떤 물체에 주기적으로 변하는 외력(가진력)이 작용하면 처음에는 자유 진동과 함께 외력의 진동수를 갖는 강제 진동을 하게 된다. 비감쇠 강제 진동이란 감쇠비 $\zeta = 0$이므로, 감쇠 계수 $C = 0$인 경우를 의미한다.

질량 m에 외력 $F(t) = F \sin \omega t$인 주기적 가진력이 작용하면, 비감쇠 강제 진동의 운동 방정식은 다음과 같다. 단, F는 외력을 의미한다.

$$m\ddot{x} + kx = F \sin \omega t$$

위 식에서 $x = X \sin \omega t$이므로, 동적 변위 x를 두 번 미분하면 $\ddot{x} = -X\omega^2 \sin \omega t$가 되며, 위 식에 대입하면

$$-mX\omega^2 \sin \omega t + kX \sin \omega t = F \sin \omega t$$

따라서 질량 m에 대한 동적 변위 진폭 X는

$$X = \frac{F}{k - m\omega^2}$$

위 식에 $m = \frac{k}{\omega_n^2}$을 대입하면

$$X = \frac{F}{k - \left(\frac{k}{\omega_n^2}\right)\omega^2} = \frac{F}{k}\frac{1}{1 - \left(\frac{\omega}{\omega_n}\right)^2}$$

스프링의 정적 변위 진폭을 δ_{st}라고 하면, $\delta_{st} = \dfrac{F}{k}$이므로 위 식에 대입하면,

$$X = \frac{\delta_{st}}{1 - \left(\dfrac{\omega}{\omega_n}\right)^2}$$

위 식에서 $\dfrac{\omega}{\omega_n} = \dfrac{f}{f_n} = r$이며, 주파수비를 의미한다.

또한, 동적 변위 진폭 X와 정적 변위 진폭 δ_{st}와의 비를 진폭비_{amplitude ratio} 또는 진폭 배율_{magnification factor}이라고 하면, 진폭비 R은

$$R = \frac{X}{\delta_{st}} = \frac{X}{F/k} = \frac{1}{1 - (\omega/\omega_2)^2} = \frac{1}{1 - (f/f_n)^2}$$

위 식의 진폭비는 시스템에서 발생한 진동이 기초로 전달되는 경우, 진동 전달율 T와 같게 된다. 진동 전달율 T는

$$T = \left|\frac{\text{진동 전달력}}{\text{외부 작용력}}\right| = \frac{kx}{F\sin\omega t} = \left|\frac{1}{1 - (\omega/\omega_n)^2}\right|$$

[그림 4.8]은 주파수비와 진폭비 관계를 나타내고 있다. 이 그림에서 주파수비가 0인 경우 진폭비가 1이 되어 가진력이 정적 질량 m에 가한 경우와 같게 되지만, 주파수비가 1일 때에는 감쇠비에 따라 진폭비가 크게 달라진다. 즉, 비감쇠 진동인 경우 감쇠비 $\zeta = 0$이므로 진폭비가 매우 크게 나타난다. 이런 현상을 공진_{resonance}이라고 한다.

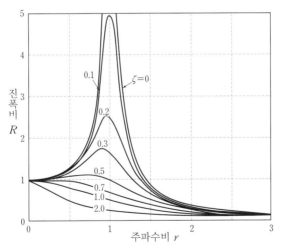

[그림 4.8] 주파수비($r = \left(\dfrac{f}{f_n}\right)$)와 진폭비($R = \dfrac{X}{F/k}$)의 관계

◖4ㆍ1ㆍ2◗ 진동 센서

본 절에서는 진동 측정 시스템의 개념과 진동 센서의 종류를 알고, 측정 목적에 맞는 진동 센서의 올바른 선정 및 설치 방법 등에 대하여 기술한다.

1. 개요

진동을 측정할 때에는 올바른 진동 센서를 선택하여 적절한 측정 부위에 설치한 후, 측정 순서에 의하여 진동을 측정해야 정확한 데이터를 얻을 수 있다. 따라서 올바른 진동을 측정하기 위해서는 측정 절차, 측정 위치, 측정 방향, 센서 선정, 센서 설치에 대한 지식이 필요하다.

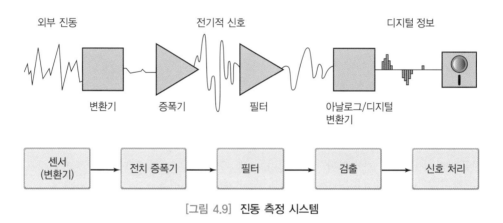

[그림 4.9] 진동 측정 시스템

1) 진동 센서의 감도

감도sensitivity란 대상으로 하는 기기에 있어서 어떤 지정된 출력량과 입력량과의 비를 의미한다. 진동계는 진동 센서와 변환기로 구성되어 있어 감도가 규정되어 있다.

진동 센서 중에서 가장 널리 쓰이는 가속도계의 특성은 전하 감도(pC/g)와 전압 감도(mV/g)로 주어진다. 여기서 pC(pico Coulomb)는 전기량의 단위로, $1\,pC = 10^{-12}\,C$이다.

(1) 전하 감도

전하 감도charge sensitivity는 센서나 변환기가 단위 물리량에 대해 발생시키는 전하를 말한다. 전하 가속도계의 감도는 전하 감도를 표시한다.

- 전하 감도 = 10 pC/ms^{-2}일 때

  : 외부의 1 m/s² 의 가속도에 대하여 10 pC의 전하를 출력

- 전하 감도 = 100 pC/g일 때

  : 외부의 1 g (9.81 m/s²)의 가속도에 대하여 100 pC의 전하를 출력

전하 감도의 가속도계는 용량성 부하의 영향을 받지 않으므로 케이블의 길이가 변해도 감도는 변하지 않으나 전압 감도의 가속도계는 케이블의 길이가 용량에 영향을 받으므로 감도가 변한다.

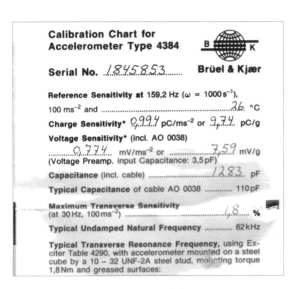

Calibration Chart for Accelerometer Type 4384

Serial No. _1845853_   **Brüel & Kjær**

Reference Sensitivity at 159,2 Hz (ω = 1000 s^{-1}), 100 ms^{-2} and .... _26_ °C

Charge Sensitivity* _0,994_ pC/ms^{-2} or _9,74_ pC/g

Voltage Sensitivity* (incl. AO 0038)
.... _0,774_ mV/ms^{-2} or _7,59_ mV/g
(Voltage Preamp. input Capacitance: 3,5 pF)

Capacitance (incl. cable) .... _1283_ pF

Typical Capacitance of cable AO 0038 .... 110 pF

Maximum Transverse Sensitivity
(at 30 Hz, 100 ms^{-2}) .... _1,8_ %

Typical Undamped Natural Frequency .... 62 kHz

Typical Transverse Resonance Frequency, using Exciter Table 4290, with accelerometer mounted on a steel cube by a 10 – 32 UNF-2A steel stud, mounting torque 1,8 Nm and greased surfaces.

(a) 가속도계 교정 차트   (b) 가속도계(4384 type)

[그림 4.10] 전하(charge) 출력 방식의 가속도계

[그림 4.10]의 (a)에서 B&K 4384 모델은 전하 출력 방식의 진동 가속도계로, 전하 감도는 0.994 pC/ms^{-2}이며, 9.74 pC/g와 같다.

(2) 전압 감도

전압 감도voltage sensitivit는 센서나 변환기가 단위 물리량에 대해 발생시키는 전압을 말한다. 압전형 가속도계의 경우 일반적으로 전하 감도로 표시한다.

- 전압 감도 = 10 mV/ms^{-2}일 때

  : 외부의 1 m/s²의 가속도에 대하여 10 mV의 전압을 출력

- 전압 감도 = 100 mV/g일 때

  : 외부의 1 g (= 9.81 m/s²)의 가속도에 대하여 100 mV의 전압을 출력

[그림 4.11]에서 B&K 4508B 모델은 전압 출력 방식의 진동 가속도계로 전압 감도는 $9.996 \, \text{mV/ms}^{-2}$이며, $98.03 \, \text{mV}/g$와 같다.

(a) 가속도계 교정 차트   (b) 가속도계(4508B type)

[그림 4.11] 전압(voltage) 출력 방식의 가속도계

2) 전치 증폭기

전치 증폭기의 기능은 크게 다음의 두 가지로 요약될 수 있다.

- 센서로 탐지될 약한 신호의 증폭
- 센서와 주 증폭기 사이에서의 임피던스 결합

전치 증폭기에는 전하 증폭기와 전압 증폭기의 두 종류가 있다. 전하 증폭기는 센서로부터의 입력 전하에 비례하는 출력 전압을 발생시키고, 전압 증폭기는 입력 전압에 비례하는 출력 전압을 발생시킨다.

[그림 4.12] 전하 증폭기와 전압 증폭기의 차이

진동 측정 시스템에서 전하 증폭기를 사용하면 케이블 길이가 길어도 측정 오차를 줄일 수 있으나, 전압 증폭기를 사용하면 용적 변화에 매우 민감하여 저주파 성분 측정에 영향을 줄 수 있다.

(a) 2634 type   (b) 2635 type

[그림 4.13] 전하 증폭기(charge amplifier)

[그림 4.14] 전하 변환기(charge converter)

진동 센서에서 나오는 출력 방식이 전하 방식인 경우 [그림 4.14]와 같은 전하 변환기를 연결하면 전압으로 출력된다. 예를 들어 B&K 4384 모델은 전하 방식의 진동 가속도계이므로 전압 방식으로 변환하여 진동 분석기(FFT Analyzer, PULSE 등)에 신호를 보내야 한다. 이 경우 [그림 4.14]와 같은 전하 변환기를 통하면 전하 감도가 $0.994\,\text{pC/ms}^{-2}$인 센서는 전압 감도 $0.774\,\text{mV/ms}^{-2}$으로 출력된다.

3) 증폭 및 분석기

전치 증폭기의 출력은 주 증폭기에 입력 처리되어 지시계에 그 결과를 나타낸다. 기계의 진동 분석에서는 일반적으로 FFT 분석기를 이용하며, 최근 여러 채널에 신호를 입력하여 다양한 분석이 가능한 펄스pulse 타입의 진동 분석기가 널리 사용되고 있다.

[그림 4.15] 펄스 타입의 진동 분석기

2. 진동 센서의 종류

진동 센서는 다음과 같이 접촉형과 비접촉형으로 분류되며, 가속도계, 속도계 및 변위계의 3종류로 구별된다.

① 접촉형
• 가속도계(압전형, 스트레인 게이지형, 서보형)
• 속도계(동전형)
② 비접촉형
변위계(와전류형, 용량형, 전자 광학형, 홀소자형)

1) 변위계

변위계는 진동의 미소 변위를 측정하기 위하여 와전류식 비접촉형이 널리 사용된다.

(1) 형식

와전류식, 전자 광학식, 정전 용량식 등이 있으며, 축의 운동과 같이 직선 관계 측정시 비접촉형인 와전류형 변위계가 사용된다.

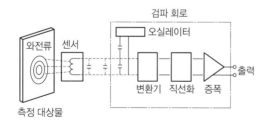

[그림 4.16] 와전류형 변위 센서의 원리

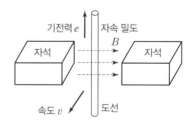

[그림 4.17] 동전형 속도계의 원리

(2) 특징

변위계는 축과 마운트 사이에 발생되는 미소 진동이나 축 표면의 흠집, 표면 거칠기 등의 측정에 사용되지만 설치가 매우 까다로운 단점이 있다.

2) 속도계

속도계는 기계 진동을 감시하는 실용적 센서로 사용되고 있으며, 진동을 규제하는 규격에서 속도계로 측정된 기준들이 제시되고 있다.

(1) 형식

속도계의 형식은 동전형 속도계가 널리 사용되며, 측정 주파수 범위는 보통 10~1 000 Hz 범위이다.

(2) 특징

중저 주파수 대역(1 kHz 이하)의 진동 측정에 적합하나 다른 센서에 비해 크기가 크므로 자체 질량의 영향을 받는다.

- 중저 주파수 대역(1 kHz 이하)의 진동 측정에 적합하다.
- 다른 센서에 비해 크기가 크므로 자체 질량의 영향을 받는다.
- 감도가 안정적이다.
- 외부 전원이 없어도 영구 자석에서 전기 신호가 발생한다.
- 출력 임피던스가 낮다.

3) 가속도계

현재 널리 사용되고 있는 가속도계는 압전형piezo electric type 가속도계이다. 소형으로 측정 주파수 범위가 넓어 가장 널리 사용된다.

(1) 형식

가속도계의 형식은 압전형, 스트레인 게이지형, 서보형 등이 있다. 기본 원리는 압전 소자 (수정 또는 세라믹 합금)에 힘이 가해질 때 그 힘에 비례하는 전하가 발생하는 압전 효과를 이용하고 있다. 일반적인 압전형 가속도계는 압전 소자, 볼트로 고정된 질량 및 압선 소사를 누르는 스프링으로 구성되어 있다. 가속도계에서 출력되는 값은 기계 내부에서 발생되는 힘에 비례하므로 기계의 진동을 측정하는 데 가장 많이 사용된다.

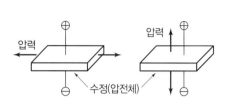

[그림 4.18] 압전 효과

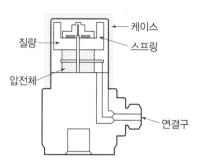

[그림 4.19] 압전형 가속도계의 구조

(2) 특징

압전형 가속도계는 적은 출력 전압에서 가속도 레벨이 낮아지는 취약성과 높은 주파수 대역에서는 저주파 결함이 나타난다. 고감도이므로 설치시 정교하게 나사나 밀랍으로 고정해야 한다.

- 중고주파수 대역(10 kHz 이하)의 가속도 측정에 적합하다.
- 소형이며 경량(수십 그램)이다.
- 충격, 온도, 습도, 바람 등의 영향을 받는다.
- 케이블의 용량에 의해 감도가 변하며, 출력 임피던스가 크다.

3. 진동 센서의 선정과 설치

진동 측정 사용 목적에 따른 올바른 진동 센서의 선정과 설치 방법은 다음과 같다.

1) 선정 방법

진동 센서를 선정할 때 측정 대상물의 주파수 범위에 따라 가속도 또는 속도나 변위 센서를 선정하지만 일반적으로 진동 가속도 센서가 널리 사용된다.

(1) 용도별 선정 방법

가속도계를 선택할 때는 측정하고자 하는 대상물의 주파수 범위와 가속도계의 감도sensitivity를 고려해야 한다. 만약 구조물이나 빌딩과 같이 저주파 진동 특성을 측정하기 위해서는 1 000 mV/g 정도의 매우 높은 감도를 갖는 가속도계를 선정해야 하며, 10 g(1 g = 9.81 m/s^2) 이상의 큰 충격이나 진동을 측정할 경우 10 mV/g 이하의 감도를 갖는 가속도계를 선정해서 사용해야 한다.

- 축이 돌출되었거나 시간 신호를 해석할 경우 변위계를 사용한다.
- 축이 돌출되지 않은 경우(기어 박스 내에 있는 내부 축 등) 또는 로터-베어링 시스템이 강성일 때는 속도계나 가속도계를 사용한다.
- 주요 진동이 1 kHz 이상의 주파수이면 가속도계를 사용하고, 10~1 000 Hz이면 속도계나 가속도계를 사용한다.

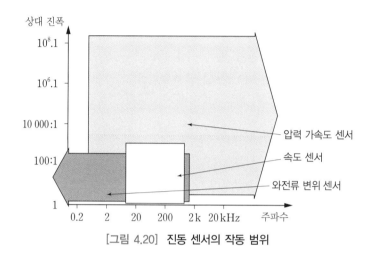

[그림 4.20] 진동 센서의 작동 범위

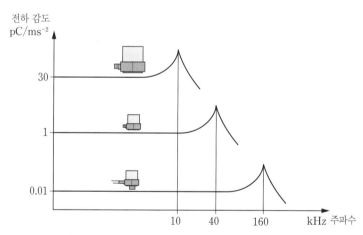

[그림 4.21] 진동 센서의 전하 감도와 주파수 특성

(2) 진동 센서의 특성

가속도계는 고주파 성분이 탁월하게 잘 나타나므로 기계의 결함 성분 추출에 탁월하고, 속도계로 측정된 진동 신호는 설비의 열화 상태 경향 관리에 적절하다. 변위계로 측정된 진동 신호는 저주파 특성이 우수 저속으로 회전하는 대형 기계의 밸런싱 작업에 유용하게 활용된다.

2) 진동 센서의 설치

변위 센서의 대표적인 와전류 변위 센서는 설치가 매우 까다로우며, 널리 사용되는 가속도계는 나사 고정이나 자석 고정 방식이 널리 사용된다.

(1) 변위계

와전류형 변위계 설치는 [그림 4.22]의 (a)와 같이 회전축과 적당한 초기 변위 d_0만큼 떨어지게 설치한다. 변위의 측정은 [그림 4.22]의 (b)와 같이 직선 부분에서 하며, 초기 변위 d_0를 그 중심선에 일치하도록 설정할 필요가 있다.

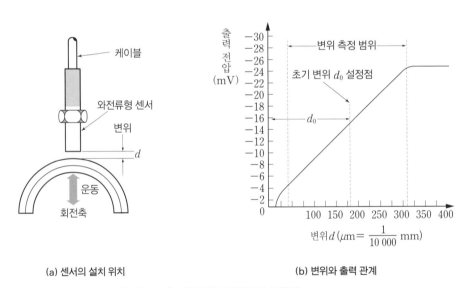

(a) 센서의 설치 위치   (b) 변위와 출력 관계

[그림 4.22] **와전류형 변위계의 부착법**

(2) 속도계

동전형 속도계는 통상 1 000 Hz 이하에서 사용되지만, 손으로 부착하거나 검출봉을 이용하여 접촉할 때는 접촉 공진을 고려해야 한다.

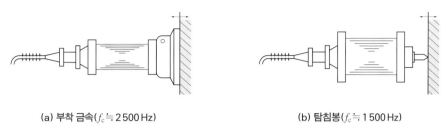

(a) 부착 금속($f_c \fallingdotseq 2\,500\,\text{Hz}$) (b) 탐침봉($f_c \fallingdotseq 1\,500\,\text{Hz}$)

[그림 4.23] 동전형 센서의 부착법과 접촉 공진 주파수

(3) 가속도계

가속도계는 원하는 측정 방향과 베어링부터 진동이 직접 전달되는 통로의 하우징 등에 설치되어야 한다.

① 나사 고정

나사 고정을 위하여 센서 설치 부위에 탭 구멍을 내어 고정한다.

• 사용 주파수 영역이 넓고, 정확도 및 장기적 안정성이 좋다.
• 가속도계의 이동 및 고정 시간이 길며, 먼지나 습기, 온도 등의 영향이 적다.

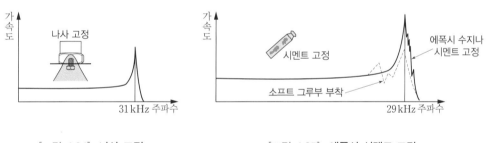

[그림 4.24] 나사 고정   [그림 4.25] 에폭시 시멘트 고정

② 에폭시 시멘트 고정

영구적으로 가속도계를 기계에 설치할 경우 드릴이나 탭을 사용하여 구멍을 뚫을 수 없을 때 사용한다.

• 사용 주파수의 영역이 넓고 정확도와 정기적 안정성이 좋다.
• 먼지와 습기는 접착에 문제를 발생시킬 수 있다.

③ 밀랍 고정

밀랍bees-wax의 엷은 막을 사용하여 고정 면에 가속도계를 고정한다. 온도가 높아지면 밀랍이 녹아 부드러워지므로 사용 범위를 40℃ 이하로 제한한다.

• 가속도계의 고정 및 이동이 용이하다.
• 사용 주파수 영역이 넓어 널리 사용된다.

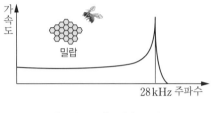

[그림 4.26] 밀랍 고정

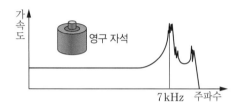

[그림 4.27] 자석 고정

④ 자석 고정

영구 자석은 측정 지침이 평탄한 자성체일 때 쓰는 간단한 부착 방법이다.

• 가속도계의 고정 및 이동이 용이하다.
• 사용 주파수 영역이 좁고 정확도가 떨어진다.
• 작은 구조물에는 자석의 질량 효과가 크다.

⑤ 손 고정

꼭대기에 가속도계가 고정된 막대 탐촉자hand-hold probe는 빠른 측정에는 편리하지만, 손의 흔들림으로 인해서 전체적인 측정 오차가 생길 수 있어 반복되는 측정 결과의 신뢰성이 결여된다.

• 사용 주파수 영역이 매우 좁고 정확도가 떨어진다.
• 일정한 하중을 가하기 힘들므로 측정 오차가 크다.

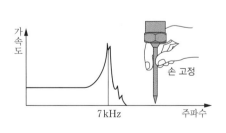

[그림 4.28] 손 고정

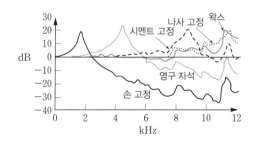

[그림 4.29] 고정 방식에 따른 접촉 공진 주파수

4. 진동 센서의 영향

진동 센서는 주위 환경에 매우 민감하므로 온도, 마찰 전기 잡음, 주위 소음이나 자기장 등에 유의하여 측정해야 한다. 특히 가속도계의 케이블이 꼬이거나 움직이지 않도록 접촉면에 테이프로 고정하여 사용한다.

1) 온도의 영향

가속도계 사용 환경의 온도가 급격히 변하면 온도 영향이 가속도계의 출력으로 나타날 수 있다.

2) 마찰 전기 잡음

가속도계 사용 도중 가속도계의 케이블이 진동하게 되면 칠망과 내부 절연체 사이에 전기장이 발생하여 잡음 성분으로 나타나게 된다.

3) 환경 조건의 영향

- 기저부 응력 상태base strain
- 음향acoustic
- 자기장magnetic field
- 습기humidity
- 내식성corrosive substances
- 방사능 강도gamma radiation

4) 진동 센서의 측정 방향

진동 센서를 이용하여 기계 설비의 진동을 측정할 경우 수평 방향(H), 수직 방향(V), 축 방향(A)으로 베어링에 대하여 3방향의 값을 측정한다.

5) 진동 측정시 주의 사항

① 진동 센서의 부착 문제
- 언제나 동일한 장소와 방향으로 부착한다.
- 언제나 동일 센서의 측정기를 사용한다.

② 측정 조건에 관한 문제
- 항상 같은 회전수와 부하일 때 측정한다.
- 윤활 조건을 항상 같게 유지한다.

④①③ 진동 측정

본 절에서는 회전 기계에서 발생하는 주요 진동 및 회전 기계요소의 대표적인 베어링과 기어의 진동에 대하여 기술한다.

1. 회전 기계의 진동

회전 기계에서 발생하는 이상 진동은 주로 언밸런스, 미스얼라인먼트, 기계적 풀림, 편심 및 공진 등에 의해 발생한다.

1) 진동 분석 방법

진동 분석이라고 하면 흔히 주파수 분석을 생각하지만 주파수 분석 한 가지만으로는 정확한 원인을 찾아낼 수 없는 경우가 있다. 따라서 진동 분석을 위해서는 주파수 분석, 위상 분석, 진동 방향 분석 등을 종합적으로 실시하여 정확한 진동 발생 원인을 찾아내야 한다.

(1) 주파수 분석

언밸런스, 미스얼라인먼트, 굽힘, 베어링 불량 등 일반적으로 기계에서 발생하는 진동들은 각각 다양한 주파수 성분과 진동의 방향 및 위상각을 갖으며, 다음과 같은 여러 이상 원인이 조합된 진동 파형을 나타낸다.

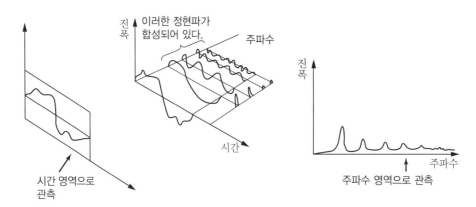

[그림 4.30] **주파수 분석 방법**

(2) 위상 분석

위상 분석이란 각 베어링에 발생하는 위상의 형태pattern를 보는 방법이다. 여기서 위상이란 축에 표시한 회전 표시와 '진동의 특징적인 주파수 성분'과의 위상각을 말한다.

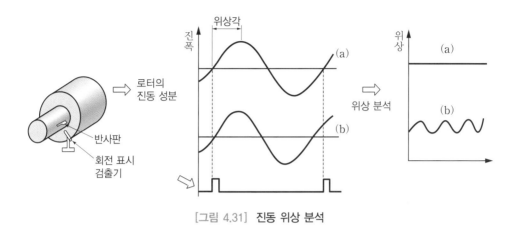

[그림 4.31] 진동 위상 분석

(3) 진동 방향 분석

진동의 이상 발생 중에서 어떤 경우에는 특정 방향으로 진동을 일으키는 경우가 있다. 따라서 진동이 주로 발생하는 방향을 찾아내는 것도 이상 원인을 밝혀내는 효과적인 방법이라고 할 수 있다. 예를 들면, 언밸런스의 경우는 수평 방향(H), 풀림의 경우는 수직 방향(V), 미스얼라인먼트의 경우는 축 방향(A)으로 특징적인 진동이 발생한다.

2) 이상 진동 주파수

이상 진동의 발생 원인과 주파수 특성은 다음과 같다.

(1) 언밸런스

언밸런스unbalance는 진동의 가장 일반적인 원인으로, 모든 기계에 약간씩 존재한다.

① 회전 주파수의 $1f$ 성분의 탁월 주파수가 나타난다.

② 언밸런스 양과 회전수가 증가할수록 진동 레벨이 높게 나타난다.

(2) 미스얼라인먼트

미스얼라인먼트misalignment는 커플링 등에서 서로의 회전 중심선(축심)이 어긋난 상태로, 일반적으로는 정비 후에 발생하는 경우가 많다.

① 항상 회전 주파수의 $2f$ 또는 $3f$의 특성으로 나타난다.

② 높은 축 진동이 발생한다.

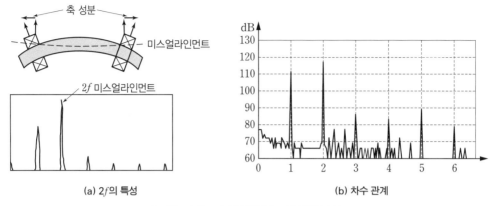

(a) 2f의 특성　　　　　　　　　　　　(b) 차수 관계

[그림 4.32] 미스얼라인먼트의 진동 특성

(3) 기계적 풀림

기계적 풀림looseness은 부적절한 마운드나 베어링 케이스에서 주로 발생하며, 그 결과 많은 수의 조화 진동 스펙트럼이 나타난다. 언밸런스와 같이 회전 결함이므로 진동이 안정되지 않고 충격적인 피크 파형을 볼 수 있다.

(4) 편심

편심에 의한 진동은 로터의 기하학적 중심과 실체의 회전 중심이 일치하지 않을 경우 발생한다. 진동 특성은 언밸런스와 같고 중심의 한쪽이 다른 쪽보다 무거워진다.

(5) 공진

공진Resonance 현상이란 고유 진동수와 강제 진동수가 일치할 경우 진폭이 크게 발생하는 현상이다. 기계가 갖고 있는 고유 진동수와 일치하는 강제 진동을 가하게 되면 공진이 발생하여 큰 진동이 발생된다. 이와 같은 공진 발생을 제거하는 방법은 다음과 같다.

- 우발력의 주파수를 기계의 고유 진동수와 다르게 한다(회전수 변경).
- 기계의 강성과 질량을 바꾸고 고유 진동수를 변화시킨다.

2. 베어링의 진동 측정

구름 베어링rolling bearing은 회전하는 전동체 요소의 형상에 따라 볼 베어링, 원통 롤러 베어링, 원뿔 롤러 베어링, 니들 베어링으로 분류된다. 이와 같은 구름 베어링은 지지할 수 있는 하중의 방향에 따라 레이디얼 베어링, 스러스트 베어링 및 앵귤러 콘텍트 베어링으로 분류된다. 구름 베어링의 구성은 일반적으로 내륜inner ring, 외륜outer ring, 전동체ball or roller 및 케이지cage로 이루어진다. [그림 4.33]은 레이디얼 하중을 받는 구름 베어링의 종류를 나타내고 있다.

| (a) 볼 베어링 | (b) 원통 롤러 베어링 | (c) 원뿔 롤러 베어링 | (d) 니들 베어링 |

[그림 4.33] **구름 베어링의 종류**

1) 베어링의 진동 주파수

볼베어링의 진동 주파수를 분석하기 위해서는 볼의 수, 볼의 지름 및 볼의 피치원 지름을 알아야 한다. 그러나 국내외 베어링 생산 업체에서는 베어링의 진동 주파수 분석에 필요한 치수를 밝히고 있지 않은 실정이다. 여기서는 표에 볼베어링의 설계 치수를 나타내었다.

(1) 베어링의 진동

구름 베어링의 진동은 작은 결함에 기인하며, 오버올overall 진동 레벨의 변화는 결함 초기 단계에서는 실제 발견되지 않는다. 베어링의 결함에 따른 특성 주파수는 베어링의 중력과 회전 속도에 의하여 결함으로 결정된다. 베어링에 결함이 발생한 경우 볼ball이 결함 부위를 통과함에 따라 주기적인 충격 진동이 발생하며, 그 주기는 베어링의 결함 발생 유형(내륜, 외륜, 볼, 케이지)에 따라 다르므로 결함에 의한 충격 진동 주파수를 검출하여 결함 발생 유형을 추정할 수 있다.

(2) 베어링의 특성 주파수

구름 베어링의 경우 외륜을 고정하고 내륜이 회전축과 함께 회전할 때, 궤도륜(내륜 또는 외륜)과 전동체 사이에 미끄럼이 없고 각부의 변형이 없다고 가정하면 기하학적 조건에 의하여 축이 회전함에 따라 다음과 같은 베어링의 진동 특성 주파수가 발생한다.

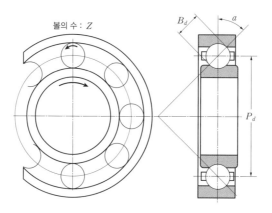

[그림 4.34] 볼 베어링의 특성 주파수 파라미터

볼 베어링이 N (rpm)으로 회전할 경우 축의 회전 진동 주파수를 f (Hz)라고 하면, 볼베어링에서 발생할 수 있는 특성 주파수를 나타내고 있다. 단, 궤도륜과 전동체 사이에는 미끄럼 접촉이 없고 레이디얼 하중과 스러스트 하중을 받았을 때 각부의 변형은 없다고 가정한다.

- 축의 회전수: N (rpm)
- 축의 회전 주파수: f (Hz), $(f = N/60)$
- 볼의 수: Z
- 볼의 지름: B_d (mm)
- 볼의 피치원 지름: P_d (mm)
- 볼의 접촉각: α (°)

① 내륜 결함 주파수 Ball Pass Frequency Inner Ring
 (내륜의 1점이 1개의 전동체와 접촉하는 주파수)

$$\text{BPFI} \quad f_i = \frac{f}{2} Z [1 + \frac{B_d}{P_d} \cos \alpha]$$

② 외륜 결함 주파수 Ball Pass Frequency Outer Ring
 (외륜의 1점이 1개의 전동체와 접촉하는 주파수)

$$\text{BPFO} \quad f_O = \frac{f}{2} Z [1 + \frac{B_d}{P_d} \cos \alpha]$$

③ 볼의 결함 주파수 Ball Defect Frequency

(결함이 있는 전동체의 1점이 내륜 또는 외륜과 접촉하는 주파수)

$$\text{BDF} \quad f_{bd} = \frac{P_d}{B_d} f \left[1 - \left(\frac{B_d}{P_d} \right)^2 \cos^2 \alpha \right]$$

④ 볼의 자전 주파수 Ball Spin Frequency

(전동체의 1점이 내륜 또는 외륜과 접촉하는 주파수)

$$\text{BSF} \quad f_{bs} = \frac{P_d}{2B_d} f \left[1 - \left(\frac{B_d}{P_d} \right)^2 \cos^2 \alpha \right] = \frac{f_{bd}}{2}$$

⑤ 내륜 회전시 케이지 결함 주파수 Fundamental Train Frequency Inner Ring

(외륜 고정, 내륜 회전시 외륜의 케이지 결함 주파수)

$$\text{FTFI} \quad f_{ci} = \frac{f}{2} \left[1 - \frac{B_d}{P_d} \cos \alpha \right] = \frac{f_o}{Z}$$

⑥ 외륜 회전시 케이지 결함 주파수 Fundamental Train Frequency Outer Ring

(내륜 고정, 외륜 회전시 내륜의 케이지 결함 주파수)

$$\text{FTFO} \quad f_{co} = \frac{f}{2} \left[1 + \frac{B_d}{P_d} \cos \alpha \right] = \frac{f_i}{Z}$$

일반적으로 볼의 접촉각 α는 깊은 홈형 볼 베어링의 경우 $\alpha = 0\,°$이며, 트러스트 볼 베어링의 경우 $\alpha = 90\,°$가 된다. 또한, 전동체(볼, 롤러) 지름과 피치원 지름과의 비(B_d/P_d)는 깊은 홈형 볼 베어링에서 B_d/P_d는 약 1/4 정도이다.

(3) 볼 베어링의 특성 주파수 계산

베어링의 호칭 6206인 볼 베어링이 1 800 rpm으로 회전할 경우 베어링에서 발생할 수 있는 진동 특성 주파수를 계산한다. 베어링의 진동 성분은 〈표 4.4〉에 의하여 다음과 같이 계산된다.

- 축의 회전수: $N = 1\,800$ (rpm)
- 축의 회전 주파수: $f = N/60 = 1\,800/60 = 30$ (Hz)
- 볼의 수: $Z = 9$
- 볼의 지름: $B_d = 9.525$ (mm)
- 볼의 피치원 지름: $P_d = 46.5$ (mm)
- 볼의 접촉각: $\alpha = 0\,(°)$

① 내륜 결함 주파수

$$\text{BPFI} \quad f_i = \frac{f}{2} Z[1 + \frac{B_d}{P_d} \cos\alpha] = \frac{30}{2} 9[1 + \frac{9.525}{46.5} \cos 0] = 162.7\,\text{Hz}$$

② 외륜 결함 주파수

$$\text{BPFO} \quad f_O = \frac{f}{2} Z[1 + \frac{B_d}{P_d} \cos\alpha] = \frac{30}{2} 9[1 + \frac{9.525}{46.5} \cos 0] = 107.3\,\text{Hz}$$

③ 볼의 결함 주파수

$$\text{BDF} \quad f_{bd} = \frac{P_d}{B_d} f[1 - \left(\frac{B_d}{P_d}\right)^2 \cos^2\alpha] = \frac{46.5}{9.525} f[1 - \left(\frac{9.525}{46.5}\right)^2 \cos^2 0] = 140.3\,\text{Hz}$$

④ 볼의 자전 주파수

$$\text{BSF} \quad f_{bs} = \frac{P_d}{2B_d} f[1 - \left(\frac{B_d}{P_d}\right)^2 \cos^2\alpha] = \frac{46.5}{2 \times 9.525} 30[1 - \left(\frac{9.525}{46.5}\right)^2 \cos^2 0] = 70.15\,\text{Hz}$$

⑤ 내륜 회전시 케이지 결함 주파수

$$\text{FTFI} \quad f_{ci} = \frac{f}{2}[1 - \frac{B_d}{P_d} \cos\alpha] = \frac{30}{2}[1 - \frac{9.525}{46.5} \cos 0] = 11.93\,\text{Hz}$$

⑥ 외륜 회전시 케이지 결함 주파수

$$\text{FTFO} \quad f_{co} = \frac{f}{2}[1 + \frac{B_d}{P_d} \cos\alpha] = \frac{30}{2}[1 + \frac{9.525}{46.5} \cos 0] = 18.07\,\text{Hz}$$

(4) 볼 베어링의 진동 주파수의 근사식

베어링의 치수(B_d, P_d, α)를 알 수 없고 볼의 수만 알고 있는 경우, 베어링의 내륜과 외륜의 진동 주파수는 축의 회전 주파수에 볼의 수를 곱한 값에 각각 60 %와 40 %를 곱하여 구할 수 있다.

예를 들면,

$N = 1\,800$ rpm, 볼의 수 $Z = 9$개인 6206 베어링의 진동 주파수는

① 내륜 결함 주파수

$$\text{BPFI} \quad f_i = \frac{N}{60} \times Z \times 0.6 = \frac{1\,800}{60} \times 9 \times 0.6 = 162\,\text{Hz}$$

② 외륜 결함 주파수

$$\text{BPFO} \quad f_o = \frac{N}{60} \times Z \times 0.4 = \frac{1\,800}{60} \times 9 \times 0.4 = 108\,\text{Hz}$$

이 근사법은 베어링 특성 주파수 계산 값(162.7 Hz, 107.3 Hz)과 거의 일치함을 알 수 있다. 이 근사법이 가능한 이유는 볼의 피치원 지름에 대한 볼의 지름비가 볼 베어링에 관계되는 정수 값이기 때문이다.

〈표 4.4〉 볼 베어링의 설계 치수

호칭 번호	볼 수 Z	볼 지름 B_d(mm)	피치 원지름 P_d(mm)	볼 지름 B_d(inch)	외륜(mm)	내륜(mm)
608	7	3.9680	15.0	5/32	22	8
6200	8	4.7625	20.5	3/16	30	10
6201	7	5.9531	22.0	15/64	32	12
6202	8	5.9531	25.5	15/64	35	15
6203	8	6.7469	29.0	17/64	40	17
6303	7	8.7313	33.0	11/32	47	17
6204	8	7.9375	34.5	5/16	47	20
6205	9	7.9375	39.0	5/16	52	25
6006	11	7.1438	43.0	9/32	55	30
6206	9	9.5250	46.5	3/8	62	30
6306	8	11.9063	51.5	15/32	72	30
6207	9	11.1125	54.0	7/16	72	35
6208	9	11.9063	60.5	15/32	80	40
6209	9	12.7000	65.0	1/2	85	45
6210	10	12.7000	70.5	1/2	90	50

2) 베어링의 진동 측정

다음은 결함이 있는 6203 베어링이 1 327 rpm으로 회전할 때 베어링의 결함 특성을 나타내고 있다. 베어링의 특성 결함 주파수 계산식에 의하여 계산한 값과 측정 데이터를 비교하면 1차 결함 특성이 매우 잘 나타나고 있음을 알 수 있다.

호칭 번호	회전수 (rpm)	회전 주파수 (Hz)	내륜 결함 (BPFI)	외륜 결함 (BPFO)	볼의 결함 (BDF)	케이지 결함 (FTFI)
계산값	1327	22.1	108.5	67.52	89.45	8.441
측정값	–	–	110	67	88	–

Speed(Tacho)−Input

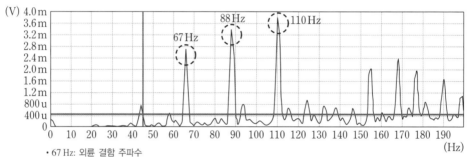

Bearing	Enter Bearing Speed Below		Characteristic Frequencies at Indicated Speed							
	Inner Ring	Outer Ring	Ball Pass Frequency Inner Ring		Ball Pass Frequency Outer Ring		Ball Defect Frequency		Fundamental Train Frequency	
	[rpm]	[rpm]	Hz	[CPM]	Hz	[CPM]	Hz	[CPM]	Hz	[CPM]
6201	1	0	0.07412	[4,447]	0.04255	[2,533]	0.05708	[3,425]	0.006078	[0,3647]
6202	1	0	0.08223	[4,934]	0,0511	[3,066]	0,0675	[4,05]	0,006388	[0,3833]
6202−10	1	0	0.08223	[4,934]	0,0511	[3,066]	0,0675	[4,05]	0,006388	[0,3833]
6203	1320	0	108,5	[6509]	67,52	[4051]	89,45	[5367]	8,441	[506,5]

- 67 Hz : 외륜 결함 주파수
- 88 Hz : 볼의 결함 주파수
- 67 Hz : 내륜 결함 주파수

[그림 4.35]　6230 베어링의 결함 특성 주파수

3. 기어의 진동 측정

기어는 맞물리는 이齒에 의하여 동력을 전달시키는 기계요소로, 정확한 속도비와 큰 회전력을 전달할 때 사용된다. 서로 맞물리는 기어 중에서 구동축으로부터 운동을 전달하는 쪽의 기어를 구동 기어driving gear라고 하고, 서로 물리는 기어 중에서 구동 기어에 의해 운동을 전달받는 기어를 피동 기어driven gear라고 한다.

기어는 회전 중에 소음과 진동이 발생된다. 마모가 심한 경우나 두 축의 정렬이 불량한 경우 또는 기어 이의 절손 등이 발생하면 소음 진동은 크게 증가하게 되며, 수명 저감과 함께 사고의 위험이 발생되므로 진동 주파수의 분석을 통하여 기어의 결함 원인을 파악해야 한다.

1) 기어의 진동 주파수

기어에서 발생되는 진동 주파수는 각 축의 회전 주파수와 맞물림 주파수이다. [그림 4.36]과 같이 기어의 잇수가 각각 Z_1, Z_2이고 각 축의 회전수가 N_1(rpm), N_2(rpm)일 때 발생되는 진동 주파수는 다음과 같다.

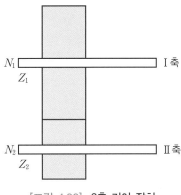

[그림 4.36] **2축 기어 장치**

- I축의 회전 주파수 $f_1 = \dfrac{N_1}{60}(\mathrm{Hz})$

- II축의 회전 주파수 $f_2 = \left(\dfrac{Z_1}{Z_2}\right) \times \dfrac{N_1}{60}(\mathrm{Hz})$

- I－II축의 맞물림 주파수 $f_m = Z_1 \times f_1 = Z_2 \times f_2(\mathrm{Hz})$

2) 2축 기어 장치의 진동 측정

2축으로 된 간단한 기어 진동 측정 장치에서 기어의 회전 진동 주파수와 맞물림 진동 주파수를 측정한 결과를 나타내고 있다.

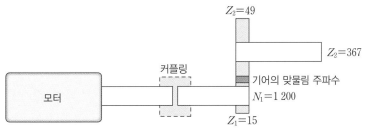

[그림 4.37] **2축 기어 장치**

- 입력축의 회전수 $N_1 = 1\,200\,\text{rpm}$
- 입력축 기어 잇수 $Z_1 = 15$
- 출력축 기어 잇수 $Z_2 = 49$

일 때, 기어 장치에서 발생하는 진동 주파수는 다음과 같다.

(1) 기어 축의 회전 주파수

$$f_1 = \frac{N_1}{60} = \frac{1\,200}{60} = 20\,\text{Hz}, \ f_2 = \frac{N_1}{N_2} \times f_1 = \frac{15}{49} \times 20 = 6.12\,\text{Hz}$$

(2) 기어의 맞물림 주파수

$$f_m = Z_1 \times f_1 = 15 \times 20 = 300\,\text{Hz}$$

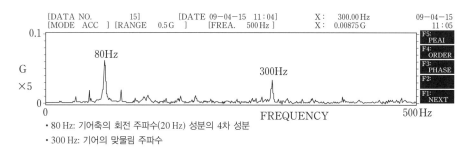

- 80 Hz: 기어축의 회전 주파수(20 Hz) 성분의 4차 성분
- 300 Hz: 기어의 맞물림 주파수

[그림 4.38] 기어의 회전 주파수와 물림 주파수 특성

⁴¹ **4** 진동 방지

본 절에서는 진동의 발생 원인을 분석한 후 올바른 방진 설계를 위한 기본적인 방진 이론과 진동 방지법에 대하여 기술한다.

1. 개요

기계 진동 방지 기술은 크게 진동 차단기의 사용과 진동체에 대한 감쇠damping를 고려해야 한다. 진동 차단기는 본질적으로 탄성 지지체를 사용하는 것이며 강철 스프링과 고무 패드 등이 사용되지만, 이들 탄성체들은 그에 고유한 진동수가 있어서 이 주파수의 진동을 오히려 증폭시키는 효과를 준다. 따라서 진동 방지에는 적절할 차단기와 감쇠 장치를 병용하는 것이 바람직하다.

1) 진동 방지의 목적

진동 방지 목적은 다음의 두 가지로 나눌 수 있다.

- 진동 발생 기계에서 외부로 진동이 전달되는 것을 방지한다.
- 어떤 기계를 외부의 진동으로부터 보호한다.

2) 방진 대책

근본적인 진동 방지 대책은 진동원에 대책이 필요하지만, 진동이 발생한 후에는 전달 경로에 대한 대책이 필요하다.

(1) 진동원 대책
- 진동 발생이 적은 기계로 교환한다.
- 동적 흡진기를 설치한다.
- 불평형한 부분을 균형화시킨다.
- 탄성이 있는 부분을 지지한다.
- 기초 중량을 부가하거나 경감한다.

(2) 전달 경로 대책
- 진동원에서 전달 경로까지 진동을 차단한다.
- 진동원에서 멀리 떨어져 거리 감쇠를 크게 한다.
- 설치 위치 변경을 통한 공진과 응답을 억제한다.

2. 방진 이론

탄성 지지 이론은 뉴턴의 운동 방정식을 이용하여 비감쇠 진동이라고 가정하여 고유 진동 주파수를 계산하고, 탄성 지지에 필요한 설계 인자를 결정한 후 정적 수축량에 따라 적절한 방진 스프링이나 방진고무를 결정한다.

1) 탄성 지지 이론

1자유도계의 운동 방정식을 다시 표현하면,

$$m\ddot{x} + c\dot{x} + kx = f(t)$$

여기서 $m\ddot{x}$: 관성력(m: 질량)

$c\dot{x}$: 점성 저항력(c: 감쇠 계수)

kx : 스프링의 복원력(k: 스프링 정수)이다.

고유 진동 주파수 f_n과 정적 처짐량 δ_{st}를 계산하면, 고유 진동 주파수 f_n은 다음과 같다.

$$f_n = \frac{1}{2\pi}\sqrt{\frac{k}{m}} = \frac{1}{2\pi}\sqrt{\frac{k \cdot g}{W}}\,(\text{Hz})$$

$$\omega_n = \sqrt{\frac{k}{m}} = \sqrt{\frac{k \cdot g}{W}} = 2\pi f_n\,(\text{rad/s})$$

또한, 정적 처짐량 δ_{st}는

$$\delta_{st} = \frac{W_{mp}}{k}\,(\text{cm}),\ W_{mp} : \text{스프링 1개가 지지하는 기계의 중량}$$

즉, $W_{mp} = \dfrac{W}{n}$, f_n과 δ_{st}의 관계는

$$f_n = \frac{1}{2\pi}\sqrt{\frac{k \cdot g}{\omega}} = \frac{1}{2\pi}\sqrt{\frac{g}{\frac{\omega}{k}}} = \frac{1}{2\pi}\sqrt{\frac{g}{\delta_{st}}} \fallingdotseq 4.98\sqrt{\frac{1}{\delta_{st}}}\,(\text{Hz})$$

2) 탄성 지지 설계 요소

탄성 지지 설계 요소의 대표적인 고유 진동수와 강제 진동수의 비율에 따라 진동 전달률이 결정된다.

(1) $\omega(f)$와 $\omega_n(f_n)$에 따른 제어 요소

고유 진동수 ω_n(또는 고유 진동 주파수 f_n)이 강제 진동수 $\omega(f)$에 비해 매우 큰 경우에는 스프링 정수 k를 크게 하고, ω가 ω_n에 비해 매우 클 때는 질량 m을 크게 하여 각각의 진폭 크기를 제어한다.

(2) f와 f_n에 따른 방진 효과

• $f/f_n = 1$일 때(공진 상태), 진동 전달률이 최대이다.
• $f/f_n < \sqrt{2}$일 때, 전달력은 외력(강제력)보다 항상 크다.
• $f/f_n = \sqrt{2}$일 때, 전달력은 외력과 같다.
• $f/f_n > \sqrt{2}$일 때, 전달력은 항상 외력보다 작으므로 방진의 유효 영역이다.

(3) 감쇠비 ζ에 따른 변화

• $f/f_n < \sqrt{2}$일 때, ζ값이 커질수록 전달률 T가 적어지므로, 방진 설계시 감쇠비 ζ가 클수록 좋다.
• $f/f_n > \sqrt{2}$일 때, ζ값이 작을수록 전달률 T가 적어지므로, 방진 설계시 감쇠비 ζ가 작을수록 좋다.

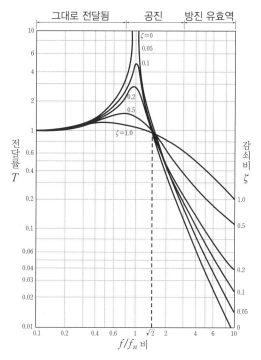

[그림 4.39] 감쇠비 변화에 따른 진동수 비와 진동 전달률 관계

(4) 방진 대책시 고려 사항

- 방진 대책은 $f/f_n > 3$이 되게 설계한다.

  (이 경우 진동 전달률은 12.5 % 이하가 된다.)

- 만약 $f/f_n < \sqrt{2}$로 될 때에는 $f/f_n < 0.4$가 되게 설계한다.

- 외력의 진동수 $\left(\text{회전 기계는 } \dfrac{n\,(\text{rpm})}{60}\right)$가 0부터 증가하는 경우 도중에 공진점을 통과하

  므로 $\zeta < 0.2$의 감쇠 장치를 넣는 것이 좋다.

(5) 진동 전달률과 방진 효율

1자유도계에서 기초에 미치는 진동 전달률 T는

$$T = \left| \frac{1}{1 - \left(\dfrac{f}{f_n}\right)^2} \right| \text{이며, 방진 효율 } E(\%)\text{는 } E = 100\left[1 - \frac{1}{\left(\dfrac{f}{f_n}\right)^2 - 1}\right]\text{이다.}$$

[그림 4.40]에서 무게가 각각 다른 기계에 동일한 외력이 작용할 때, 전달률 T는 다음과 같다.

$$T = \left| \frac{1}{1 - \left(\frac{15}{4.98}\right)^2} \right| = 0.1239로,\ f와\ f_n에\ 관계되므로\ 기계의\ 무게는\ 진동\ 전달률과\ 관계$$

없으며 증가된 질량은 기계 자체의 진동에만 영향을 준다.

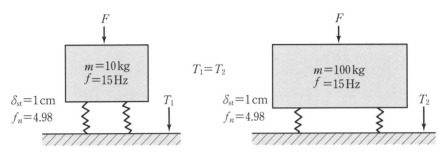

[그림 4.40] 질량과 전달률과의 관계

3) 탄성 지지에 필요한 설계 인자

탄성 지지용 설계 인자로는 강제 진동 주파수, 고유 진동 주파수, 가진력에 대한 진동 변위, 스프링 정수 및 방진물의 정적 수축량 등이 있다.

(1) 강제 진동 주파수(f)

- 축: $f = \dfrac{N}{60}$ (N: rpm)   • 송풍기: $f = \dfrac{날개수 \times N}{60}$

- 기어: $f = \dfrac{ZN}{60}$ (Z: 잇수)   • 내연 기관: $f =$ 매초 폭발 횟수 × 실린더 수

(2) 고유 진동 주파수(f_n)

기계 등의 탄성 지지(방진 스프링, 방진고무 등)에 따른 고유 진동수를 적정 값으로 설정하며, $f/f_n > 3$이 되게 하는 것이 바람직하다.

(3) 가진력(F)에 대한 진동 변위(x)

$$x = \frac{\delta_{st}}{\sqrt{\left\{1 - \left(\frac{f}{f_n}\right)^2\right\}^2 + 4\zeta^2 \cdot \left(\frac{f}{f_n}\right)^2}}\ (\text{cm})$$

여기서

$$\delta_{st} = \frac{F}{K},\ \ x = \frac{F_t}{K},\ \ T = \frac{F_f}{F}\ (F_f = kx: 기초에\ 전달되는\ 힘)이다.$$

(4) 스프링 정수(k)

$$k = \frac{W/n}{\delta_{st}} = 4\pi^2 f_n^2 \left(\frac{W}{g} \right) (\text{kg/cm})$$

(5) 방진물의 정적 수축량(δ_{st})

$$\delta_{st} = \frac{(1+T) \times 24.8}{Tf^2} (\text{cm})$$

4) 방진재의 특성

정적 처짐의 크기에 따라 방진 스프링 또는 방진고무로 선정한다.

(1) 방진 스프링

• 저주파 차진에 좋으며 감쇠가 거의 없고 공진시 전달률이 매우 큰 단점이 있다.
• 스프링의 감쇠비가 적을 때에는 스프링과 병렬로 댐퍼를 넣고, 기계 무게의 1~2배의 방진 거더_{girder}를 부착한다.
• 고유 진동수는 보통 2~10 Hz를 적용한다.

(2) 방진고무(패드)

• 고주파 차진에 좋으며 정하중에 따른 수축량은 10~15 % 이내로 사용한다.
• 고유 진동수가 강제 진동수의 1/3 이하인 것을 선택하고 적어도 70 % 이하로 한다.
• 방진고무의 정적 스프링 정수 K_s에 대한 동적 스프링 정수 K_d의 비 $\alpha = \dfrac{K_d}{K_s}$는 〈표 4.6〉과 같다.
• 정적 수축량 δ_{st}와 a는 $\dfrac{\delta_{st}}{a} = \dfrac{\omega}{Kd}$이므로 고유 진동수 f_n은

$$f_n = \frac{1}{2\pi} \sqrt{\frac{K_d \cdot g}{\omega}} = \frac{1}{2\pi} \sqrt{\frac{K_s \cdot a \cdot g}{\omega}} = 4.98 \sqrt{\frac{K_s \cdot a}{\omega}} = 4.98 \sqrt{\frac{a}{\delta_{st}}} (\text{Hz})\text{이다.}$$

〈표 4.6〉 동적 배율 $\left(\alpha = \dfrac{K_d}{K_s} \right)$

방진 재료		동적 배율(α값)
금속 코일 스프링		1
방진고무	천연고무	1.0(연)~1.6(경)
	크로로프렌계 고무	1.4~2.8
	이토릴계 고무	1.5~2.5

(a) 방진 스프링   (b) 네오프렌 마운트 및 패드

(c) 스프링 행거

[그림 4.41] 방진재의 종류

3. 진동 방지법

진동 보호 대상체는 진동으로부터 보호되어야 할 기계 혹은 그 부품과 그를 받치는 설치대로 구성된 시스템이다. 진동체는 진동하는 기계 부품, 기초$_{base}$, 공장 바닥 등이며, 특정 적용 목적에 따라 이들 중 어느 하나를 의미한다.

1) 일반적인 진동 방지법

기계나 부품의 질량이 큰 경우에는 거더를 사용하며, 2단계 차단기를 사용할 경우 고주파 진동 제어에 매우 효과적이다.

(1) 진동 차단기

[그림 4.42]의 (a)는 기초에 직접 진동 보호 대상체를 놓은 경우이고, (b)는 이들 사이에 스프링형의 진동 차단기를 사용한 경우이다. 이때 사용되는 차단기는 강성이 충분히 작아서, 이의 고유 진동수가 차단하려고 하는 진동의 최저 진동수보다 적어도 1/2 이상 작아야 한다.

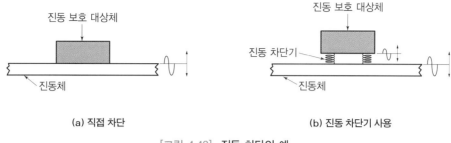

(a) 직접 차단   (b) 진동 차단기 사용

[그림 4.42] **진동 차단의 예**

(2) 질량이 큰 경우 거더의 이용

진동 보호 대상체를 [그림 4.43]과 같이 스프링 차단기 위에 놓인 거더 위에 설치하는 경우, 블록의 질량은 차단기의 고유 진동수를 낮추는 역할을 한다.

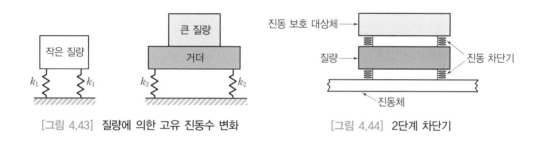

[그림 4.43] **질량에 의한 고유 진동수 변화**   [그림 4.44] **2단계 차단기**

(3) 2단계 차단기의 사용

[그림 4.44]와 같은 2단계 진동 제어는 고주파 진동 제어에 대단히 효과적이지만 저주파 진동 제어에는 역효과를 줄 수 있다. 저주파에서의 역효과를 피하기 위해서는 진동 보호 대상제의 질량 m_i는 다음의 조건을 만족해야 한다.

$$m_i > \frac{k}{20f^2}$$

여기서 k는 차단기의 강성이고, f는 차단하려는 진동의 최저 주파수이다.

(4) 기초의 진동을 제어하는 방법

위의 두 방법에서는 기초 자체의 진동보다도 기초로부터 진동 보호 대상체로의 진동 전달 제어에 대해서만 고려하였다. 경우에 따라서는 기초 자체의 진동을 제어하는 것이 효과적일 수 있다.

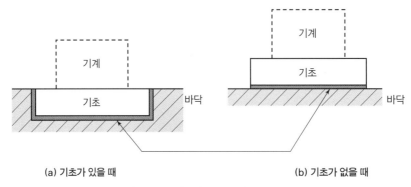

(a) 기초가 있을 때   (b) 기초가 없을 때

[그림 4.45] 기초대의 진동 제어

　가장 간단한 방법은 설치대에 큰 질량을 가하는 것이다. 더욱 효과적인 진동 제어는 강철 보강재와 감쇠 재료를 함께 사용함으로써 얻을 수 있다. 이때, 강철 보강재는 스프링과 같은 역할을 한다.

2) 진동 차단기의 선택

　진동 차단기는 일반적으로 강철 스프링, 천연고무 혹은 네오프렌neoprene과 같은 합성 고무로 만들어지며, 이들의 적절한 조합으로 이용되기도 한다.

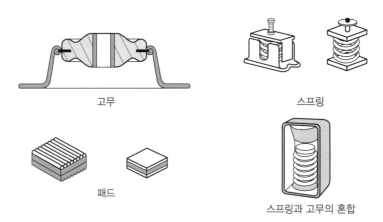

고무   스프링

패드

스프링과 고무의 혼합

[그림 4.46] 진동 차단기의 예

진동 차단기의 기본 요구 조건은 다음과 같다.

• 강성이 충분히 작아서 차단 능력이 있어야 한다.
• 강성은 작되 걸어준 하중을 충분히 지지할 수 있어야 한다.
• 온도, 습도, 화학적 변화 등에 견딜 수 있어야 한다.

3) 진동 차단기의 종류

진동 차단기로 사용되는 재료에는 강철 스프링, 천연고무, 패드 및 감쇠기가 있다.

(1) 강철 스프링

하중이 큰 경우에는 강철 스프링을 사용하는 것이 바람직하다. 특히 정적 변위가 5 mm 이상 요구될 때는 강철 스프링의 사용이 바람직하다. 이때의 고유 진동수는 2 Hz 이하가 된다.

(2) 천연고무 혹은 합성 고무 절연재

천연고무나 합성 고무neoprene를 이용하는 진동 차단기는 최저 10 Hz까지의 진동 제어에 이용할 수 있다. 고무 차단기의 가장 큰 장점은 측면으로 미끄러지는 하중에 적합하다는 것이다. 네오프렌과 같은 합성 고무는 이러한 화학적 성질에 대한 저항이 더욱 크고, 특히 비교적 높은 온도에도 잘 견딘다.

(3) 패드

진동 차단기로 이용되는 패드에는 다음과 같은 재료들이 흔히 사용된다.

- 스폰지 고무: 스폰지 고무는 액체를 흡수하려는 경향이 있으므로, 발화 물질 등의 액체가 있는 곳에서 이용할 때는 플라스틱 등으로 밀폐된 패드를 이용해야 한다.
- 파이버 글라스: 파이버 글라스fiber glass 패드의 강성은 주로 파이버의 밀도와 직경에 의해서 결정된다. 파이버 글라스는 많은 수의 모세관을 포함하고 있으므로 습기를 흡수하려는 경향이 있다.
- 코르크: 코르크cork로 만든 패드는 수분이나 석유 제품에 비교적 잘 견딘다.

4) 감쇠기

진동 시스템에 대한 감쇠 처리는 다음과 같은 경우에 효과적이다.

- 시스템이 그의 고유 진동수에서 강제 진동을 하는 경우
- 시스템이 많은 주파수 성분을 갖는 힘에 의해서 강제 진동되는 경우
- 시스템이 충격과 같은 힘에 의해서 진동되는 경우

거의 모든 재료는 어느 정도의 내부 감쇠를 갖고 있다. 그러나 강철과 같은 기계 구조물에 흔히 쓰이는 재료들은 이 내부 감쇠가 대단히 작기 때문에 외부에서 별도의 감쇠를 가할 필요가 있다.

2 소음 측정

4.2.1 개요

소리란 인간의 귀가 감지해 낼 수 있는 어떤 매질에서의 압력 변동이라고 정의할 수 있다. 매 초당 압력 변동을 주파수라고 하며, 압력 변동은 음원으로부터 우리 귀까지 공기와 같은 탄성 매질을 통하여 전달된다.

우리의 귀가 감지할 수 있는 소리sound는 음향acoustic과 소음noise으로 분류할 수 있다. 음악을 듣는다거나 새의 노랫소리를 듣는 것과 같이 즐거움을 주는 소리를 음향이라 하고, 기계에서 발생하는 소리와 같이 우리 인간의 귀에 거슬리는 원하지 않는 소리를 소음이라고 한다.

소리는 공기를 통해서만 전달되는 것이 아니고 실제로 기체, 액체 및 탄성을 가진 고체의 모든 물질을 통해서 전달된다. 다만 탄성체의 밀도 차이에 의하여 소리의 전달 속도와 파형이 다르다. 소리의 전달 속도는 고체, 액체, 기체 순이다.

1. 소리의 물리량

소리의 대표적인 물리량에는 음파, 음향 파워, 음의 세기 및 음압이 있다.

1) 음파

음파는 매질을 구성하는 입자들이 압축과 이완에 의하여 에너지가 전달되는 파동 현상을 나타내는 소리이다. 파동을 전달하는 물질을 매질이라고 할 때, 소리의 전달은 매질의 운동에너지와 위치 에너지의 교번 작용으로 이루어지는 에너지 전달을 뜻한다.

소리를 전달하기 위해서는 공기라는 매질이 필요하며 음파는 매질 개개의 입자가 파동이 진행하는 방향의 앞뒤로 진동하는 종파이다.

(1) 파장

파장wavelength은 정현파에서 음파의 한 주기에 대한 거리로 정의되며, 표시 기호는 λ, 단위는 m이다. 음의 전달 속도인 음속을 c(m/s)라고 하면, 파장은 다음과 같다.

$$\lambda = \frac{c}{f}$$

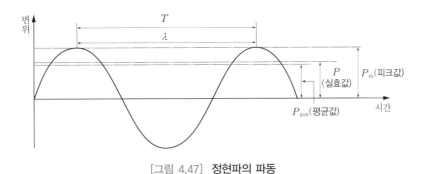

[그림 4.47] **정현파의 파동**

(2) 주기

주기period는 정현파에서 한 파장이 전파되는 데 걸리는 시간을 말하며, 표시 기호는 T, 단위는 초(s) 이다.

$$T = \frac{1}{f}(s)$$

(3) 주파수

주파수frequency는 음파가 매질을 1초 동안 통과하는 진동수를 말하며, 표시 기호는 f, 단위는 Hz이다.

$$f = \frac{1}{T} = \frac{c}{\lambda}(Hz)$$

(4) 진폭

진폭amplitude은 파형의 산이나 골과 같이 진동하는 입자에 의해 발생하는 최대 변위 값을 말하며, 표시 기호는 A, 단위는 m이다. 음파에 의한 공기 입자의 진동 진폭은 실제로 매우 작은 값인 0.1 nm 정도이다.

(5) 음의 전파 속도

음의 전파 속도(음속)는 음파가 1초 동안에 전파하는 거리를 말하며, 표시 기호는 c, 단위는 m/s이다. 공기 중에서의 음속은 기압과 공기 밀도에 따라 변하게 되며, 음의 전파 속도는 다음 식으로 나타낸다.

$$c = 331.5 + 0.6\,t$$

여기서 t는 공기의 온도이다. 또한, 매질이 고체 또는 액체 중에서의 음속 c는

$$c = \sqrt{E/\rho}\ (\text{m/s})가\ 된다.$$

여기서 E는 매질의 세로 탄성 계수 N/m², ρ는 매질의 밀도 kg/m³이다.

(6) 각 매질에서 소리의 전파 속도
- 기체: 공기$(0\ ℃) = 331.3\,\text{m/s}$, 질소$(0\ ℃) = 337.0\,\text{m/s}$, 수소$(0\ ℃) = 1\,270\,\text{m/s}$
- 액체: 물 $= 1\,500\,\text{m/s}$
- 고체: 고무 $= 35\,\text{m/s}$, 콘크리트 $= 3\,100\,\text{m/s}$, 유리 $= 4\,100\,\text{m/s}$, 철 $= 5\,300\,\text{m/s}$

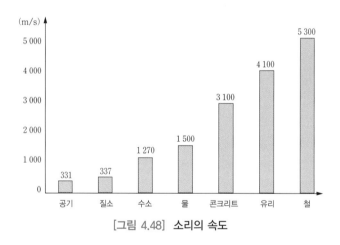

[그림 4.48] 소리의 속도

2) 음향 파워

음향 파워는 단위 시간에 음원으로부터 방출되는 음의 에너지를 의미하며, 표시 기호는 W, 단위는 W(와트)이다. 음향 파워 W는 음원을 둘러싼 표면적(S)과 그 표면에서 $r(\text{m})$ 떨어진 곳에서 음의 세기를 I라고 하면, 다음과 같이 표현된다.

$$W = I \times S\ (\text{W})$$

여기서, S는 음원의 방사 표면적(m²)이다.

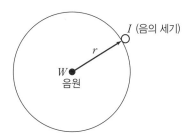

[그림 4.49] **점음원의 음향 파워**

3) 음의 세기

음의 진행 방향에 수직하는 단위 면적을 단위 시간에 통과하는 음에너지를 음의 세기라고 하며, 표기 기호는 I, 단위는 W/m²이다.

음의 세기 I와 음압 실효치 P와의 관계는 다음 식으로 나타낸다.

$$I = \frac{P^2}{\rho c} \ (\text{W/m}^2)$$

여기서 ρ: 매질의 밀도(kg/m²), c: 음속(m/s), ρc: 고유 음향 임피던스

4) 음압

소밀파의 압력 변화 크기를 음압이라 하며, 표기 기호는 P, 단위는 N/m²(= Pa)이다. 정현파에서 음압 진폭 P_m(피크 값)와 음압 실효값(rms값) P와의 관계는 다음과 같다.

$$P = \frac{P_m}{\sqrt{2}} \ (\text{N/m}^2)$$

5) 음의 dB 단위

음압의 유도 단위는 파스칼(Pa)이지만, 로그 함수인 dB~decibel~ 단위를 사용하면 편리하다.

(1) dB

음의 크기를 파스칼(Pa) 단위로 나타낼 경우 숫자가 너무 커서 사용하기 불편하다. 따라서 음의 크기 등을 나타내는 단위로 dB를 사용한다. 소리는 본질적으로 대기의 작은 압력의 변화를 우리 귀의 고막으로 감지하는 현상이므로 소리의 크기는 이 압력의 크기로 정의할 수 있다. 그러나 사람이 들을 수 있는 소리의 크기는 최저 가청 압력인 2×10^{-5} N/m²에서, 통증을 느끼기 시작하는 압력인 200 N/m²까지 광범위하기 때문에 소리의 압력 자체로 소리의 크기를 정의하는 데는 불편이 따른다.

이처럼 넓은 범위에서 변하는 양을 취급하기 위해서 물리학이나 공학에서는 흔히 그 양의 log값을 이용한다. 소리의 dB 표현은 공학에서 다음과 같이 정의된다.

$$dB = 10 \log \left(\frac{P}{P_o} \right), \quad P: \text{Power}, \quad P_o: \text{기준 Power}$$

여기서 $\log \left(\frac{P}{P_o} \right)$는 전화의 발명자 알렉산더 그레이엄 벨을 추모해서 '벨'이라고 부르며, 이 단위의 $\frac{1}{10}$을 dB라고 정의한다. 이처럼 dB는 어떤 기준 값에 의해 정의된 상대적인 양이다. 여기에서 P_o는 정상 청력을 가진 사람이 1 000 (Hz)에서 가청할 수 있는 최소 음압 실효치($2 \times 10^{-5} \text{ N/m}^2$)이며, P는 대상음의 음압 실효값이다. 가청 한계는 60 (N/m²), 즉 130 dB 정도이다. [그림 4.50]은 몇 가지 경우들에 대한 음압도를 보여준다.

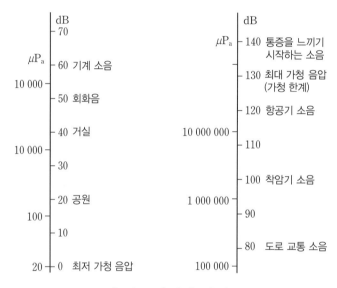

[그림 4.50] **음압도의 예**

(2) 음압도(SPL; Sound Pressure Level)

음향에서 dB는 power 대신에 음의 세기 레벨을 사용하며,

$$SIL = 10 \log \left(\frac{I}{I_o} \right)$$

로 정의한다.

여기서 I_0는 기준 세기로, 최저 가청 압력 $P_0 = 2 \times 10^{-5}$ N/m²에 해당하는 음의 세기 $I_0 = 10^{-12}$ W/m²로 정의하며, I는 대상음의 세기이다. I는 P의 제곱에 비례하므로 위 식은 다음과 같이 음압의 함수로 쓸 수 있다.

$$SPL = 10 \log\left(\frac{P^2}{P_0^{\,2}}\right) = 20 \log\left(\frac{P}{P_0}\right)$$

6) dB의 대수법

dB로 정의된 두 개 이상의 양을 취급할 때는 이들을 일단 본래의 물리량으로 바꾸어 더하거나 빼야한다. 예를 들어, 두 음압을 합하고자 할 때 다음과 같은 식을 이용한다.

두 개의 음압도 L_{P1}과 L_{P2}가 아래와 같이 주어진 경우, 함성 음압도는 다음 식과 같다.

$$L_P = L_{P1} + L_{P2} = 10 \log_{10}(10^{L_1/10} + 10^{L_2/10})$$

만일 두 개의 음압도가 각각 $L_1 = 70$ dB와 $L_2 = 76$ dB로 주어졌다면, 이들의 합은 다음과 같이 구한다.

$$L_P = 10 \log_{10}(10^{L_1/10} + 10^{L_2/10}) = 10 \log_{10}(10^{70/10} + 10^{76/10}) = 77 \text{ (dB)}$$

실제로는 이러한 번거로운 계산을 피하고, 차트를 이용하면 두 개의 dB값의 차이를 통하여 구할 수 있다. 즉, 두 음압도의 차(76 dB − 70 dB)가 6 dB이므로 그림에서 x축의 값이 6일 때 y축의 값은 약 1 dB이므로 음압의 큰 값(76 dB)에 1 dB를 더하면 된다.

따라서 로그 함수로 표현된 음압도 76 dB와 70 dB의 합은 76 + 1 = 77 dB로 계산된다.

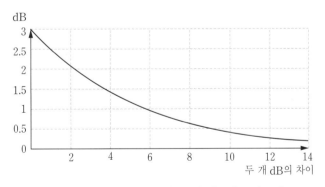

[그림 4.51] 두 개의 dB를 더할 때 음압도의 보정 그래프

> **예제 1** 회전 기계 장치로부터 5 m 떨어진 곳에서 측정된 소음 레벨이 1.0 N/m²일 때, 음압 레벨을 dB값으로 계산하시오.
>
> 〈풀이〉 측정된 음압 레벨: 1.0 N/m²
>
> 기준 음압 레벨(최저 가청 음압): 2×10^{-5} N/m²이므로, dB 단위의 음압 레벨 L_P는
>
> $$L_P = 20 \log\left(\frac{P}{P_o}\right) = 20 \log\left(\frac{1.0}{2 \times 10^{-5}}\right) = 94 \text{ dB}$$
>
> **예제 2** 70 dB를 내는 기계 두 대를 동시에 작동시키면 합성 소음도는 얼마인가?
>
> 〈풀이〉 $L_P = 10 \log_{10}(10^{L_1/10} + 10^{L_2/10}) = 10 \log_{10}(10^{70/10} + 10^{70/10}) = 73 \text{ dB}$

2. 소리의 성분

청각 기관이 정상인 사람의 경우 20 Hz에서 20 000 Hz 범위의 주파수 성분을 들을 수 있다. 우리가 소리를 들을 수 있는 것은 음원으로부터 전달된 음파가 귓구멍을 통과하면서 귀의 고막을 진동시키기 때문이다. 이 고막의 진동을 통하여 수 만개의 세포로 구성된 신경 계통을 통하여 소리가 뇌로 전달된다.

1) 음의 3요소

우리가 들을 수 있는 소리의 성분은 크게 세 가지로 분류하는데 이것을 음의 3요소라고 한다. 음의 3요소는 음의 높이pitch, 음의 세기loudness 및 음색timbre 으로 구분된다.

(1) 음의 높이(고주파수, 저주파수 (Hz))

음의 높고 낮음은 음파의 주파수에 따라 감지하며, 높은 주파수는 파장이 짧아 음을 높게 느끼고, 낮은 주파수는 파장이 길어서 음을 낮게 느낀다. 음의 중심 주파수는 회화 명료음(인간의 귀에 가장 잘 들리는 주파수 대역의 음)으로, 1 000 Hz를 기준으로 하고 있다. 예를 들어, 똑같은 음압 레벨로 회화하더라도 1 000 Hz 대역의 회화음이 500 Hz 대역의 회화음보다 더 크고 명료하게 들리게 된다.

(2) 음의 세기(큰 소리, 작은 소리 (dB))

음의 세기는 진폭과 관계가 있으며 큰 소리일수록 진폭이 커지며, 작은 소리일수록 진폭이 작아진다. 즉, 음의 세기는 음압에 따른 차이로, 진폭의 크기에 따른다. 이를테면 큰소리와 작고 조용한 소리를 의미하며, 음의 크기는 음압 레벨의 단위인 데시벨(dB)로 표시할 수 있다.

(3) 음색(파형의 시간적 변화)

음색이란 음파의 시간적 변화에 따른 차이를 의미한다. 같은 높이, 같은 크기의 소리라도 발음체의 종류가 다르면 소리의 질이 달라진다. 같은 종류의 발음체라도 각각의 발음체에서 나오는 소리에는 그 발음체 고유의 특징이 있다. 예를 들면, 피아노와 기타 소리와의 차이를 의미한다. 우리가 듣는 피아노의 '도' 음이나 기타의 '도' 음은 실제로는 많은 배음을 지닌 합성파이다. 이때 만들어지는 합성파의 모양이 다르면 음색이 다르게 느껴진다.

2) 등청감 곡선

사람의 귀로 감지되는 음의 크기는 물리적인 양인 dB와 일치하지 않으며, 비선형적으로 느껴진다. 또한, 사람이 느끼는 귀의 감도는 음의 주파수에 따라 다르며 음압 레벨도 다르게 나타난다.

즉, 사람의 귀는 주파수에 따라 감지도가 다르기 때문에 기계적으로 측정된 음압도를 보정해 줄 필요가 있다. [그림 4.52]는 실험적으로 구한 건강한 사람의 소리에 대한 감지도의 주파수 변화를 나타내고 있다.

한 개의 사인파로 이루어진 순수한 소리를 순음pure tone이라고 할 때, 등청감 곡선equal loudness contours이란 같은 크기로 느끼는 순음을 주파수별로 구하여 작성한 곡선을 의미한다. [그림 4.52]에서 사람이 느끼는 주파수와 음압 레벨의 관계를 알아보자.

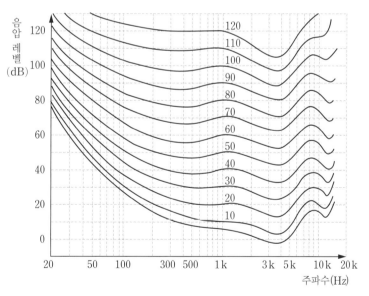

[그림 4.52] 등청감 곡선

순음 1 000 Hz의 음압도 50 dB는 50 phon으로 느끼지만, 순음 100 Hz의 음압도 50 dB는 40 phon으로 느낀다. 100 Hz에서 50 phon으로 느끼기 위해서는 100 Hz에서 음압도가 58 dB이 되어야 함을 의미한다. 사람의 귀로 들을 수 있는 가청 영역은 주파수 범위 20~20 000 Hz에서 음압 레벨 0~130 dB 정도이다. 사람이 가장 민감한 소리를 들을 수 있는 주파수는 약 3 900 Hz이며, 이것은 귀의 구조 특성이 공명과 관련이 있기 때문이다. 또한, 100 Hz 이하의 저주파음에는 매우 둔감한 것으로 알려져 있다.

3) 청감 보정 회로

음향 측정 장비에는 기본 음압도의 측정뿐만 아니라 기계적으로 측정된 음압도를 사람이 실제 느끼는 레벨로 맞추기 위하여 등청감 곡선을 역으로 한 청감 보정 회로weighting network를 포함하여 근사적인 음의 크기 레벨을 측정한다. 청감 보정 곡선은 소리의 세기를 3등분하여 중간 이하의 소리에서는 A특성 곡선을 사용하고, 그 이상의 소리 세기에 대해서는 B, C특성 곡선을 차례로 사용한다.

일반적으로 인간의 청각에 대응하는 음압 레벨의 측정은 A특성을 사용한다. C특성은 전 주파수 대역에서 평탄 특성flat으로 자동차의 경적 소음 측정에 사용된다. 현재 잘 사용하지 않는 B특성은 A특성과 C특성의 중간 특성을 의미하며, ISO 규격에는 항공기 소음 측정을 위한 D특성이 있다.

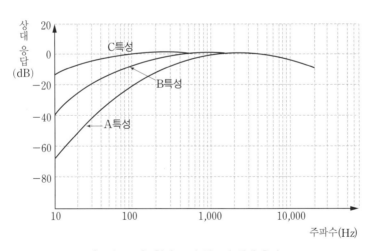

[그림 4.53] 청감 보정 회로의 상대 응답

3. 소리의 발생과 특성

우리는 보통 공기 중에서 소리를 듣지만 소리는 어떤 기체, 액체 또는 고체 안에서도 진행된다. 이와 같은 소리는 반사와 투과 등의 특성을 갖는다.

1) 소리의 발생

우리가 듣는 소리는 휘파람과 같은 단순음에서부터 기계에서 발생하는 복잡하고 불규칙한 소리들의 조합까지 다양하며, 기체음과 고체음 등이 대표적이다.

(1) 고체음

고체음은 물체의 진동에 의한 기계적 원인으로 발생하며, 기계의 진동이 기초대의 진동을 수반하여 발생하는 음과 기계 자체의 진동에 의한 음으로 분류된다. 예를 들어 북이나 타악기 및 스피커음 등이 있다.

(2) 기체음

기체음은 직접적인 공기의 압력 변화를 일으키는 것으로, 관악기나 불꽃의 폭발음, 선풍기음, 압축기음 및 음성 등이 있다.

〈표 4.7〉 진동체의 기본음 주파수

진동체	기본음의 주파수	기호 설명
봉의 종진동	$\dfrac{1}{2l}\sqrt{\dfrac{E}{\rho}}$	l: 길이, E: 영률, ρ: 재료의 밀도
봉의 횡진동	$\dfrac{k_1 d}{l^2}\sqrt{\dfrac{E}{\rho}}$	k_1: 상수 d: 각 봉의 1변 또는 원봉의 직경
일단 개구관	$\dfrac{c}{4l}$	c: 공기 중의 음속
양단 개구관	$\dfrac{c}{2l}$	h: 판의 두께
주변 공원판	$\dfrac{3 \cdot 2^2 h}{4\pi a^2}\sqrt{\dfrac{E}{3\rho(1-\sigma^2)}}$	a: 원판의 반경 σ: 프와송비

(3) 공명 현상

공명이란 2개의 진동체가 같은 고유 진동수를 가질 때, 한쪽을 진동시키면 다른 쪽도 공명하여 진동하는 현상이다. 〈표 4.7〉은 간단한 구조의 진동체에 대한 공명 주파수(기본음의 주파수)를 나타내고 있다. 공명 주파수를 이용하면 진동체의 길이와 두께 등이 변화할 때 그 주파수도 변화함을 알 수 있다.

2) 소리의 특성

소리가 매질을 만나면 반사와 투과, 회절, 굴절 및 간섭이 발생하는 특성을 갖는다.

(1) 반사와 투과

매질을 통과하는 음파가 어떤 장애물을 만나면 일부는 반사되고, 일부는 장애물을 투과하면서 흡수되고, 나머지는 장애물을 투과하게 된다. 이와 같이 평탄한 장애물이 있을 경우 입사파와 반사파는 동일 매질 내에 있고, 입사각과 동일한 것을 반사 법칙이라고 한다.

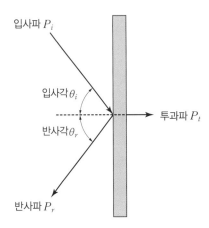

[그림 4.54] **점음원 음파의 반사 법칙**

- 입사음의 세기 I_i, 입사 음압 P_i
- 반사음의 세기 I_r, 반사 음압 P_r
- 투과음의 세기 I_t, 투과 음압 P_t
- 흡수음의 세기 I_a, 흡수 음압 P_a

라고 하면, 반사율, 투과율 및 흡음율은 다음 식으로 표현된다.

- 반사율 $\alpha_r = \dfrac{\text{반사음의 세기}}{\text{입사음의 세기}} = \dfrac{I_r}{I_i}$

- 투과율 $\tau = \dfrac{\text{투과음의 세기}}{\text{입사음의 세기}} = \dfrac{I_t}{I_i}$

- 흡음율 $\alpha = \dfrac{(\text{입사음} - \text{반사음})\text{의 세기}}{\text{입사음의 세기}} = \dfrac{I_i - I_r}{I_i}$

(2) 회절

회절diffraction은 투과되지 않은 음이 장애물에 입사한 경우 장애물의 크기가 입사음의 파장보다 크면 음이 장애물 뒤쪽으로 전파하는 현상을 말한다. 따라서 음의 회절은 파장과 장애물의 크기에 따라 다르게 나타나며, 파장이 크고 장애물이 작을수록 회절은 잘 된다. 즉, 물체에 있는 틈새 구멍이 작을수록 회절이 잘 일어난다.

(3) 굴절

음의 굴절refraction은 음파가 한 매질에서 다른 매질로 통과할 때 휘어지는 현상을 의미한다. 각각 서로 다른 매질을 음이 통과할 때 그 매질 중의 음속은 서로 다르게 된다.

입사각을 θ_1, 굴절각을 θ_2라고 하면, 그때의 음속비 γ_c는 스넬Snell의 법칙에 따라 다음과 같이 정의된다.

$$음속비 \ \gamma_c = \frac{c_1}{c_2} = \frac{\sin\theta_1}{\sin\theta_2}$$

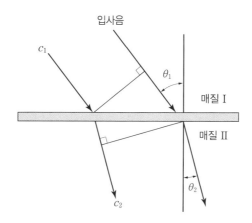

[그림 4.55] 음의 굴절

- 온도 차 굴절: 대기의 온도 차에 의하여 높은 온도에서 낮은 온도 방향으로 굴절한다.
- 풍속 차 굴절: 음의 발생원이 있는 곳보다 높은 곳에서 풍속이 클 때 높은 상공으로 굴절한다.

• 소리는 더운 공기에서 찬 공기 방향으로 굴절한다.

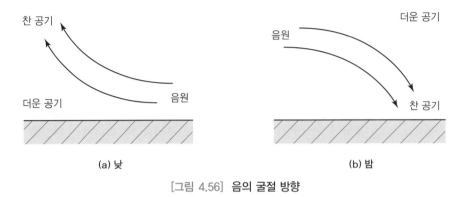

[그림 4.56] **음의 굴절 방향**

(4) 간섭

간섭interference은 두 개 이상의 음파가 서로 다른 파동 사이의 상호 작용으로 나타나는 현상으로, 음파가 겹칠 경우 진폭이 변하는 상태를 음의 간섭이라고 한다. 음의 간섭에는 보강 간섭, 소멸 간섭 및 맥놀이 현상이 있다.

• 보강 간섭: 여러 파동이 마루는 마루끼리 골은 골끼리 서로 만나 엇갈려 지나갈 때 그 합성파의 진폭이 크게 나타나는 현상
• 소멸 간섭: 여러 파동 마루는 골과 만나고, 골은 마루와 만나면서 엇갈려 지나갈 때 그 합성파의 진폭이 작게 나타나는 현상
• 맥놀이: 두 개의 음원에서 보강 간섭과 소멸 간섭이 교대로 이루어질 때, 어느 순간에 큰 소리가 들리면 다음 순간에는 조용한 소리로 들리는 현상으로 맥놀이 수는 두 음원의 주파수 차와 같다.

(5) 마스킹 효과

마스킹masking은 음원이 두 개인 경우, 소리의 크기가 서로 다른 소리를 동시에 들을 때 큰소리는 듣고, 작은 소리는 듣지 못하는 현상이다. 이 현상은 음의 간섭으로 인하여 발생되며, 마스킹의 특징은 다음과 같다.

• 저음이 고음을 잘 마스킹한다.
• 두 음의 주파수가 비슷할 때는 마스킹 효과가 매우 커진다.
• 두 음의 주파수가 같을 경우 마스킹 효과가 감소한다.

마스킹 효과의 예로는 공장 내에서의 배경 음악back music이나 자동차 안의 스테레오 음악 등이 있다.

(6) 도플러 효과

음원이 이동할 겨우 음원이 이동하는 방향 쪽에서는 원래 음보다 고주파음(고음)으로 들리고, 음원이 이동하는 반대쪽에서는 저주파음(저음)으로 들리는 현상을 도플러Doppler 효과라고 한다.

4.2 ② 소음 측정기

소음 측정을 위해서는 KSC 1502에서 정한 보통 소음계 또는 KSC 1505에서 정한 정밀 소음계와 동등 이상의 성능을 갖는 기기를 이용하여 수행한다.

1. 소음계

소음계sound level meter란 소리를 인간의 청감에 대해서 보정을 하여 인간이 느끼는 감각적 크기의 레벨에 근사한 값으로 측정할 수 있도록 한 측정계기이다.

1) 소음계의 종류

소음을 측정하는 데 사용되는 소음계는 간이 소음계, 보통 소음계, 정밀 소음계 등이 있으며, 최소한 [그림 4.57]과 같은 구성이 필요하다.

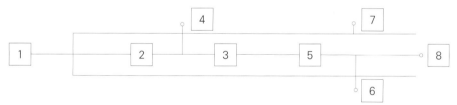

1. 마이크로폰 2. 레벨렌지 변환기 3. 증폭기 4. 교정 장치 5. 청감 보정 회로
6. 동특성 조절기 7. 출력 단자(간이 소음계 제외) 8. 지시계기

[그림 4.57] **소음계의 구성도**

소음계의 종류는 매우 다양하다. 단지 dB(A) 레벨의 소음 측정과 같은 단순한 소음 조사에서부터 등가 소음 레벨, 소음 노출 레벨(SEL) 등이 요구되는 정밀한 측정까지 가능한 소음계가 있다. 소음계에 관한 규격은 〈표 4.7〉에 나타나 있다.

〈표 4.8〉 소음계의 종류와 적용 규격

종류	적용 규격	검정 공차	주파수 범위	용도
간이 소음계	KSC 1503	–	70~6 000 Hz	–
보통 소음계	KSC 1502	±2 dB	31.5~8 000 Hz	일반용
정밀 소음계	KSC 1505	±1 dB	20~12 500 Hz	정밀 측정용

[그림 4.58] 소음계

2) 소음계의 구조

소음계는 마이크로폰과 전치 증폭기, 교정 장치, 소음 레벨 변환기, 청감 보정 회로, 필터, 검파기, 지시 및 출력부로 구성된다.

(1) 마이크로폰과 전치 증폭기

마이크로폰은 지향성이 작은 압력형으로 하며, 기기의 본체와 분리가 가능해야 한다. 일반적으로 안정성과 정밀도가 높은 콘덴서형 마이크로폰을 사용하며, 신호 처리를 하기 전에 전치 증폭기pre-amplifier로 신호를 증폭한다.

전치 증폭기는 마이크로폰에 의하여 음향 에너지를 전기 에너지로 변환시킨 양을 증폭시키는 것을 말한다.

(2) 교정 장치

소음계의 감도를 교정하는 장치가 내장되어 있으며, 80 dB(A) 이상이 되는 환경에서도 교정이 가능해야 한다.

(3) 소음 레벨 변환기

대상음의 소음도가 지시계기의 범위 내에 있도록 하기 위한 감쇄기로, 유효 눈금 범위가 30 dB 이하 구조인 것은 변환기에 의한 레벨 간격이 10 dB 간격으로 표시되어야 한다.

(4) 청감 보정 회로

청감 보정 회로는 인체의 주파수 보정 특성에 따라 나타내는 것으로, A특성을 갖춘 것이어야 한다. 다만, 자동차 소음 측정에 사용되는 C특성도 함께 갖추어야 한다. 청감 보정 회로에는 A, B, C, D의 보정 회로가 있다.

- A 보정 회로: 40폰의 등청감 곡선을 이용(55 dB 이하)
- B 보정 회로: 70폰의 등청감 곡선을 이용(55 dB 이상 85 dB 이하)
- C 보정 회로: 85폰의 등청감 곡선을 이용(85 dB 이상인 경우에 사용)
- D 보정 회로: 항공기 소음 측정용으로 PNL을 측정에 사용[PNL: 미국 연방 항공국에서 항공기 소음 평가에 사용되는 단위이며, 감각 소음 레벨(Perceived Noise Level)이라 부른다.]

(5) 필터

복합된 소리를 주파수별로 나누는 주파수 분석, 1/1 옥타브, 1/3 옥타브 대역폭

(6) 검파기

지시계기의 반응 속도를 빠름이나 느림의 특성으로 조절할 수 있는 조절기로, 실효값(RMS; root mean square) 검파기로 검출한다. 검파기 반응 특성으로 시정수를 검출하는 방식에는 FAST(125ms)와 SLOW(1s)의 조절 기능이 있다.

(7) 지시 및 출력부

녹음기 또는 플로터에 전송할 수 있는 교류 단자를 갖추어야 하며, 지시계기는 지침형 또는 숫자 표시형이다. 지침형의 유효 지시 범위는 15 dB 이상이어야 하고, 각각의 눈금은 1 dB 이하를 판독할 수 있어야 한다. 또한, 1 dB의 눈금 간격이 1 mm 이상으로 표시되도록 하고, 숫자 표시형에는 소수점 한자리까지 숫자가 표시되어야 한다.

3) 마이크로폰

마이크로폰은 음향적 압력 변동을 전기적인 신호로 변환하는 장치이다. 이렇게 변환된 전기적 신호는 다시 전치 증폭기pre−amplifier에서 증폭된다. 마이크로폰의 종류는 음장에서 응답에 따라 자유 음장형, 압력형, 랜덤 입사형 등 3가지로 분류된다.

(1) 자유 음장형 마이크로폰

마이크로폰이 음장에 놓이기 전에 존재하는 음압에 대하여 동형의 주파수 응답을 갖는 특징이 있다. 이 마이크로폰은 소리가 한쪽 방향에서 오는 경우에 사용된다. 그러므로 마이크로폰을 음원 방향에 직접 설치한다. 일반적으로 음의 반사가 적으므로 옥내외의 한쪽 방향의 음원 측정에 사용되며, 옥내인 경우 무향실에서의 측정이 대표적이다.

[그림 4.59] 자유 음장형 마이크로폰

(2) 압력형 마이크로폰

실제의 소음도에 대하여 동형의 주파수 응답을 갖도록 설계되어 있으며, 압력형 마이크로폰은 소리의 진행 방향에 대하여 90°가 되도록 설치한다. 이 마이크로폰은 주로 밀폐된 좁은 공간에서 측정시 사용된다.

(3) 랜덤 입사형 마이크로폰

모든 각도로부터 동시에 도착하는 신호에 대하여 동일하게 응답할 수 있도록 설계되어 있으며, 잔향실 측정뿐만 아니라 벽이나 천장 등 음의 반사가 많은 옥내에서 이용된다.

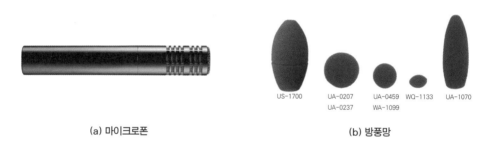

(a) 마이크로폰

(b) 방풍망

[그림 4.60] 마이크로폰과 방풍망(windscreen)

4) 적분형 소음계

적분형 소음계integrating sound level meter는 등가 소음도(L_{eq})를 측정할 수 있는 소음계로, 일반적인 소음계 구조인 마이크로폰, A 보정 회로, FAST, SLOW의 동특성 회로를 사용하는 RMS 검파기 및 지시 기구는 같으나 집적 회로를 내장하고 있다. 내장된 집적 회로는 소음의 표본을 얻고자할 때 유용하게 사용된다.

5) 청감 보정 회로

청감 보정 회로는 인간의 귀의 특성과 유사한 주파수 특성을 갖게 하기 위한 회로로, 1 000 Hz를 기준으로 A, B, C의 3가지 특성이 있으며, 부가해서 충격음이나 항공기 소음 측정을 위한 D특성도 있다.

2. 주파수 분석기

소리를 들을 때 시간 영역에서 인지되는 소리는 높은 음이나 낮은 음이 서로 중첩되어 있으므로 복합된 하나의 음으로 인식된다. 이와 같이 합성된 소음에 대하여 각각의 특성을 알기 위해서 주파수 분석을 하게 된다. 주파수 분석은 특정 시간 영역에서 샘플링된 음압을 고속 푸리에 변환(FFT)한 후, 음압 성분을 구성하고 있는 주파수를 분석한다.

3. 기록계

측정 결과는 기록계에 자동으로 기록해야 측정 후의 평가 및 측정 비교가 용이하다. 널리 사용되는 휴대용 레벨 기록기는 직접 1/1 옥타브와 1/3 옥타브 분석의 구성을 기록하는 데 사용된다.

4. 교정기

소음을 측정하기 전에 모든 마이크로폰과 모든 계측 장비에 대하여 교정을 하는 것이 매우 중요하다. 교정은 각각의 측정 전에 반드시 수행되어야 측정 데이터의 신뢰성 있는 정확한 데이터를 얻을 수 있다. 소음계에는 교정 신호 발생 회로가 내장되어 있다.

기준 음압을 마이크로폰에 가하는 음향 교정기에는 피스톤 폰과 스피커 방식의 음압 레벨 교정기가 있다. 피스톤 폰은 모터에 의해 2개의 작은 피스톤을 구동시켜 공동부의 용적 변화로 음압을 발생시킨다. 이 작동으로 인하여 250 Hz에서 124 dB의 음압 레벨이 발생된다. 피스톤 폰으로 높은 정밀도의 교정을 얻기 위해서는 대기 압력과 관련된 보정치를 가감해야 한다.

음압 레벨 교정기는 스피커와 함께 작동하는데 1 kHz에서 94 dB(약 1 Pa)의 음압 레벨을 발생시킨다. 이 같은 교정기를 완성된 측정 시스템의 마이크로폰에 부착한 후 가동시키면서 음압 레벨을 조절하여 교정한다.

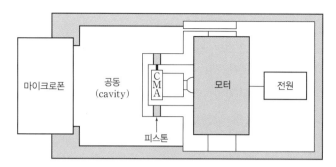

[그림 4.61] 피스톤 폰 교정기의 원리

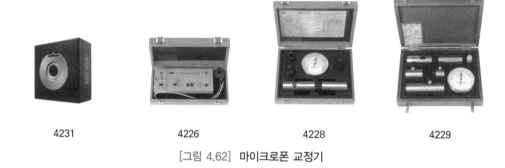

4231   4226   4228   4229

[그림 4.62] 마이크로폰 교정기

5. 음의 용어 정의

- 소음원: 소음을 발생하는 기계·기구, 시설 및 기타 물체를 말한다.
- 반사음: 한 매질 중의 음파가 다른 매질의 경계면에 입사한 후 진행 방향을 변경하여 본래의 매질 중으로 되돌아오는 음을 말한다.
- 암소음: 한 장소에 있어서의 특정 음을 대상으로 생각할 경우, 대상 소음이 없을 때 그 장소의 소음을 대상 소음에 대한 암소음이라고 한다.
- 대상 소음: 암소음 이외에 측정하고자 하는 특정의 소음을 말한다.
- 정상 소음: 시간적으로 변동하지 아니하거나 또는 변동 폭이 작은 소음을 말한다.
- 변동 소음: 시간에 따라 소음도 변화 폭이 큰 소음을 말한다.
- 충격음: 폭발음, 타격음과 같이 극히 짧은 시간 동안에 발생하는 높은 세기의 음을 말한다.
- 지시치: 계기나 기록지 상에서 판독한 소음도로, 실효치(rms값)를 말한다.
- 소음도: 소음계의 청감 보정 회로를 통하여 측정한 지시치를 말한다.

⁴²③ 소음 측정

본 절에서는 측정 목적에 따른 소음 측정 계획, 소음계의 설치, 소음 측정 방법 및 소음 측정시 유의 사항에 대하여 기술한다.

1. 소음 측정 계획

소음 측정을 계획할 때는 측정 목적을 명확하게 해야 한다. 소음의 측정 목적에 따라서 측정 장비의 선택, 측정 방법 등이 달라지기 때문이다. 측정 목적은 크게 소음의 평가와 방지 대책으로 나눌 수 있다. 소음 평가란 환경 기준의 적합성, 규제 기준치와 적합성 및 난청 등 건강과 관련된 작업 환경 등을 판단하는 것을 말한다.

1) 소음의 발생 원인을 위한 측정

소음을 측정할 자료를 준비하여 사전에 측정점과 측정 방법을 정한다.

- 공장 주변도
- 공장 평면도
- 공장 배치도
- 공장 건물 구조도
- 기계 배치도
- 공장 소재지의 소음 규제 기준

⟨표 4.9⟩ 소음 측정 계획시 검토 사항

검토 사항	결정 사항	유의 사항
① 무엇 때문에 하는가?	목적 · 목표의 설정	평가 기준: 소음 레벨인가 음질인가를 확인한다.
② 어디서 하는가?	측정 장소의 선정과 확인	측정 환경 조건의 용이성, 기재, 인원 이동의 편리성 등을 고려한다.
③ 무엇에 대하여 어떤 측정을 하는가?	측정 대상 · 측정 항목의 선정, 정도의 결정	대상 · 항목의 종별에 따라 규제 기준 및 KS에 준하여 선정한다.
④ 어떻게 하는가?	측정 방법의 선정, 측정 지점의 위치 및 수	소음원과 수음점 위치와의 배치 관계, 측정 지점에 표적을 박아 계속 측정할 때는 그 측정점을 명확히 한다. ①의 목적 및 음원의 질에 따라 선정한다.
	측정기, 보조 기구, 측정 정확도	데이터의 판독 수는 규제 기준에 따라 결정한다.
	측정 순서	측정 조건의 조합, 기록계 주파수 분석계 등 측정 순서를 정한다.
	측정 지휘 계통	연락 방법(무전기 등의 준비)을 미리 정한다.
⑤ 언제 하는가?	측정 일시 · 측정 기간	–
⑥ 누가 하는가?	측정 인원 · 관계자	측정 기술, 경험의 정도를 검토하여 배치한다.
⑦ 계획의 작성	측정 실시 세목의 일람표	–

2) 소음의 방지 대책을 위한 측정

소음 방지 대책을 위해서는 어느 기계의 음원 대책인지, 아니면 공장 건물에 대한 대책 수립을 하는지 등에 따라 명확한 목표를 두어야 한다. 따라서 음원을 측정하기 위해서는 다음과 같은 자료 준비가 필요하다.

- 측정 기기의 명칭, 규격 등 • 기계 장치의 성능, 출력, 회전수 등의 일람표
- 작업 공정도 • 측정 기기의 가동 상태 • 측정 기기의 설치 위치 • 소음 규제 기준

2. 소음계의 설치

마이크로폰은 소음계 본체에서 분리하여 연장 코드를 사용하여 삼각대에 장치해야 한다. 마이크로폰이 소음계 본체에 부착된 경우 반사음에 의해 지시 값에 오차가 발생하기 쉽기 때문이다.

일반적으로 소음계 본체에는 삼각대용 나사가 있으므로 이것을 사용한다. 이 경우에 지시 차를 판독하기 위해 너무 가까이 접근하면 지시에 오차가 일어나므로 주의한다.

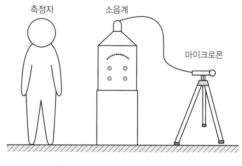

[그림 4.63] **소음 측정 방법**

3. 소음 측정 방법

소음 측정은 보통 A특성을 사용하여 측정하며, 녹음이나 주파수 분석을 하는 경우에는 C 특성을 사용한다. 지시계기의 지침 속도를 조절하기 위한 미터의 동특성은 FAST와 SLOW 모드가 있다. FAST 모드는 짧은 시간의 신호와 펄스 신호에 대해서, SLOW 모드는 응답이 늦으므로 낮은 소음도 값으로 지시된다. 연속적인 소리에 대해서는 두 가지 모두 같은 값을 나타내며, 소음계에 내장된 교정 신호나 피스톤 폰piston phone을 이용하여 소음계를 교정 한다.

옥타브 밴드	KS 보통 소음계			
중심 주파수(Hz)	dB(A)	dB(B)	dB(C)	허용 오차(dB)
31.5	−39.2	−17.2	−3.0	±5.0
63	−26.1	−9.4	−0.8	±3.5
125	−16.1	−4.3	−0.2	±2.0
259	−8.6	−1.4	0	±1.0
500	−3.2	−0.3	0	±2.0
1 000	0	0	0	±2.0
2 000	+1.2	−0.2	−0.2	−2.5 ∼ +3.0
4 000	+1.0	−0.8	−0.8	−4.0 ∼ +4.5
8 000	−1.1	−3.0	−3.0	−5.5 ∼ +6.0
16 000	−6.5	−8.3	−8.4	−∞ ∼ +6.0

　　소음 측정은 KSC 1502에서 정한 보통 소음계급 이상으로 측정하여 소음계의 A, B, C 등의 청감 보정 회로를 통하여 측정한 값을 소음 레벨이라고 한다. 그 단위는 dB(A), dB(B), dB(C)로 표시한다.

4. 소음 측정 시 유의 사항

　　소음을 측정할 때는 암소음(주위의 환경 소음), 반사음, 청감 보정 회로를 이용한 주파수 성분, 계기의 동특성 사용 방법, 소음 측정 절차 등에 대해 미리 알아보고 숙지하도록 한다.

1) 암소음에 대한 영향

　　암소음에 대한 영향은 다음 표의 보정 값을 적용한다. 예를 들어 암소음이 60 dB이고 대상음이 65 dB인 경우 지시 값의 차이가 5 dB이므로, 보정값 −2를 적용하면 실제 대상음은 63 dB가 된다.

〈표 4.11〉 암소음 보정표

대상음이 있을 때와 없을 때의 지시 값 차	1	2	3	4	5	6	7	8	9	10
보정값	−		−3		−2			−1		−
계산값	−6.9	−4.4	−3.0	−2.3	−1.7	−1.25	−0.95	−0.75	−0.60	−0.45

2) 반사음의 영향

마이크로폰 주위에 벽체와 같은 장애물이 없도록 한다.

3) 청감 보정 회로를 이용한 주파수 성분 파악

소음기의 청감 보정 회로에서 A특성 및 C특성의 비교를 통하여 개략적인 주파수 성분을 판별할 수 있다. 예를 들면, 동일한 소음을 A특성과 C특성에 각각 놓고 측정한 결과가 다음과 같을 경우

- dB(A) ≈ dB(C): 고주파 성분이 많다.
- dB(A) ≪ dB(C): 저주파 성분이 많다.

4) 계기의 동특성 사용 방법

- FAST: 모터, 기어 장치 등 회전 기계와 같이 변동이 심할 때
- SLOW: 환경 소음과 같이 대상음의 변동이 적을 때

5) 소음 측정 절차 요약

① 측정이 왜 필요한가? 소음 레벨만 측정할 것인가? 소음 주파수 분석도 필요한가? 측정 후 정밀 분석이 필요한가? 등을 미리 결정한다.

② 측정하고자 하는 소음은 어떤 종류(충격음, 순음 등)인지 확인한다.

③ 측정 장비와 측정 방법이 ISO 규격에 부합하는지 검토한다.

④ 올바른 장비를 준비한 후 모든 장비에 대하여 교정한다.

⑤ 측정 시스템을 구성하고 일정한 양식에 의하여 기록한다.

⑥ 음원, 마이크로폰의 위치 및 반사체 등 주위 환경을 기록한다.

⑦ 온도, 습도 및 바람의 세기 등을 기록한다.

⑧ 암소음을 측정한다.

⑨ 소음을 측정하고 기록한다.

🔗3🔗 소음 방지

본 절에서는 소음 방지 대책의 흐름과 소음의 발생 원인 및 소음 방지 대책에 대하여 기술한다.

1. 소음 방지의 개요

우리가 생활하는 데 느끼는 소음을 환경 소음이라고 한다. 소음에 장시간 노출되거나 심한 소음에서 생활하게 되면 심리적으로 불안정해지거나 건강에 악영향을 미치게 된다. 환경 소음을 크게 분류하면 일반적으로 기계 소음과 교통 소음이 있다.

- 기계 소음(공장 소음, 공사장 소음)
- 교통 소음(도로 소음, 철도 소음, 항공기 소음)

대표적인 도시 환경 소음은 도로 소음이다. 교통 소음의 소음원은 차나 항공기 등이 이동하는 상태에서 소음을 발생시키기 때문에 선 음원으로 가정된다. 그러나 기계 소음은 교통 소음과는 반대로 소음원이 일반적으로 이동하지 않기 때문에 점 음원으로 취급된다.

소음은 매질에 따라 다양하게 발생하고 전파 경로도 매우 복잡하므로 소음 방지 대책을 수립하기 위해서는 제반 기술 및 경제적인 조건을 고려해야 한다. 이 책에서는 기계 소음을 중심으로 다룬다.

[그림 4.64] **소음 방지 대책의 흐름도**

2. 소음의 발생 원인

소음 발생의 근본적인 원인은 모터의 동력에 있으며, 회전 속도, 구조물의 공진, 회전체의 불균형 및 베어링과 기어 장치의 회전에 의하여 발생된다.

1) 모터 동력

모터는 기계의 에너지원이므로 기계에서 발생되는 소음은 기계에 공급되는 모터의 동력과 관계가 있다. 즉, 모터의 동력과 발생 소음과는 직접적인 관계가 있으며, 기계에 공급되는 동력의 일부분이 소음으로 변한다. 현재까지 알려진 경험과 실험에 의해서 마력 증가에 따른 소음 증가를 다음과 같은 근사식으로 간단하게 예측할 수 있다.

$$소음도 증가량(dB) = 17 \log_{10}(마력 증가비)$$

예를 들어, 10 kW의 모터에서 발생하는 소음이 70 dB일 경우, 20 kW인 모터의 소음도 증가량은 다음과 같이 계산된다.

$$소음도 증가량 = 17 \log_{10}\left(\frac{20}{10}\right) = 5.1 \ (dB)$$

즉, 근사식이지만 동력 증가비가 2일 때, 소음도 증가는 5.1 dB가 됨을 알 수 있다.

2) 회전 속도

고속 회전 기계는 저속 회전 기계보다 소음이 크게 발생한다. 회전 속도에 따른 소음 증가는 기계 종류나 설치 방법 및 회전체 질량 등에 의해서 결정된다. 컴프레서, 송풍기, 펌프 등의 소음은 회전 속도 증가비의 상용 대수값에 20~50배 증가한다고 알려져 있다.

$$소음도 증가량(dB) = (20\sim50)\log_{10} (회전 속도 증가비)$$

3) 구조물의 공진

모든 구조물은 각각의 고유 진동 주파수를 가지고 있다. 만일 구조물에 가해지는 힘이 고유 진동 주파수와 동일한 주파수를 갖는다면 구조물의 큰 진동과 함께 소음이 발생하게 된다. 이와 같은 상태를 공진resonance이라고 하며, 공진이 발생하면 구조물의 수명이 저하되거나 시스템이 불안정해진다.

구조물의 공진 현상을 방지하기 위해서는 감쇠 계수가 큰 주철재와 같은 재료로 변경하거나 구조를 변경하여 강제 진동 주파수와 고유 진동 주파수가 멀리 떨어지도록 설계해야 한다.

4) 회전체의 불균형

일반적으로 기계는 여러 가지 회전체들로 구성되어 있다. 모터의 회전축, 공작 기계의 스핀들 등과 같은 회전체의 불균형은 재료의 밀도 차이, 불균형과 편심, 조립 불량 등이 원인이 된다. 이들 불균형은 궁극적으로 회전체의 질량 중심과 회전체 축과의 상대적 변위를 초

래시킨다. 이 경우 일반적으로 회전 주파수의 1차 성분의 강제 진동 주파수가 발생된다.

$$f = \frac{N}{60} \, (\text{Hz})$$

5) 베어링

베어링 소음은 베어링이 회전할 때 전동체와 회전체 표면의 불균형으로 발생된다. 이들 베어링 요소들의 표면상 불균일한 점들은 베어링의 회전 속도에 의해 정해지는 주파수를 갖는 충격음이 발생된다. 따라서 베어링 소음은 이들 주파수 부근에서 큰 값을 갖는 경향이 있으며, 이 특성을 활용한 베어링 소음의 주파수 분석을 통해서 문제가 되는 요소를 찾아낼 수 있다.

6) 기어

기어 소음은 설계·제작에 따른 허용 공차, 가동 방법 등과 관련되어 있다. 맞물린 두 기어의 접촉 부분에서는 항상 어느 정도 금속 사이의 미끄럼이 발생하며, 이에 의해서 소음과 진동이 발생한다. 따라서 기어 소음 방지를 위해서는 기어 치형 간격의 정밀도를 유지하는 것이 무엇보다 필요하다.

3. 소음 방지 대책

기계 소음을 방지하기 위한 대책을 마련하기 위해서는 우선 기계 소음의 발생원과 전달 경로 등에 대한 영향을 알아야 한다. 따라서 소음 방지를 위해서는 소음원, 전달 경로 및 수음 측에 대하여 각각 대책 효과를 비교하여 방지 대책을 수립하는 것이 중요하다. 소음을 발생시키는 음원의 종류에는 기계 소음, 유체 소음, 연소 소음 및 전자기 소음 등이 있다.

1) 기계 진동의 유무

- 충격, 관성력, 불균형 등의 가진력에 의한 기계 진동에 의한 소음
- 가스 연소, 기류, 화학 변화 등은 기계 진동을 수반하지 않음.

2) 동력 전달

- 모터, 펌프 등의 동력부에서의 소음
- 벨트, 기어 장치 등 동력 전달부에서의 소음
- 기계 가공, 소성 가공 등 작업부에서의 소음

3) 음원 대책의 고려 사항

소음 방지 대책 중 가장 근본적인 것은 소음의 발생 음원에 대하여 대책을 수립하는 것이다. 음원 대책을 수립할 때, 하나는 기계의 이상으로 인하여 발생한 큰 소음을 기계의 평균적인 소음 레벨로 낮추는 방법이 있고, 또 다른 하나는 평균적인 소음을 평균 이하로 줄이는 방법이 있다.

4) 음원의 기본 대책 추진 방법

- 설치된 기계의 배치를 달리한다.
- 가진력이 감소하도록 구조를 개선한다.
- 기계 구성품의 고유 진동수를 변경하여 공진을 제거하거나 개선한다.
- 방사 면에서 제진이 되도록 개선한다.
- 소음기를 부착한다.
- 방음 칸막이를 설치한다.
- 방음 커버를 설치하거나 방음실로 격리한다.
- 주변 진동과 소음을 차단한다.

5) 소음 방지 대책

소음을 방지하는 최선의 방법은 기계 설계 및 제작 과정에서 근본적으로 소음 대책을 고려하는 것이다. 소음 방지가 필요하다고 인정된 때에는 우선 소음이 주로 발생되는 기계와 소음이 전달되는 경로를 확인한 후, 다음 단계로 소음 방지 대책을 강구한다. 소음 방지 방법으로는 다음의 3가지 기본 방법을 들 수 있다.

- 흡음   • 차음   • 소음기

〈표 4.12〉 소음이 인체에 미치는 영향

소음도(dB)	인체에 미치는 영향
50	장기간 노출될 경우 호흡과 맥박이 빨라진다.
60	수면에 장애를 받게 된다.
70	말초 혈관이 수축하여 반응하기 시작한다.
80	청력의 손실이 시작된다.
90	소변량이 증가한다.
100	혈당이 증가하고 성호르몬이 감소한다.
110	일시적이 청력 손실을 가져온다.
120	장기간 노출시 심한 청각 장애가 온다.
130	고막이 파열한다.

3 조도 측정

○ 단원 목표

1. 광도와 조도의 개념을 올바르게 설명할 수 있다.
2. 조도 분류에 따른 조도의 표준 범위를 이해할 수 있다.
3. 조명등의 종류에 따른 특징을 설명할 수 있다.
4. 조도계를 이용한 조도 측정 방법을 올바르게 설명할 수 있다.

4 3 1 개요

본 절에서는 광도와 조도에 대한 비교 설명과 조도의 분류 및 조명등의 종류에 대하여 기술한다.

1. 조도의 개념

조도 측정은 보통 조명 시설의 실태를 조사할 목적에서 실시한다. 조도계를 사용하여 적당히 선정된 점을 측정하고 그 결과로 평균 조도, 최대 조도, 최소 조도, 조도 분포 상태 등을 구한다.

1) 광도란

빛의 밝기를 표현할 때 광도光度나 조도照度라는 용어를 사용한다. 빛을 발생하는 광원에서 초당 방출되는 빛의 전체 양을 광속이라고 하며, 광속의 단위는 루멘(lm)이다. 광원은 빛이 발하는 각도에 따라 빛의 세기가 다르다.

광도란 광원으로부터 어느 방향으로 얼마만큼의 빛이 나오고 있는가를 나타내는 것으로, SI 단위는 칸델라(cd)이다. 과거에는 촉광이라는 광도 단위가 사용되었으며, 1 촉광은 약 1 칸델라와 같고, 백열전구의 와트Watt 수와도 거의 일치한다.

2) 조도란

조도란 어떤 면에 투사되는 광속을 면의 면적으로 나눈 것을 말하며, 단위는 럭스(lux, 기호는 lx)이다. 1 럭스는 1 촉광candle-power의 광원으로부터 1 m 떨어진 곳이며, 그 빛에도 직각인 면의 밝기를 나타낸다. 우리나라는 조도의 단위 럭스(lx)를 사용하지만, 외국에서는 광도의 단위 칸델라(cd)를 사용하므로 단위에 주의해야 한다.

조도는 광원의 광도나 거리에 관계가 있다는 것을 뜻한다. 실험에 의하면 점광원에 의한 광속에 대해 수직인 면의 조도는 광원에서의 거리의 제곱에 반비례하며, 조도와 광도는 다음 식으로 표시된다.

$$조도(lx) = \frac{광도(cd)}{[거리(m)]^2}$$

예를 들면, 60와트(W)의 백열등 1 m 아래의 조도는 약 60 lx이지만, 전구 2 m 아래의 조도는 15 lx가 된다.

2. 조도의 분류

조도는 조도 기준(KSA 3011)에 따라 분류되며, 표준 조도 및 조도 범위는 다음 표와 같다.

〈표 4.13〉 **조도 분류와 일반 활동 유형에 따른 조도 값**

활동 유형	조도 분류	조도 범위(lx)	작업면 조명 방법
• 어두운 분위기 중의 시식별 작업장	A	3–4–6	공간의 전반 조명
• 어두운 분위기의 이용이 빈번하지 않은 장소	B	6–10–15	
• 어두운 분위기의 공공장소	C	15–20–30	
• 잠시 동안의 단순 작업장	D	30–40–60	
• 시작업이 빈번하지 않은 작업장	E	60–100–150	
• 고휘도 대비 혹은 큰 물체 대상의 시작업 수행	F	150–200–300	작업면 조명
• 일반 휘도 대비 혹은 작은 물체 대상의 시작업 수행	G	300–400–600	
• 저휘도 대비 혹은 매우 작은 물체 대상의 시작업 수행	H	600–1 000–1 500	
• 비교적 장시간 동안 저휘도 대비 혹은 작은 물체 대상의 시작업 수행	I	1 500–2 000–3 000	전반 조명과 국부 조명을 병행한 작업면 조명
• 장시간 동안 힘든 시작업 수행	J	3 000–4 000–6 000	
• 휘도 대비가 거의 안 되며, 작은 물체의 매우 특별한 시작업 수행	K	6 000–10 000–15 000	

* 주) 조도 범위에서 왼쪽은 최저, 밑줄 친 중간은 표준, 오른쪽은 최고 조도이다.

구분	유형	조도 범위(lx)		
		최저	표준	최고
일반 사무실	로비, 응접실, 휴게실	60	100	150
	시청각실	150	200	300
	우편물 및 서류 분류	300	400	600
	책상	300	400	600
	회의실	150	200	300
기계 공장	단순 작업	150	200	300
	보통 작업	300	400	600
	정밀 작업	1 500	2 000	3 000
	초정밀 작업	3 000	4 000	6 000
교육 시설	교실(칠판)	300	400	600
	교직원실, 회의실	150	200	300
	도서실(열람)	600	1 000	1 500
	세면장, 화장실	60	100	150
	연구실	300	400	600
	강당(회의)	60	100	150
주거 시설	거실(오락), 방(탁자)	150	200	300
	공부방(독서, 공부)	600	1 000	1 500
	주방(식탁, 조리대)	300	400	600
	작업실(공작)	300	400	600
	세탁	150	200	300
	욕실, 화장실	60	100	150
	현관	60	100	150
	계단, 복도	30	40	60

3. 조명등의 종류

과거에는 조명등으로 백열등을 널리 사용하였으나 전력 소모가 큰 단점으로 인해 지금은 전력 소모가 적은 형광등에서부터 할로겐 램프, 삼파장 램프 및 LED 등으로 점차 바뀌어 가고 있다.

1) 형광등

형광등은 유리관 속을 진공으로 하여 수은과 아르곤 가스를 넣고 안쪽 벽에 형광 도료를 칠하여, 수은의 방전으로 생긴 자외선을 가시광선으로 바꾸어 조명하는 것을 말한다. 백열 등보다 2배가량 효율적이며, 평균 수명은 3 000 시간 정도이다.

2) 백열등

백열등은 진공의 유리구 안에 텅스텐의 필라멘트를 넣어 만든 전구로, 텅스텐 필라멘트에 흐르는 전류의 복사열에 의한 백열광을 이용한 조명이다. 백열등은 전력 소모가 크므로 가정용으로는 잘 사용하지 않으나 노란색의 불빛을 띠어 따뜻한 느낌이 든다.

3) 할로겐램프

할로겐램프는 불활성 가스와 할로겐을 첨가한 조명으로, 연색성이 높고 휘도가 높아 전시물의 조명에 적합하다.

4) 삼파장 램프

삼파장 램프는 청색, 녹색, 적색의 빛을 조합하여 효율이 좋은 백색의 빛을 얻는 램프로, 가정에서 사용하기 편한 조명이다. 삼파장 램프와 오파장 램프의 차이는 연색성(태양빛에 가까운 정도)에 있다. 태양빛을 100으로 하면, 오파장 램프는 90 이상, 삼파장 램프는 80 형광등은 90 정도가 된다.

5) LED등

LED Light Emitting Diode 란 발광다이오드라고 하며, 전류를 가하면 빛을 발생하는 반도체 소자이다. LED는 방출하는 빛의 종류에 따라 가시광선 LED, 적외선 LED, 자외선 LED로 구분되며, LED등은 가시광선 LED로 적색, 녹색, 청색, 백색 LED가 있다. 차세대 광원으로 주목받고 있는 LED는 기존 백열등보다 전력 소비는 1/5 수준이며, 수명은 15배 가량 길다.

〈표 4.15〉 전등의 광속과 수명

조명	소비 전력(W)	광속(lm)	평균 수명 시간(h)
형광등	20	1 200	3 000
	40	3 200	3 000
	110	9 500	3 000
백열등	40	485	1 000
	60	810	1 000
	100	1 520	1 000

4 3 ② 조도계

본 절에서는 조도계의 종류와 조도 측정 원리 및 조도 측정 방법에 대하여 기술한다.

1. 조도계의 종류

조도계는 어떤 면$_{面}$의 조도를 측정하는 데 사용하는 기구로, 광전 효과, 광기전력 효과, 광전도$_{光傳導}$ 등을 이용하여 빛 에너지를 전기 신호로 변환하여 측정값을 표시한다. 눈금은 럭스$_{lux}$나 칸델라$_{candela}$로 표시하며, 종류로는 간이 조도계, 맥베스 조도계, 광전지 조도계 등이 있다.

1) 간이 조도계

간이 조도계란 휴대용으로 들고 다니면서 측정할 수 있는 간편한 측정기이다.

2) 맥베스 조도계

맥베스 조도계는 회색 필터를 사용하여 0.1~20 000 lx의 조도 측정이 가능한 조도계로, 측정 시간이 길어지는 단점이 있다. 이 조도계에 의한 측정법은 측정하는 장소에 확산성의 백색 시험판을 두고, 비교 시야의 위도 차를 눈에 의한 판별이나 비교 등을 통해 같은 휘도의 위치를 검출하여 조도를 측정하는 것이다.

3) 광전지 조도계

광전지 조도계는 광 에너지를 전기적 에너지로 바꾸어 조도를 전기적으로 측정하는 휴대용 계기로, 조도의 측정 범위는 0.1~10만 lx 범위이다.

2. 조도 측정 원리

조도 측정은 보통 조명 시설의 실태를 조사할 목적에서 실시하며, 조도계(조도 측정기)를 이용하여 평균 조도, 최대 및 최소 조도, 조도 분포 상태 등을 측정한다.

1) 조도 측정 시 준비물

조도를 측정할 때는 조도계, 줄자 및 사다리를 준비한다.

2) 조도의 측정 원리

조도계에 빛이 들어오면 조도계의 면이 밝아지며, 조도 센서가 이를 감지한다. 그리고 조도계 내부에는 표준 광원이 있어 조도계에 빛을 발생시키며 빛의 밝기는 거리가 2배로 멀어지면 밝기는 1/4배로 감소하게 된다. 이 점을 이용해서 표준 광원의 위치가 어느 정도 되었을 때 바깥의 밝기와 같게 되는지를 비교하여 빛의 밝기를 상대적으로 측정한다.

예를 들어, 바깥의 빛이 매우 밝을 경우 표준 광원과 면 사이의 거리가 가까워지고, 바깥이 어두우면 표준 광원과 면 사이의 거리가 멀어지게 된다. 즉, 가까워지고 멀어지는 정도를 인식하여 수치로 나타내는 것이 조도계의 원리이다. 조도계에서 빛을 감지하고 측정하는 조도 센서는 빛의 밝기에 대해서 전기적인 성질로 변환시켜 주는 센서이다.

3) 조도 측정 환경

조도 측정 시 가장 중요한 것은 어두운 곳에 조명이 하나만 켜져 있어야 한다. 측정 조명에서 멀리 떨어져도 다른 빛에 의해 조도 센서가 영향을 받으면 조도를 측정하는 의미가 없어지므로, 어둡고 조명이 하나만 켜지는 장소를 찾거나 1개의 조명만을 남기고 나머지 조명을 분리시킨 후 불을 켜고 조도를 측정한다.

3. 조도 측정 방법

조도계를 이용한 조도 측정 방법에는 일반 측정과 집중 측정이 있다.

1) 일반 측정 방법

일반 측정은 다양한 광원이 있는 곳의 지상 120 cm에서 측정하는 것을 말한다.

- 측정 조건을 만족하는 환경을 가진 장소를 찾아 선택한다.
- 측정할 조명의 종류를 확인한다.(예 삼파장 램프, 형광등, 백열등 등)
- 조도 센서 부분을 마른 손수건을 이용하여 깨끗하게 닦는다.
- 거리별 조도 측정값을 측정할 거리를 정하여 원시 데이터(raw data)란에 기록한다. (예 50 cm, 100 cm, 150 cm)
- 조도계의 ON/OFF 스위치 전원을 ON에 위치시킨다.
- RANGE 버튼을 눌러 범위를 지정한다. 실내에선 2 000 lx를 사용하지만 조명 밝기에 따라 범위가 넘어갈 경우 20 000 lx를 사용할 수도 있다. 한번 누를 때마다 범위가 변하며, 범위는 측정 기기 화면의 우측 하단에 표시된다.
- 조명부터 측정 거리까지를 줄자로 재어 그 조명부터 수직으로 떨어진 거리에 조도 센서를 갖다 댄다.(그림자가 지지 않게 주의한다.)

- 제일 안정적인 수치가 나올 때 HOLD 버튼을 누르고, 측정값을 원시 데이터 표에 기록한다.
- 광도도 다른 여러 장소에서 조도를 측정한다.
- 측정이 마무리된 후 반드시 조도 센서 뚜껑을 닫는다.

2) 집중 측정 방법

집중 측정이란 하나의 장소에서만 한 개의 조명만을 집중적으로 측정하는 것이다. 측정 각도에 따라 거리에 변화를 주어 측정하는 방법으로, 일반적인 측정 거리는 25~200 cm, 측정 각도는 $0°$~$30°$의 구간에 $10°$씩 변화를 주어 측정한다. 각도에 따른 이동 거리는 탄젠트 함수를 이용하여 구한다.

- 측정 조건을 만족하는 환경을 가진 장소를 찾아 선택한다.
- 측정할 조명의 종류를 확인한다.(예 삼파장, 형광등, 백열등 등)
- 조도 센서 부분을 마른 손수건을 이용하여 조심히 깨끗하게 닦는다.
- 거리별 조도 값을 측정할 거리를 정하여 원시 데이터(raw data)란에 기록한다. (예 50 cm, 100 cm, 150 cm, 집중 측정이므로 거리 간격을 좁혀 세밀하게 측정한다.)
- 각도별 조도 값을 측정할 각도를 정하여 원시 데이터란에 기록한다.(예 $0°$, $10°$, $20°$, $30°$)
- 조도계의 ON/OFF 스위치 전원을 ON에 위치시킨다.
- RANGE 버튼을 눌러 범위를 지정한다. 실내에선 2 000 lx를 사용하지만, 조명 밝기에 따라 범위가 넘어갈 경우 20 000 lx를 사용할 수도 있다. 한번 누를 때마다 범위가 변하며, 범위는 측정 기기 화면의 우측 하단에 표시된다.
- 조명부터 측정 거리까지를 줄자로 재어 그 조명부터 수직으로 떨어진 거리에 조도 센서를 갖다 댄다.(그림자가 지지 않게 주의한다.)
- 제일 안정적인 수치가 나올 때 HOLD 버튼을 누르고, 측정값을 원시 데이터 란에 기록한다.
- 거리 측정이 마무리된 후 각도를 측정한다.
- 측정이 마무리된 후 반드시 조도 센서 뚜껑을 닫는다.

(a) 일체형

(b) 분리형

[그림 4.65] **조도계**

계측 통계 및 불확도의 표현

계측 통계의 기초

단원 목표

1. 계측 통계의 용어를 올바르게 이해할 수 있다.
2. 계측과 관련된 통계 계산식을 올바르게 이해할 수 있다.
3. 확률과 분포의 개념을 올바르게 이해할 수 있다.

5.1 1 개요

통계란 집단 현상에서 도출된 자료를 수집하고 정리하여 그 자료의 의미를 구분한 후 어떤 수치로 표시하고 분석하여 설명하는 것이다. 본 절에서는 통계학의 정의와 종류에 대하여 기술한다.

1. 통계학의 정의

통계학statistics이란 불확실한 미래(상황)에 대한 의사 결정에 필요한 정보를 제공하기 위해 관심의 대상(모집단)에 대하여 관련된 자료를 수집하고, 그 자료를 과학적인 방법 및 절차에 의해서 요약 정리하여 결론이나 일반적인 규칙성을 추구하는 학문으로 정의된다.

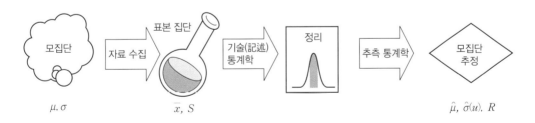

[그림 5.1] **통계학의 개념**

2. 통계학의 종류

통계학은 자료를 통한 기술 통계학과 평균이나 추정을 통한 추측 통계학이 있다.

1) 기술 통계학

기술 통계학은 자료를 수집하고 정리하여 도표나 표를 만들거나 자료를 요약하여 그래프, 차트, 평균, 대푯값, 분산, 표준 편차, 산포도, 도수 분포도, 추정 값과 표준 불확도 등을 구하는 방법을 다루는 분야이다.

2) 추측 통계학

추측 통계학은 평균이나 비율의 추정, 신뢰 구간의 추정, 가설과 검정, 분산 분석, 회귀 분석, 유한값으로부터 무한 값의 추정 등의 수집된 자료에 내포된 정보를 분석하여 불확실한 사실에 대한 추론을 하는 분야이다. 이때 범할 수 있는 오류를 확률이라는 개관적인 척도로 불확실한 정도를 나타낸다.

3. 통계학의 필요성

합리적인 의사결정을 위해서는 과학적인 이론에 근거한 관심사에 대한 정확한 대상이 선정되어야 하며, 연구 목적에 필요한 자료와 정보가 경제성과 정밀도를 고려하여 최적의 방법으로 수집되어야 한다. 또한, 수집된 자료는 과학적인 이론에 의해 정리·분석되어야 한다.

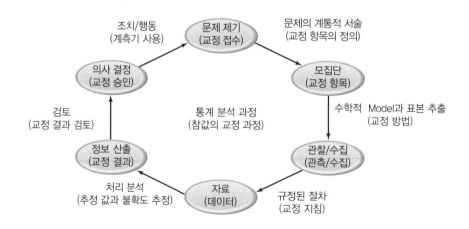

[그림 5.2] **통계학의 수행 과정**

51 2 계측 통계의 용어

본 절에서는 정규 분포 곡선에 대한 설명과 측정값의 분포, 계측 통계 용어와 관련식 요약에 대하여 기술한다.

1. 개요

측정값의 통계적 해석 방법은 실험이나 측정 결과에 대한 불확실성을 결정할 수 있으므로 널리 사용된다. 어떤 부품에 대하여 동일한 조건에서 얻어진 측정값은 우연 오차에 의하여 흐트러지며 측정 횟수에 따라 분포 곡선이 다르게 나타난다.

정규 분포란 가우스 분포라고도 하며, 동일한 조건에서 측정하여 얻은 수많은 측정값의 집단을 측정값의 모집단이라 하고, 측정값에 대한 모집단 분포를 정규 분포라고 한다. [그림 5.3]에서 모평균이 m이고, 좌우로 모평균 m에서 모표준 편차 σ만큼 떨어져 있다. 정규 분포의 전체 면적은 확률로 보면 1(100 %)이 된다.

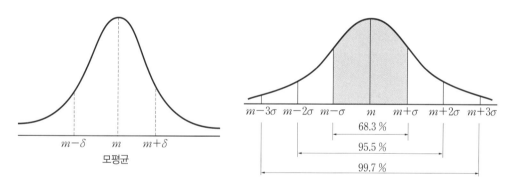

[그림 5.3] 정규 분포 곡선

[그림 5.3]에서 모평균 m과 모표준 편차 σ에 대한 정규 분포의 확률은 다음과 같다.

$$m \pm 1\sigma = 68.3\,\%, \quad m \pm 2\sigma = 95.5\,\%, \quad m \pm 3\sigma = 99.7\,\%, \quad m \pm n\sigma = 100\,\%$$

측정은 통계학적인 측면에서 최소한 30회 이상은 반복해야 정규 분포 곡선을 형성하며, 그에 따른 표준 정규 분포표를 활용할 수 있으므로 30회 이상을 권장하고 있다. 하지만 측정자의 입장에서 매번 30회 이상을 반복 측정하기란 쉬운 일이 아니다. 따라서 최소한 3회 이상의 측정을 하여 t-분포표를 활용하는 것이 더욱 바람직할 수 있다.

2. 측정값의 분포

측정값의 분포도에서 산술 평균, 표준 편차, 분산, 산포의 경향 및 산포의 상태에 대한 수학적 개념은 다음과 같다.

1) 산술 평균

동일한 조건에서 얻어진 어떤 양에 대한 측정값들은 유사한 오차 곡선을 그리게 된다. 그 중 흐트러져 나타난 측정으로부터 가장 확실한 측정값은 수많은 측정값의 산술 평균으로 구해진다. 산술 평균이란 측정값을 전부 더하여 그 개수로 나눈 값을 의미한다.

$$\bar{x} = \frac{1}{n} \sum_{i=1}^{n} x_i$$

여기서 $\bar{x}$: 산술 평균

$x_1, x_2 \cdots\cdots, x_n$: 측정값

n : 측정 횟수

(1) 모평균

모평균은 모집단의 평균으로서, 측정 대상의 모든 요소에 대해서 얻어지는 모집단의 평균값을 의미한다. 즉, 측정 대상의 모든 값을 평균으로 낸 것이다.

(2) 시료 평균

측정 대상이 많은 경우 시료의 일부를 채취하여 얻어지는 모집단의 평균값을 의미한다. 일반적으로 전체 시료 중 30개 이하인 시료를 샘플링하여 구한 평균값이다.

2) 표준 편차

편차란 측정 집단의 산술 평균으로부터 좌우로 흩어짐(벗어남)을 의미하며, 이 크기를 양적으로 표시한 것을 표준 편차라고 한다. 표준 편차에는 시료의 개수에 따라 모표준 편차와 시료의 표준 편차로 구분된다.

(1) 모표준 편차

모집단의 표준 편차로서, 채취한 시료가 30개를 초과하거나 모든 측정값에 대한 표준 편차(σ)를 의미한다.

$$\sigma = \sqrt{\frac{1}{n} \sum_{i=1}^{n} (x_1 - \bar{x})^2}$$

(2) 시료의 표준 편차

보통 표준 편차라고 하며, 일반적으로 시료의 표준 편차(σ_{n-1})는 시료를 30개 이하로 채취하여 사용한다.

$$\sigma_{n-1} = \sqrt{\frac{1}{n-1}\sum_{i=1}^{n}(x_1 - \overline{x})^2}$$

3) 분산

분산variance에는 모집단의 분산인 모분산과 시료의 평균값으로 구하는 불편 분산이 있다.

(1) 모분산

시료의 평균이 아닌 모집단의 분산을 모분산이라고 하며, 모표준 편차(σ)의 제곱에 해당한다.

$$\sigma^2 = \frac{1}{n}\sum_{i=1}^{n}(x_1 - \overline{x})^2$$

(2) 시료의 분산(불편 분산)

시료의 분산을 불편 분산이라고도 하며, 시료($x_1, x_2 \cdots\cdots, x_n$)에 대하여 평균값 $\overline{x}$로부터 편차 제곱의 항을 자유도로 나눈 것으로 다음과 같이 표시한다.

$$\sigma_{n-1}^2 = \frac{1}{n-1}\sum_{i=1}^{n}(x_1 - \overline{x})^2$$

4) 산포의 경향

산포의 경향에는 중앙값median, 최빈값mode, 중점값mid-range 등이 있다.

(1) 중앙값(중위수, $\widetilde{X}$)

관측한 데이터를 크기 순서로 정렬했을 때 가운데에 위치한 값이며, N개의 데이터가 있을 경우에는 크기 순서로 나열한 후 $(N+1)/2$번째 데이터이다. 정보의 활용도는 낮으나 이상 값에 둔감한 장점이 있다.

- 자료가 홀수 개일 때: 중앙값 = 가운데 자료
- 자료가 짝수 개일 때: 중앙값 = (가운데 두 자료의 합)/2

> **예**
> - N이 홀수인 경우: 2, 3, 4, 5, 6, 7, 7, 8, 9일 때 $\widetilde{X} = 6$
> - N이 짝수인 경우: 2, 3, 4, 5, 6, 7, 7, 8, 9, 9일 때 $\widetilde{X} = 6.5$

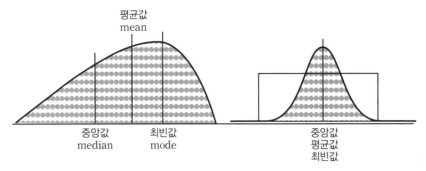

[그림 5.4] 산포의 경향

(2) 최빈값

관측한 데이터 중에서 빈도수가 가장 많은 값이며, 최빈값mode은 존재할 수도 존재하지 않을 수도 있다.

> **예** • 측정 자료 1: 10, 11, 11, 12, 13, 15 최빈값은 11
> • 측정 자료 2: 20, 20, 30, 30, 40, 50 최빈값은 20, 30
> • 측정 자료 3: 50, 52, 56, 57, 59, 60 최빈값이 존재하지 않음.

(3) 중점값(M)

데이터 중에서 최댓값과 최솟값의 평균값

$$M = (X_{max} + X_{min})/2$$

> **예** • 측정 자료: 10, 11, 12, 14, 16 일 때,
> • 중점값 $= (16+10)/2 = 13$
> • 중앙값 $= 12$

5) 산포의 상태

산포도란 대푯값을 중심으로 자료의 흩어진 정도를 나타내는 값이다. 산포의 상태를 표시하는 방법에는 편차, 편차 제곱합, 분산, 불편 분산, 표준 편차, 불편 분산의 제곱근, 변동 계수, 범위 등이 있다.

(1) 편차(D)

편차(D)deviation는 각각의 데이터와 평균값의 차로서, 평균값을 중심으로 (+)편차와 (−)편차의 양쪽으로 산포되기 때문에 결국 편차들의 합은 0이 된다.

$$D = x_i - \overline{x}$$

(2) 편차의 제곱 합(S)

편차의 제곱 합(S)sum of squares of deviation은 각각 편차들의 제곱으로 구하며, 이를 변동이라고도 한다.

$$S = \sum_{i=1}^{n} (x_i - \overline{x})^2 = \sum x_i^2 - n(\overline{x})^2 = \sum x_i^2 - \frac{(\sum x_i)^2}{n}$$

(3) 변동 계수(CV)

변동 계수(CV)coefficient of variation는 표준 편차를 평균으로 나눈 양이며, 평균에 대한 표준 편차의 비율(%)로 나타낸다. 이는 산포를 상대적으로 나타내기 때문에 계량 단위가 다른 두 자료나 평균의 차이가 큰 두 로트lot의 상대적 산포도를 비교하는 데 사용된다.

$$CV = \frac{s}{\overline{x}} \quad \text{또는} \quad \frac{s}{\overline{x}} \times 100\%$$

(4) 범위(R)

범위(R)range는 일련의 데이터 중에서 최댓값과 최솟값의 차이를 말한다. 이것은 산포를 나타내는 척도로서 제일 간단하게 사용된다.

$$R = X_{\max} - X_{\min}$$

예 · 측정 자료: 10, 11, 12, 14, 16일 때, 범위 $R = (16-10) = 6$

3. 계측 통계 용어와 관련 식 요약

측정 및 계측에서 많이 사용되는 통계 용어의 관련 식을 예를 들어 요약·설명하면 다음과 같다.

- 변량: 통계 조사 결과 값을 숫자로 표시한 것(xi)

    $(x1, x2, x3, x4\cdots, xi)$

    $(3, 2, 3, 5, 4, 7, 6, 9)$

- 도수: 각 변량들의 발생 횟수(fi)

    $(3 \rightarrow 2, 2 \rightarrow 1, 5 \rightarrow 1, 4 \rightarrow 1$에서 $\rightarrow$ 뒤에 쓴 값)

- 평균: 자료의 중심적 경향을 나타내는 산술 평균값($\overline{x}$)

$$\left(\overline{x} = \frac{x1 + x2 + x3 + \cdots xi}{n} = \frac{\sum_{i=1}^{n} xi}{n} = 4.875 \right)$$

- 중앙값: 데이터를 크기 순서로 배열하여 중앙에 위치한 값

    데이터가 짝수인 경우는 중앙 2개의 평균값

    $(3, 2, 5, 4, 7, 6, 9$인 경우 $\rightarrow 5)$

    $(3, 2, 3, 5, 4, 7, 6, 9$인 경우 $\rightarrow 4.5)$

- 최빈값: 데이터 중에서 가장 자주 나타나는 값

    $(3, 2, 3, 5, 4, 7, 6, 9$인 경우 $\rightarrow 3)$

- 범위: 데이터의 최대치와 최소치의 차

    $R = X_{max} - X_{min}, (R = 9 - 2 = 7)$

- 중점값: 데이터 중 최댓값과 최솟값의 평균값

$$M = \frac{X_{max} + X_{min}}{2}, (M = \frac{9 + 2}{2} = 5.5)$$

- 편차: 변량 값 − 평균

    $(3$의 경우: $3 - 4.875 = -1.875,$ 6의 경우: $6 - 4.875 = 1.125 \cdots)$

- 모분산(σ^2): (편차)^{2}의 합을 자료 수로 나눈 것

$$\sigma^2 = \frac{\sum (xi - \overline{x})^2}{n}, \quad \sigma^2 = \frac{(-1.875)^2 + (1.125)^2 + \cdots}{8} = 76.543$$

표본 분산(또는 불편 분산)(s^2): (편차)^{2}의 합을 자유도(자료수 − 1)로 나눈 것

$$s^2 = \frac{\sum (\chi i - \bar{x})^2}{n - 1}, \quad s^2 = \frac{(-1.875)^2 + (1.125)^2 + \cdots}{8 - 1} = 86.111$$

• 모표준 편차(σ): 모분산의 제곱근($\sigma = \sqrt{\text{모분산}}$)

$$\sigma = \sqrt{\sigma^2} = \sqrt{\frac{\sum (\chi i - \bar{x})^2}{n}}, \quad \sigma = \sqrt{\frac{(-1.875)^2 + (1.125)^2 + \cdots}{8}} = 8.749$$

표본 표준 편차(또는 불편 분산의 제곱근)(s): 표본 분산의 제곱근($s = \sqrt{\text{표본 분산}}$)

$$s = \sqrt{s^2} = \sqrt{\frac{\sum (\chi i - \bar{x})^2}{n - 1}}, \quad s = \sqrt{\frac{(-1.875)^2 + (1.125)^2 + \cdots}{8 - 1}} = 9.280$$

• 소표본($n \leq 30$)일 때는 표본 표준 편차(불편 분산의 제곱근)를 표준 편차로 한다.

⑤①❸ 확률과 분포

확률 분포는 확률 변수가 특정한 값을 가질 확률을 나타내는 함수를 의미한다. 본 절에서는 확률과 확률 변수, 확률 분포, 분포 함수와 확률 밀도 함수, 추정, 정규 분포, 신뢰 구간 및 자유도에 대하여 기술한다.

1. 확률과 확률 변수

확률이란 어떤 사건이 일어날 가능성을 나타내는 수치이며, 확률 변수와 확률 분포에 대한 개념은 [그림 5.5]에 나타나 있다.

1) 표본 공간

표본 공간은 통계적 조사에서 가능한 모든 실험 결과의 집합을 의미하며, 예를 들면 두 개의 동전을 던져 결과를 관측하는 실험이다.

표본 공간 S = ('HH', 'HT', 'TH', 'TT') 단, H: 앞면, T: 뒷면

2) 확률

확률은 우연 사건이 일어날 수 있는 가능성을 나타내는 0에서 1 사이의 실수이다.

3) 확률 변수

확률 변수는 표본 공간에서 정의된 실수 값 함수이다. 예를 들면 X = 앞면의 수 → X는 고정된 것이 아니라 0, 1, 2로 변할 수 있으므로 변수라고 하며, 0, 1, 2라는 값이 각각 일정한 확률을 가지고 발생하므로 확률 변수라고 한다.

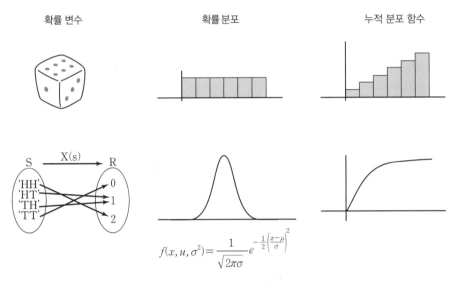

[그림 5.5] 확률 변수와 확률 분포

2. 확률 분포

확률 분포의 정의와 종류는 다음과 같다.

1) 확률 분포의 정의

확률 변수가 취할 수 있는 모든 값에 대하여 이들 값 또는 구간이 취할 수 있는 확률을 그림이나 표(함수식)로 나타낸 것이다.

2) 확률 분포의 종류

(1) 이산형 확률 분포

이산형discrete 확률 분포는 불량 수나 결점 수와 같이 셀 수 있는 확률 변수에 대응되는 확률 분포를 의미하며, 이항 분포, 기하 분포, 초기하 분포, 프와송 분포 등이 있다.

(2) 연속형 확률 분포

연속형 continuous 확률 분포는 제품의 중량이나 치수와 같이 셀 수 없는 실수 값을 갖는 확률 변수에 대응되는 확률 분포로서, 정규 분포, 일양(사각형) 분포, 삼각형 분포, t-분포, F-분포, 카이제곱 분포 등이 있다.

3. 분포 함수와 확률 밀도 함수

분포 함수와 확률 밀도 함수에 대한 수학적 배경은 다음과 같다.

1) 분포 함수

분포 함수 distribution function 는 모든 값 x에 대하여 확률 변수 X가 x보다 작거나 같게 될 확률을 주는 함수이다.

$$F(x) = Pr(X \leq x)$$

2) 확률 밀도 함수

확률 밀도 함수 probability density function 는 연속 확률 변수 X가 아주 작은 구간 안에 있을 확률로서, 확률 원소 $f(x)dx = Pr(x < X < x + dx)$로 정의된다.

확률 변수 X가 어떤 구간 $[l, u]$의 모든 값을 취할 때,

$$-f(x) \geq 0, \ f(x) \geq 0, \ \int_l^u f(x)dx = 1$$

$$-Pr(a < X < b) = \int_l^b f(x)dx$$

단, $l \leq a < X < b \leq u$를 만족하며, 분포 함수의 도함수가 성립한다.

$$f(x) = dF(x)/dx$$

4. 추정

추정 estimation 의 정의와 종류는 다음과 같다.

1) 추정의 정의

추정은 모집단으로부터 취한 표본에서의 관측 값을 이용하여, 그 모집단의 통계적 모형으로 선택된 분포의 모수에 수치 값을 부여하는 작업으로 정의된다.

2) 추정의 종류

(1) 점 추정
점 추정은 모수의 참값이라 추측되는 하나의 수 값을 택하는 과정이다.

(2) 구간 추정
구간 추정은 모수의 참값이 속할 것이라 기대되는 범위를 택하는 과정으로서, 추정량은 모수를 추정하기 위해 사용된 통계량이고, 추정 값은 추정의 결과로서 얻어진 추정량의 값이다.

5. 정규 분포

정규 분포는 확률 밀도 함수로 주어지는 분포이며, 표준 정규 분포는 표준 값이 0이고 표준 편차가 1인 정규 분포를 의미한다.

1) 정규 분포

정규 분포는 연속 확률 변수 X의 확률 분포로서, 확률 밀도 함수가

$$f(x; u, \sigma^2) = \frac{1}{\sqrt{2\pi}\,\sigma} e^{-\frac{1}{2}\left(\frac{x-\mu}{\sigma}\right)^2}$$

으로 주어지는 분포(μ는 기댓값, σ는 표준 편차)이다.

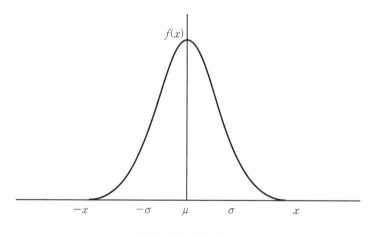

[그림 5.6] 정규 분포

2) 표준 정규 분포

표준 값 $\mu = 0$이고, 표준 편차 $\sigma = 1$인 정규 분포를 표준 정규 분포standard normal distribution라고 한다.

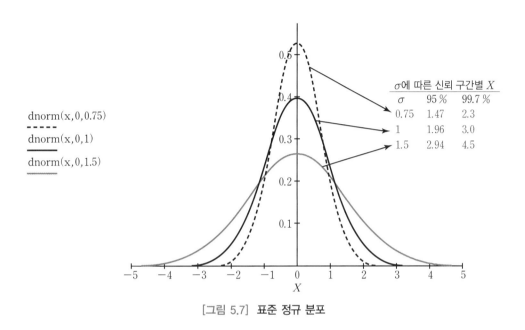

[그림 5.7] **표준 정규 분포**

6. 신뢰 구간과 신뢰 수준

정규 모집단일 때 신뢰 구간과 신뢰 수준은 다음과 같다.

1) 신뢰 구간

신뢰 구간confidence interval에 대한 수학적 개념은 다음과 같다.

(1) 정규 모집단일 때(σ를 알 경우),

μ에 대한 $100(1-\sigma)\%$ 신뢰 구간

$$\left(\overline{X} - z_{\alpha/2} \frac{\sigma}{\sqrt{n}}, \overline{X} + z_{\alpha/2} \frac{\sigma}{\sqrt{n}} \right) \text{ 또는 } \overline{X} \pm z_{\alpha/2} \frac{\sigma}{\sqrt{n}}$$

(2) 정규 모집단일 때(σ를 모를 경우),

μ에 대한 $100(1-\sigma)\%$ 신뢰 구간

$$\left(\overline{X} - t(n-1;\frac{\alpha}{2}) \frac{S}{\sqrt{n}}, \overline{X} + t(n-1;\frac{\alpha}{2}) \frac{S}{\sqrt{n}} \right) \text{ 또는 } \overline{X} \pm t(n-1;\frac{\alpha}{2}) \frac{S}{\sqrt{n}}$$

2) 신뢰 수준

신뢰 수준confidence level은 신뢰 구간 또는 통계적 포함 구간과 관련된 확률 값$(1-\alpha)$을 의미한다.

7. 자유도

자유도degree of freedom란 관측 값의 수에 대하여 특정 체계 내에서 임의로 결정될 수 있는 수의 개수로 정의된다. n이 표본의 크기일 경우 $n-1$을 표본의 자유도라고 한다. 표본의 분산을 결정하기 위해서 임의로 결정될 수 있는 수는 $n-1$이 된다.

예를 들면, 표본이 4개인 경우 각각 취득한 점수의 평균값이 20이라는 것을 알고 있다면, 3개의 취득 점수(18, 20, 20)를 알면 나머지 1개의 점수는 22가 됨을 알 수 있다. 이와 같이 $n-1$(여기서는 $4-1=3$)의 값들은 자유롭게 변하므로 자유도는 3이 된다.

2 측정 불확도의 표현

○ 단원 목표

1. 측정 불확도의 개념을 설명할 수 있다.
2. 측정 불확도의 산정 절차를 설명할 수 있다.
3. 측정 불확도를 올바르게 계산하고 결과를 표시할 수 있다.

5 2 ① 개요

최근 각종 교정calibrication에서는 측정 불확도를 성적서에 기재해야 하며, 측정 결과에 대한 합격과 불합격을 결정하는 데도 측정 불확도가 필요하다. 따라서 측정 분야의 전문가들에게는 측정 불확도에 대한 올바른 이해와 폭넓은 지식이 요구된다.

1. 측정 불확도의 정의

측정의 목적은 측정량의 (참)값을 추정하는 것이므로 측정을 통하여 얻어지는 측정 결과에는 측정량의 (참)값에 대한 최선의 추정 값뿐만 아니라 추정 값의 신뢰 정도를 나타내는 불확도uncertainty가 언급되어야 한다. 불확도를 '측정량의 (참)값이 존재하는 추정 값의 범위'로 정의할 수 있으나 이는 잘못된 개념이다. 왜냐하면 측정량의 (참)값은 알려지지 않았고 알 수도 없는 이상적인 값이므로 어떤 범위로 확정될 수 없기 때문이다.

이와 같이 알 수 없는 양에 근거한 이상적인 개념의 불확도 대신에 최근 사용되는 불확도의 정확한 의미는 '측정량 (참)값을 합리적으로 추정한 값들의 분산 특성을 나타내는 파라미터'로 정의한다. 이는 관측 가능한 양에 근거한 개념으로 현실직으로 알 수 없는 양들, 즉 측정량의 (참)값이나 측정 결과의 오차(측정 결과에서 측정량의 참값을 뺀 값)를 사용하지 않고 있다. 그러나 어떠한 불확도의 개념을 사용하더라도 불확도 성분은 항상 동일한 데이터와 관련 정보를 사용하여 평가된다.

2. 측정 불확도와 오차

어떤 양을 측정할 때 얻어지는 측정값은 반드시 어느 정도의 오차를 포함하게 되며, 참값을 얻는다는 것이 불가능하다. 측정 결과는 이미 알고 있는 계통 효과를 적절하게 보정하여도 계통 효과에 대한 완전한 보정이 불가능하고, 우연 효과가 있기 때문에 측정 결과에는 항상 불확도가 존재하므로 추정 값에 불과하다.

(1) 측정 오차: 측정값 − 참값

참값을 구할 수 없으므로 실제로는 협정 참값이 사용된다. 따라서 오차는 이상적인 개념이며 실제로는 오차를 정확히 알 수 없다.

(2) 측정 불확도: 측정 결과에 대한 의심스러운 정도(불신뢰도 ~ 불확실도 ~ 불확도)

예 • (20 ± 0.1) cm, 신뢰 수준 95 %

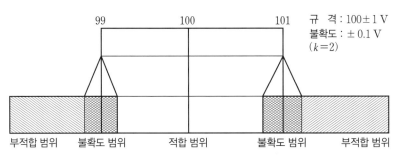

[그림 5.8] 측정 불확도와 규격과의 비교

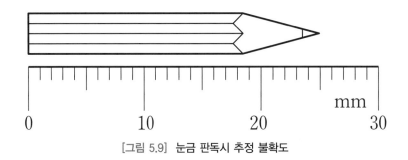

[그림 5.9] 눈금 판독시 추정 불확도

[그림 5.9]에서 추정 값은 25 mm, 예상 범위는 24.5 mm ~ 25.5 mm이다.

이러한 판독(주어진 눈금이 부근의 눈금보다 더 가까이 있는 것)을 과학자들은 다음과 같이 표시한다.

$$L = 25 \text{ mm}$$ 라고 하고, 그 뜻은 24.5 mm $\leq L \leq$ 25.5 mm이다.

이와 같이 눈금선 사이에 있는 연필의 길이를 잴 때 어떤 경우에도 완벽하다고 말할 수는 없으며, 늘 피할 수 없는 애매함이 있게 마련이다. 이러한 애매함은 다음과 같다.

- 자의 정확성
- 눈금을 읽을 수 있는 능력
- 길이를 잴 때의 여러 가지 문제점
- 반복해서 잴 때 나타나는 읽음 값의 차이 등으로부터 발생된다.

이러한 애매함을 모두 고려(애매한 정도를 단순히 더하는 것은 아니며, 이 때문에 '합성'한다는 표현을 사용함)하여 전체적인 애매함의 정도를 수치로 나타낸 것이 불확도이며, 그 단위는 측정하고자 하는 양의 단위(위의 例에서는 mm)로 나타낸다.

따라서 측정값은 늘 애매함, 즉 불확실성을 가지므로 측정 결과를 나타낼 때는 측정값뿐만 아니라 불확도 값도 함께 나타내는 것이 올바른 표현 방법이다.

3. 측정 불확도의 발생과 평가

측정 불확도의 발생 원인과 필요성, 측정 불확도의 평가 및 산출 절차는 다음과 같다.

1) 측정 불확도의 발생 원인

측정에서 불확도는 크게 나누어 다음 세 가지 경우에서 발생한다.

(1) 측정량 자체의 분포가 있는 경우

측정량 자체가 분포를 가지고 있고, 측정하려고 하는 측정량의 (참)값이 이 분포의 평균인 경우가 있다. 이 경우 측정은 통계적 프로세스로 반복성이 완벽한 측정 기기로 반복 측정을 수행해도 측정값의 퍼짐 현상이 나타나고, 측정값의 평균에서 퍼짐 정도가 측정량의 고유 불확도가 된다.

(2) 반복성에 의하여 발생되는 불확도

측정 기기의 반복성에 의해 불확도가 발생한다. 즉 어떤 측정량을 반복 조건 하에서 여러 번 측정하여도 같은 값이 나오지 않아 분산이 발생하고, 이 분산이 측정량의 고유 불확도보다 큰 경우가 있는데 이것이 측정 기기의 반복성 때문에 발생하는 불확도이다.

(3) 계통적 효과에 의하여 발생되는 불확도

다른 측정 기기에 관계된 불확도로서, 측정 기기의 계통적 효과에 의해 불확도가 발생할 수 있다. 완벽한 측정 기기는 존재하지 않고, 알려진 계통적 효과나 알려지지 않는 계통적 효과는 항상 존재한다. 그런데 알려진 계통적 효과는 그 효과만큼 나중에 보정을 수행해야 하는데 수행된 보정에서 불확도가 발생하게 된다.

(4) 측정 불확도의 발생 원인 요약

- 측정량의 불완전한 정의
- 측정량의 정의에 대한 불완전한 실현
- 불완전한 수학적 모델
- 샘플링 방법(불완전한 표본 추출에 따른 모평균 추정)
- 측정 표준과 표준 물질의 오차에 기인한 불확도
- 다른 요인으로부터 오는 상수 및 파라미터에 기인한 불확도
- 환경 요인들
- 반복 측정에서 나타나는 우연 변동
- 측정기 분해능과 검출 한계

2) 측정 불확도의 필요성

불확도는 측정 결과의 품질을 정량적으로 표시하는 양으로, 측정 결과가 측정량의 값을 얼마나 잘 측정하였는가에 대한 답을 준다. 불확도는 측정 결과에 대한 신뢰성의 정보를 줄 뿐만 아니라 다른 결과나 기준 값과의 비교에도 사용된다. 불확도를 통한 상호 비교에서의 신뢰성 확보는 통상 무역에서 발생하는 많은 문제점을 해결할 수 있다.

또한, 측정 결과를 규격이나 규정에서 정의된 제한 값과 비교하는 경우가 있는데, 불확도를 이용하면 그 결과가 허용치 이내에 안전하게 존재하는지 아니면 간신히 허용치 주위에 있는지의 여부를 알 수 있다. 가령, 결과가 제한 값에 아주 가까운 경우에는 불확도를 고려하여 측정된 특성이 제한 값 이내에 못 들어온 상황에 대비해 그에 관한 위험 관리를 고려해야 한다.

3) 측정 불확도의 평가

불확도의 평가에는 A형과 B형이 있다. 불확도의 A형 평가란 일련의 관측 값을 통계적으로 분석하여 불확도를 구하는 방법이며, 불확도의 B형 평가란 일련의 관측 값의 통계적인 분석이 아닌 다른 방법으로 불확도를 구하는 방법을 말한다. 즉, 경험이나 다른 정보에 근거하여 가정한 확률 분포로부터 구하는 것을 말한다.

(1) 합성 표준 불확도

측정 결과가 여러 개의 다른 입력량에서 구해질 때 이 측정 결과의 표준 불확도를 합성 표준 불확도combined standard uncertainty라고 한다. 합성 표준 불확도는 각 입력량의 변화가 측정 결과에 미치는 영향에 따라 가중된 분산과 공분산 합의 제곱근과 같다.

(2) 확장 불확도

확장 불학도expanded uncertainty는 측정량의 합리적인 추정 값이 이루는 분포의 대부분을 포함할 것으로 기대되는 측정 결과 주위의 어떤 구간을 정의하는 양이다.

(3) 포함 인자

포함 인자coverage factor는 확장 불확도를 구하기 위하여 합성 표준 불확도에 곱하는 수치 인자이다.

4) 측정 불확도의 산출 절차

어떤 측정의 종합 불확도를 산출하기 위한 주요 절차는 다음과 같다.

- 측정 및 통계 방법의 숙지와 결과를 얻는 데 필요한 측정과 계산 방법을 결정한다.
- 측정량 및 측정 방법을 파악하고 필요한 측정을 실시한다.
- 최종 결과에 포함시킬 각 입력량의 불확도를 추정한다.
- 입력량의 불확도가 서로 독립하고 있는지 여부와 측정을 수학적으로 모델화한다.
- 측정 결과를 계산하여 요인별 표준 불확도를 추정(A Type, B Type)한다.
- 각각의 요인 전부에서 합성 표준 불확도를 산출한다.
- 불확도를 포함 인자와 불확도 구간의 크기를 표현하여 확장 불확도를 산출한다.
- 신뢰 수준을 포함한 측정 결과 및 불확도를 쓰고, 구한 방법을 기술한다.

5) 측정 불확도가 아닌 것

- 작업자의 실수는 불확도에 기여하는 것이 아니므로 측정 불확도가 아니다. 따라서 주의 깊게 작업하고 작업을 체크함으로써 회피할 수 있다.
- 공차tolerance 허용 범위도 불확도가 아니다. 허용 범위는 제품에 적용된 허용 한계이며, 사양서도 불확도가 아니다.
- 정확도 또는 부정확도도 불확도와 동일하지 않다. 즉, 정확도는 정성적인 용어(예 측정이 정확하다, 측정이 정확하지 않다 등)이지만 불확도는 정량적이다(수치에 ± 0.01 등).
- 오차와 통계 해석도 불확도와 동일하지 않다. 불확도 해석은 통계 이용의 한 가지 예일 뿐이다.

⑤②②❷ 측정 불확도의 산정

본 절에서는 측정 불확도 산정 절차의 요약, 측정량의 관계 모델식, A형 표준 불확도, B형 표준 불확도, 합성 표준 불확도의 계산, 확장 표준 불확도의 계산, 결과의 보고 및 측정 불확도의 정리에 대하여 기술한다.

1. 개요

교정 및 시험·검사에서 측정 과정은 대부분 불완전하여 오차가 포함되므로 측정 결과 값에는 불확도가 존재하게 된다. 그러므로 측정 결과 값에 측정 불확도 표기가 수반되지 않는다면 측정의 전체 과정이 완전하다고 볼 수 없다. 본 장에서는 한국인정기구(KOLAS) 불확도 지침서와 한국계량측정협회(KASTO)의 불확도 산정 방법을 정리하여 기술하였다.

과거에는 측정 결과의 불확도 요소들을 합성하기 쉬운 방법으로, 각각의 불확도 요인에 대한 최대 오차의 한계 값을 추정하고 단순히 더하여 전체 불확도의 척도로 이용하였다. 어떤 경우에는 이들의 산술적인 덧셈 결과를 100 % 신뢰 수준으로 계산하여 측정 결과의 불확실한 범위로 이용하기도 하였다. 이러한 방법들은 그동안 빠르게 계산할 수 있는 장점이 있어 여러 측정 분야에서 많이 사용되어 왔다. 그러나 측정 불확도 표현 지침서(GUM)의 사용이 국제적으로 합의된 현재, 더 이상 이러한 방법들을 적용해서는 측정 결과의 신뢰성을 확보할 수 없다.

대부분의 측정자들은 동일한 조건에서 반복 측정하며, 측정값들이 산포한다는 사실을 알고 있다. 그러나 반복 측정하였다 하더라도 결과 값에는 잘못 측정된 차이가 있을 수 있으므로 측정값이 얼마나 벗어나 있는가 하는 것에 대한 충분한 검토 없이 불확실한 범위를 추정하는 것은 매우 위험하다.

이러한 이유로 GUM과 KOLAS 불확도 지침서는 통계적인 방법을 이용하여 이 문제에 접근하고 있다.

2. 측정 불확도 산정 절차의 요약

측정 불확도를 계산하기 위해서는 먼저 측정 불확도를 일으키는 요인을 결정해야 한다. 그다음 각각의 요인에서 그 불확도의 크기를 추정한다. 그리고 마지막으로 각각의 불확도를 합성하고 전체 크기를 파악한다.

각각의 불확도가 어떻게 기여하고 있는가를 평가하고, 이것들을 어떻게 합성할 것인가에 대해서는 명확한 규칙이 있다.

- GUM의 측정 불확도 표현 지침서
- KORAS의 측정 결과의 불확도 추정 및 표현을 위한 지침
- KASTO의 측정의 신뢰성 및 불확도 표현

1) 측정 및 측정량의 추정 값

측정량은 측정의 대상이 되는 양으로 정의하며, 측정은 측정량의 값을 추정하기 위한 것이다. 따라서 불확도를 구하기에 앞서서 측정량의 추정 값을 결정한 후 오차 요인을 파악한다.

2) 불확도 및 오차 요인 파악

측정 과정을 검토하여 불확도 및 오차 요소를 파악한다. 측정의 불확도 및 오차 요소가 확인되면 불확도를 계산한다.

(1) 측정 불확도의 특성 요인도

측정 불확도에 대한 일반적인 요인의 분류는 4M, 또는 SWIPE(Standard & Reference, Work piece, Instrument, Personal, Environment) 등으로 하며, 불확도의 일반적인 특성 요인도는 다음 그림과 같다.

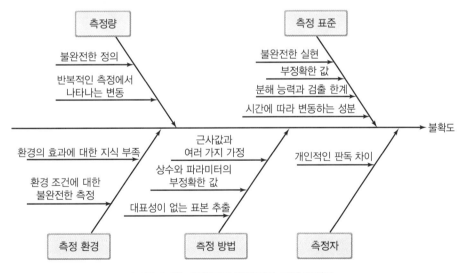

[그림 5.10] 불확도의 일반적인 특성 요인도

(2) 측정 불확도의 1차 요인도 작성

모든 측정의 영향 인자를 나열한다.

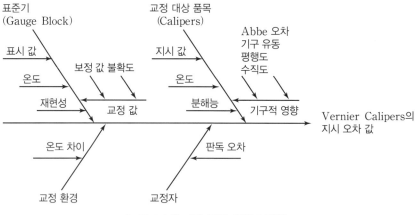

[그림 5.11] 1차 특성 요인도 작성

(3) 불확도 성분의 단순화

측정 불확도 요인 중 비슷한 성분을 묶는다.

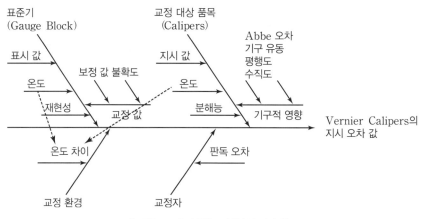

[그림 5.12] 불확도 성분의 단순화

(4) 중요도가 낮은 성분의 삭제

불확도 요인 중 중요도가 낮은 성분을 삭제한다. 무시 가능분에 대한 기준은 확장 불확도의 1 % 미만인 영향 인자이거나 큰 불확도의 15 % 이하인 불확도이고, 불확도가 불확도의 5 % 이내일 때 삭제한다. 이 경우 무시한 산출 근거를 기록 유지한다.

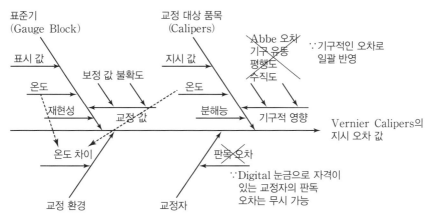

[그림 5.13] **무시 가능한 성분의 삭제**

3) 측정 불확도의 계산 절차

측정 불확도의 계산 절차는 측정량의 관계 모델식의 작성 – 입력량 표준 불확도의 계산 – 합성 표준 불확도의 계산 – 확장 불확도의 계산 순이다.

4) 측정 결과 및 측정 불확도 표기

계산 과정이 끝나면 시험 성적서에 측정 불확도를 표기하게 된다.

⟨표 5.1⟩ 측정 불확도 산정 절차

순서	측정 불확도 계산 절차	통계 처리 방법
1	측정량의 관계 모델식	측정량 추정 결과 및 오차의 계산식
2	입력량의 표준 불확도 평가	입력량의 표준 편차 상당량 파악
3	합성 표준 불확도의 계산	오차(표준 편차 상당량)의 전파 법칙에 의한 측정량의 표준 편차 상당량의 계산
4	확장 불확도의 계산	측정량의 통계적인 추정 구간 계산

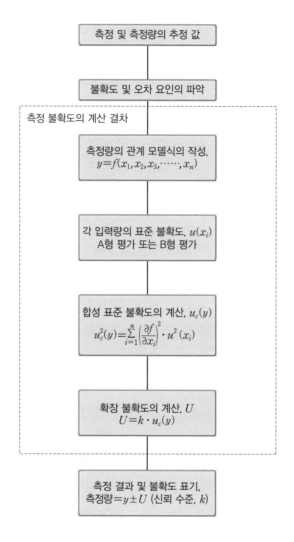

[그림 5.14] 측정 불확도 산정 절차

3. 측정량의 관계 모델식

측정량과 관련하여, 측정 대상의 범위를 잘 결정하여 균질도나 안정도를 불확도 요인으로 포함할 것인지를 확인하고 측정량을 정의하는 것이 중요하다. 일반적인 측정 과정에서 측정량은 여러 가지 방법으로 측정하거나 참고 문헌이나 선험적 자료로부터 구한 여러 입력량들의 관계 모델식에서 다음과 같이 구할 수 있다.

$$y = f(x_1, x_2, \cdots\cdots, x_N)$$

여기서 입력량 x_i는 측정에서 구해진 정보이며 산포를 갖는다. i번째 입력량의 표준 불확도는 $u(x_i)$로 표현하며, 표준 불확도는 통계적으로 표준 편차 상당량으로 표현한다.

측정 과정을 함수 관계로 모델화할 수 있으면, 측정 불확도의 평가가 더욱 쉬워진다. 예를 들어, 압력 p가 압축력 F와 단면적 A에 의해 결정된다면, 그 관계식은 다음과 같이 나타낼 수 있다.

$$p = f(F,\ A) = F/A$$

측정 과정의 수학적인 관계 모델식은 불확도 산출시 고려되어야 할 입력량과 측정량의 관계를 정의하는 데 이용된다. 대부분의 경우에는 입력량과 출력량의 단위가 같지 않으므로 각 입력량의 표준 불확도들을 합성하기 위하여 적절한 계수를 곱한다.

일반적인 측정 과정은 위 식과는 다르게 최종적인 측정량이 여러 개의 관계 모델식에 의해 표기되는 경우가 많다. 예를 들어 표기해 보면 측정량, y를 다음과 같이 두 개의 함수 관계로 모델화할 수 있다.

$$y = f(x_1,\ x_2,\ \cdots\cdots,\ x_M)$$
$$x_1 = g(x_{M+1},\ x_{M+2},\ \cdots\cdots,\ x_N)$$

많은 경우 오차, 보정량, 차이량 또는 오차비, 차이 비율은 알 수 없고, 관찰된 값들의 변동, 오차 구조의 이론적 지식 등의 방법으로 확률 분포를 추정할 수 있는 경우가 많다. 이 확률 분포만을 추정할 수 있는 경우, 조정된 측정 모델식을 이용하여 차후의 불확도 계산 절차에서 효과적으로 표준 불확도를 구하여 합성하는 것이 가능하다.

4. A형 표준 불확도

측정값의 통계적인 분석을 통하여 불확도의 우연 요소를 구하는 방법을 A형 표준 불확도라고 하며, 과거의 경험이나 여러 정보에 근거하여 가정한 확률 분포로부터 구하는 방법을 B형 표준 불확도라고 한다.

1) 표준 불확도의 개요

측정 불확도에 기여하는 성분은 모두 표준 불확도로 변환하여 같은 신뢰 수준으로 표현해야 한다. 표준 불확도는 '어떤 표준 편차의 플러스 또는 마이너스 값'에 해당하는 범위이다. 따라서 표준 불확도는 측정값의 산포뿐만 아니라 어떤 평균값의 불확도를 가리키는 것이다. 표준 불확도는 보통 u(소문자), 또는 $u(y)$로 표현한다. 여기서 $u(y)$는 y에 대한 표준 불확도를 의미한다.

2) A형 표준 불확도의 계산

어느 입력량에 대한 A형 표준 불확도의 평가는 보통 해당 측정 과정에 대하여 반복성 또는 우연 효과에 대한 값을 얻기 위해 이용된다. 측정 결과 값들이 산포되어 있을 때, 산술 평균을 계산하고 입력량의 추정 값으로 사용해야 한다. 만약, 입력량 q를 측정하기 위해 동일한 조건에서 n번을 독립적으로 반복 측정한다면, 그 평균 $\bar{q}$는 다음과 같이 구할 수 있다.

$$\bar{q} = \frac{1}{n}\sum_{j=1}^{n} q_j = \frac{q_1 + q_2 + q_3 + \cdots\cdots + q_n}{n}$$

측정 결과의 산포(예 표준 편차, 범위 등)는 측정 과정의 반복성을 나타내며 그 산포는 사용한 장비, 시험 방법, 때로는 측정을 수행한 사람에 따라 달라진다. 통계적인 처리를 위하여 위와 동일 조건에서 무한 측정하여 얻은 자료들을 정규 분포로 가정할 수 있으며, 이들 자료의 집합을 모집단으로 가정할 수 있다. 이들 자료에 대한 산포 표기는 표준 편차 σ이고, 다음과 같이 계산된다.

$$\sigma = \sqrt{\frac{1}{n}\sum_{j=1}^{n}(q_j - \bar{q})^2} \; ; \; (n = \infty)$$

실제 측정된 유한한 n개 자료의 집합이 통계적으로 표본 집단이 된다. 따라서 표본 집단의 측정 결과를 이용하여 모집단의 표준 편차(σ)를 추정해야 하며, 이 표본 또는 실험 표준 편차 $s(q_j)$는 다음과 같이 계산한다.

$$s(q_j) = \sqrt{\frac{1}{(n-1)}\sum_{j=1}^{n}(q_j - \bar{q})^2}$$

가상의 모집단에 대한 표준 편차 σ는 직접 구할 수 없으며, 일반적으로 표준 편차는 추정 실험 표준 편차 $s(q_j)$ 식을 가리킨다. 이 식에서 제곱근 기호 안에 $1/n$을 대신하여 $1/(n-1)$을 사용하는 것은 모집단 표준 편차를 추정하는 것임을 나타낸다. 한편, 측정된 n개의 자료로부터 구한 평균값에 대한 표준 편차는 다음과 같이 계산된다.

$$s(\bar{q}) = \frac{s(q_j)}{\sqrt{n}}$$

이 표준 편차를 해당 평균값(입력량의 추정 값)의 표준 불확도로 사용하며, 이와 같이 평가하는 것을 A형 평가라고 한다. 이 경우, 표준 편차와 표준 불확도의 자유도는 $n-1$이 된다. 따라서 이들 평균값에 대한 A형 표준 불확도 u는 다음과 같다.

$$u = \frac{s}{\sqrt{n}}$$

여기서 n은 측정 횟수이다.

위와 같이 측정값의 통계적인 분석을 통하여 불확도의 우연 요소를 구하는 방법을 A형 평가라고 한다. 그러나 이와 같이 평가된 이 우연 효과에는 노이즈 특성과 함께 기기 지시값의 경향적인 변동이 포함될 수 있다. 이와 같은 경우에는 B형 평가 방법에 따라 불확도 평가를 시행해야 한다.

5. B형 표준 불확도

입력량의 정보가 적은 경우에는 측정 불확도의 상한과 하한으로만 추정해야 하는 경우가 생긴다. 이 경우 구하는 값이 같은 정보의 확률로 그 사이의 어느 부분에 들어간다. 즉 직사각형 분포 중에 들어간다고 가정하게 된다. 따라서 직사각형 분포에 대한 표준 불확도는 다음과 같다.

$$\frac{a}{\sqrt{3}}$$

여기서 a는 상한과 하한 사이의 반 범위 값이다. 직사각형 분포는 매우 일반적으로 나타나며, 예를 들면, 교정 성적서와 같이 외부 정보에 의한 불확도는 일반적으로 정규 분포를 갖는다.

B형의 불확도 요소를 평가하는 데 있어, 최소한 다음의 요인을 고려하거나 포함하는 것이 필요하다.

• 기준으로 사용된 표준의 불확도, 변화 정도 또는 읽음의 불안정성
• 연결선과 같은 보조 장비를 포함한 측정 기기, 교정기의 불확도, 읽음의 불안정성
• 교정하거나 측정된 장비의 분해능 또는 교정 주기 내에서의 불안정성
• 운영 절차에 따른 불확도
• 위의 일부 또는 모두에 미칠 환경 조건의 영향 또는 간섭 현상
• 측정 대상의 균질도와 안정도
• 간섭 현상

〈표 5.2〉 B형 불확도의 요인에 대한 확률 분포

	표준 불확도	분포 형태와 최대 한계 반너비
1	정규 분포(신뢰 수준, 약 95 %, $k = 2$의 적용이 확인된 경우): $\dfrac{a}{2}$	
2	직사각형 분포: $\dfrac{a}{\sqrt{3}}$	
3	삼각형 분포: $\dfrac{a}{\sqrt{6}}$	
4	U-형 분포: $\dfrac{a}{\sqrt{2}}$	

교정 및 시험 성적서에 다른 표현이 없고, 확장 불확도와 신뢰 수준 또는 포함 인자 k 만이 기록된 경우, 불확도의 확률 분포를 정규 분포로 취급하며, B형 평가한 표준 불확도, $u(x_i)$를 다음과 같이 구한다(〈표 5.2〉의 1번 참조).

$$u(x_i) = \frac{\text{확장 불확도}}{k}$$

여기서 k는 포함 인자이다. 보통 인정된 교정 및 시험 기관에서 발행한 교정 성적서에는 $k = 2$와 신뢰 수준 95 %를 바탕으로 한 확장 불확도가 널리 사용되고 있다. 정규 분포로 확인되지만 신뢰 수준이 다른 경우 다음과 같은 관계를 적용한다.

99 % 신뢰 수준인 경우 $k = 2.58$

99.7 % 신뢰 수준인 경우 $k = 3$

6. 합성 표준 불확도의 계산

입력량 x_i의 표준 불확도 $u(x_i)$가 A형 평가 또는 B형 평가를 통해 유도되었다면, 출력량 $y = f(x_1, x_2 \cdots\cdots, x_N)$의 표준 불확도를 제곱합의 제곱근법(RSSM; Root Sum Square Method)에 따라 다음과 같이 유효하게 합성이 가능하다. 이렇게 나온 결과를 합성 표준 불확도라고 부르며, u_c 또는 $u_c(y)$로 나타낸다.

$$u_c(y) = \sqrt{\sum_{i=1}^{N} c_i^2 u^2(x_i)} = \sqrt{\sum_{i=1}^{N} \left(\frac{\partial f}{\partial x_i}\right)^2 u^2(x_i)} = \sqrt{\sum_{i=1}^{N} u_1^2(y)}$$

여기서 c_i는 감도 계수로서 모델식을 편미분 $\partial f / \partial x_1$하여 구할 수 있다. 이 감도 계수는 편미분에 의해서 구하기도 하지만, 어떤 경우에는 온도 팽창 계수와 같이 그 값이 알려진 것도 있으며, 실험적으로 구할 수 있다. 실제적으로 이 식은 불확도 전파를 위한 근사식으로, 측정량에 대한 관계 모델식의 비선형성에 따라 다음과 같이 근사적인 관계가 성립한다.

$$u_c(y) \cong \sqrt{\sum_{i=1}^{N} c_i^2 u^2(x_i)}$$

따라서 측정량에 대한 관계 모델식의 비선형성이 매우 크거나 상대적으로 각 입력량의 표준 불확도 값이 큰 경우 몬테 카를로Monte Carlo 방법으로 불확도를 구해야 한다.

7. 확장 불확도의 계산

최근 측정 및 교정 분야에서는 계산으로 구한 전체 불확도와 이에 대한 신뢰도를 표기하는 것을 필요로 한다. 이것은 측정 결과를 비교하거나 측정량과 관련된 (±) 불확도 범위에 참값이 포함되는 확률로서의 의미를 부여하기 위함이다. 이와 관련하여 먼저 고려할 사항은 확률 분포에 따른 측정량의 포함 확률, 즉 신뢰 수준을 결정하는 것이다.

전체 측정 불확도에 대한 신뢰 수준은 최고 수준(100 %에 아주 가까운 값)으로 유지하는 것이 바람직하다. 그러나 모든 단계의 측정 불확도는 불확도 전파를 통하여 누적되어 커지기 때문에 항상 최고의 수준을 유지하는 것은 실질적으로 불가능하다. 따라서 신뢰 수준은 측정 결과를 이용히는 최종 고객의 목적에 따라서 측정 종사자가 결정하게 되는데, 통상적으로 95 %를 이용하며, 측정량이 법적인 요구 사항 또는 규정의 최대 한계 값 수준과 비슷한 경우일 때, 99 % 또는 99.73 % 등을 적용해야 한다.

확장 불확도 U는 신뢰 수준에 따른 포함 인자 k를 합성 표준 불확도에 곱하여 다음의 식과 같이 계산하여 사용하도록 하고 있다.

$$U = ku_c(y)$$

포함 인자 $k = 2$는 많은 경우의 확장 불확도 계산에 이용하도록 권고하고 있는데, 이 $k = 2$의 값은 전체 불확도가 주로 우연 요인에 따라서 결정된다. 확률 분포가 정규 분포로 가정할 수 있는 경우에 따라 약 95 %(정확히 95.45 %)의 신뢰 수준으로 결정된 값이다. 이것은 일반적인 가정이지만 그 밖의 몇 개 포함 인자(정규 분포에 한함)는 다음과 같다.

- $k = 1$ (신뢰 수준이 약 68 %일 때)
- $k = 2$ (신뢰 수준이 약 95 %일 때)
- $k = 2.58$ (신뢰 수준이 약 99 %일 때)
- $k = 3$ (신뢰 수준이 약 99.7 %일 때)

그러나 불확도의 우연 요인이 다른 요인에 비해 상대적으로 크더라도 반복 측정 횟수가 적다면, 즉 합성 표준 불확도의 자유도가 작다면 불확도의 확률 분포는 정규 분포와 차이를 보이며, t-분포를 보일 가능성이 크다. 이러한 경우 포함 인자를 구하기 위해서는 합성 표준 불확도의 자유도를 산정해야 한다.

⟨표 5.3⟩ 분포표(자유도 ν에 대하여 신뢰 수준 p를 포함하는 $t(\nu)$의 값)

자유도 ν	신뢰 수준, p(%)					
	68.27	90	95	95.45	99	99.73
1	1.84	6.31	12.71	13.97	63.66	235.80
2	1.32	2.92	4.30	4.53	9.92	19.21
3	1.20	2.35	3.18	3.31	5.84	9.22
4	1.14	2.13	2.78	2.87	4.60	6.62
5	1.11	2.02	2.57	2.65	4.03	5.51
6	1.09	1.94	2.45	2.52	3.71	4.90
7	1.08	1.89	2.36	2.43	3.50	4.53
8	1.07	1.86	2.31	2.37	3.36	4.28
9	1.06	1.83	2.26	2.32	3.25	4.09
10	1.05	1.81	2.23	2.28	3.17	3.96
11	1.05	1.80	2.20	2.25	3.11	3.85
12	1.04	1.78	2.18	2.23	3.05	3.76
13	1.04	1.77	2.16	2.21	3.01	3.69
14	1.04	1.76	2.14	2.20	2.98	3.64
15	1.03	1.75	2.13	2.18	2.95	3.59
16	1.03	1.75	2.12	2.17	2.92	3.54
17	1.03	1.74	2.11	2.16	2.90	3.51
18	1.03	1.73	2.10	2.15	2.88	3.48
19	1.03	1.73	2.09	2.14	2.86	3.45
20	1.03	1.72	2.09	2.13	2.85	3.42
25	1.02	1.71	2.06	2.11	2.79	3.33
30	1.02	1.70	2.04	2.09	2.75	3.27
35	1.01	1.70	2.03	2.07	2.72	3.23
40	1.01	1.68	2.02	2.06	2.70	3.20
45	1.01	1.68	2.01	2.06	2.69	3.18
50	1.01	1.68	2.01	2.05	2.68	3.16
100	1.005	1.660	1.984	2.025	2.626	3.077
∞	1.000	1.645	1.960	2.000	2.576	3.000

$k = 2$라는 포함 인자는 실제로 정규 분포에서 95.45 %의 신뢰 수준에 상응하는 값이며, 편의를 위해 포함인자 $k = 1.96$에 상응하는 95 %의 신뢰 수준의 근삿값으로 사용한다. 실제적인 측면에서, 이러한 정도의 차이는 일반적인 불확도 추정 절차에서 중요하지 않은 경우가 많다.

8. 결과의 보고

확장 불확도를 95 %의 포함 확률로 계산한 후에 측정량의 값과 확장 불확도는 $y \pm U$(신뢰 수준, k 값)의 형식으로 보고해야 하며, 신뢰 수준에 대한 설명도 함께 수반해야 한다. 다음은 이러한 불확도 기술 방법의 예이다.

"보고된 확장 불확도는 약 95 %의 포함 확률에서 합성 표준 불확도에 포함 인자 $k = 2$를 곱하여 구하였다. 이 불확도 평가는 KOLAS의 지침에 따라 수행하였다."

예를 들어, 포함 인자 $k = 2$와 다른 실제 값을 사용하는 경우, 다음과 같은 종류의 설명이 요구된다.

"보고된 확장 불확도는 약 95 %의 포함 확률과 유효 자유도 $\nu_{eff} = 8$ 그리고 t–분포에서 얻은 포함 인자 $k = 2.31$을 합성 표준 불확도에 곱하여 얻었다. 이 불확도 평가는 KOLAS 지침에 따라 수행하였다."

신뢰 수준, 포함 인자 등 유효 숫자의 수를 결정하는 과정의 엄격성은 측정의 목적과 측정 불확도의 수준에 따라서 실질적이고 경제적으로 처리해야 한다. 이와 함께 각각의 시험실에서는 실질적이고 경제적으로 평가 과정이 이루어졌다는 평가의 기본 자료를 보관해야 한다.

불확도는 주로 좌우 동일한 부호 (±)로 표기하며, 측정량의 단위 또는 상대적인 값(예를 들어, % 등)으로 표현한다. 그러나 양의 불확도 값과 음의 불확도 값이 다른 경우, 예를 들면, 코사인 오차가 포함된 경우 이들의 차이가 작으면 둘 중 큰 값의 확장 불확도를 보고하는 것이 실용적이다. 그러나 만약 양의 값과 음의 값에 현저한 차이가 있다면 그들은 따로 평가하고 보고하는 것이 좋다.

9. 측정 불확도의 정리

측정의 관계 모델식이 모두 합과 차로만 구성되었으므로 표준 불확도를 다음과 같이 정리할 수 있다.

〈표 5.4〉 측정 불확도의 총괄표

입력량/측정량				불확도							
기호	값, V (범위)	불확도 요인	기호	최대 반너비 (상대) ±V/V	최대 반너비 (절대) ±μV	확률 분포	제수	C_i	$u_i(V_{DVM})$ (상대) μV/V	$u_i(V_{DVM})$ (절대) μV	V_i 또는 V_{eff}
V_{CAL}	0~1.9	교정 불확도	$u(V_{CAL})$	2.8	0.5	정규	2.0	1	1.4	0.25	∞
$\delta_{V_{SPEC}}$	0	다기능 교정기의 1년의 보증 규격	$u(\delta_{V_{SPEC}})$	8.0	2.0	직사각형	$\sqrt{3}$	1	4.6	1.15	∞
δ_{V_T}	0	열기전력	$u(\delta_{V_T})$	–	1.0	직사각형	$\sqrt{3}$	1	–	0.58	∞
$\delta_{V_{CM}}$	0	Common-mode 전압의 효과	$u(\delta_{V_{CM}})$	–	1.0	직사각형	$\sqrt{3}$	1	–	0.58	∞
$\delta_{V_{RES}}$	0	멀티미터 분해능에 의한 끝맞음	$u(\delta_{V_{RES}})$	–	0.5	직사각형	$\sqrt{3}$	1	–	0.29	∞
δ_{V_R}	0	반복성	$u(\delta_{V_R})$	2.5	–	정규	1	1	2.5	–	9
V_{DVM}	0~1.9	합성 표준 불확도	$u_c(V_{DVM})$			정규			5.42	1.46	〉100
		확장 불확도	U			정규 (k = 2)			10.8	2.92	〉100

교정 결과가 표의 형태로 표시된다고 가정하면 교정 결과에 붙여서 다음과 같이 측정 불확도를 표기할 수 있다. 위 측정에서의 확장 불확도는 두 부분의 요소로 구분하여 기록한다.

- 상대 확장 불확도: $\pm 11 \times 10^{-6}$
- 절대 확장 불확도: $\pm 3.0\,\mu V$

보고된 두 종류의 확장 불확도는 합성 표준 불확도에 포함 인자 $k = 2$를 곱하여 얻었고, 이때의 신뢰 수준은 약 95 %이다. 이 불확도 평가는 KOLAS의 지침에 따라서 이루어졌으며, 만약 필요하다면 각 불확도 결과는 절대적인 단위와 상대적인 단위의 값을 단위 조정하고, 제곱합의 제곱근 값을 구하여 이용할 수 있다.

📍❸ 분동의 측정 불확도 계산

본 절은 분동의 질량을 직접 측정하여 얻은 데이터를 이용해서 측정 불확도를 계산한 예를 나타내고 있다. 계산 순서는 '분동의 표준 교정 데이터 – 불확도 요인 계산 – 표준 불확도 산출 – 합성 불확도 – 확정 불확도 – 교정 결과의 표시' 등이다.

1. 분동의 표준 교정 데이터

질량이 1 kg, 100 mg(E2급)인 분동을 이중 치환법으로 교정한 결과 다음과 같은 측정 데이터를 얻었을 때, 측정 불확도를 구하는 방법은 다음과 같다.

1) 측정 환경 및 측정 준비

- 교정에 사용할 표준 분동을 선정하고 성적서를 준비한다.
- 표준 분동과 시험 분동을 교정 1시간 전에, 특히 정밀도가 높은 것은 하루 전에 저울 내부에 설치한다.
- 측정에 필요한 집게, 솔, 공기 밸브, 기록 도구 등을 준비한다. 집게나 솔은 분동과 마찬가지로 깨끗해야 한다.
- 저울의 성능 상태(역감도, 스팬 등)를 점검하여 교정에 들어갈 수 있게 준비한다. 저울은 건조 공기에 의한 정전기 영향을 받으므로 알맞은 습도 유지와 접지가 되어야 한다.
- 저울의 동작 안정 시간이 필요한 경우 15분 정도 예비 측정을 해 준다.
- 본 측정에 들어갈 때는 저울 부근 혹은 내부의 환경 조건(온도, 습도, 기압)을 기록한 후 시작하며, 측정이 끝났을 때에도 환경 조건을 측정하여 기록한다.
- 측정 준비물은 표준 분동, 환경 측정용 온도계, 습도계, 기압계, 장갑, 시계, 분동 집게, 먼지 제거 솔, 기록 도구 등이다.

측정 환경과 분동의 식별 표기는 다음 표와 같다.

〈표 5.5〉 측정 환경

시간	온도(℃)	기압(Pa)	상대 습도(%R.H.)
시작 09:20	시작 20.3	시작 101005	시작 50.0
끝 09:33	끝 20.1	끝 101031	끝 49.0
시간 13분	평균 20.2	평균 101018	평균 49.5

<표 5.6> 분동의 식별 표기

구분	질량 (g)	상용 질량 (g)	밀도 (g/cm³)	확장 불확도 (mg), $k = 2$
표준 분동 S (Tr03 1 kg)	1000.010798	1000.007736	7.84	0.044
시험 분동 T (D.W 1 kg)	?		8.4	?
감도 분동 Δms (Tr05 100 mg)	0.100000		8.0	0.002

2) 분동의 질량 측정

분동의 표준 교정 절차(KASTO 02 – 04 – 1050 – 088)에 따라 분동을 중치환법에 의하여 10회 반복 측정한 결과 측정 데이터는 다음과 같다.

<표 5.7> 분동

표준 분동 S	시험 분동 T	$X_k = S - T$
O_1 0.000		
	O_2 − 6.694	$X_1 = 6.700$
O_3 0.011		
	O_4 − 6.696	$X_2 = 6.708$
O_5 0.013		
	O_6 − 6.701	$X_3 = 6.718$
O_7 0.021		
	O_8 − 6.703	$X_4 = 6.723$
O_9 0.019		
	O_{10} − 6.705	$X_5 = 6.727$
O_{11} 0.024		
	O_{12} − 6.708	$X_6 = 6.738$
O_{13} 0.035		
	O_{14} − 6.710	$X_7 = 6.741$
O_{15} 0.027		
	O_{16} − 6.713	$X_8 = 6.738$
O_{17} 0.022		
	O_{18} − 6.715	$X_9 = 6.739$
O_{19} 0.025		
	O_{20} − 6.705	$X_{10} = 6.729$
O_{21} 0.023		
	O_{22} − 100.023	
O_{23} 0.023		

$$\Delta m_{X_k} = \frac{\Delta m_s}{O_{22} - \dfrac{(O_{21} + O_{23})}{2}} \left(\frac{(O_i - O_{i+1}) + (O_{i+2} - O_{i+1})}{2} \right)$$

여기서 $k = 1, 2, 3, 4, 5 \cdots$, $I = 1, 3, 5, 7, 9 \cdots$

Δm_s는 100 mg 감도 분동이고, 역감도는 1이다.

2. 불확도 요인 계산

불확도 요인을 계산하기 위하여 분동의 표준 편차, 공기 밀도, 분도의 참질량 등을 계산한다.

1) 이중 치환법 계산

저울에 의한 두 분동의 겉보기 질량 차이 $\Delta m_X = M_S - M_T$이라 하면, 이중 치환법에서는 다음과 같이 구해진다.

$$\Delta m_X = \frac{\Delta m_s}{O_3 - O_2} \left(\frac{O_1 - O_2 + O_4 - O_3}{2} \right)$$

여기서 Δm_s는 사용한 감도 분동의 참질량 값이다.

위 식의 측정 1, 2, 3 $\cdots$ 10으로부터 $\Delta m_X = M_S - M_T$를 계산하면,

$$\Delta m_{X_1} = \frac{100.000}{100.023 - 0.023} \times \frac{(0.000 + 0.011 - 2 \times (-6.694))}{2} = +6.700 \text{ mg}$$

$$\Delta m_{X_2} = \frac{100.000}{100.023 - 0.023} \times \frac{(0.011 + 0.013 - 2 \times (-6.696))}{2} = +6.708 \text{ mg}$$

$$\Delta m_{X_{10}} = \frac{100.000}{100.023 - 0.023} \times \frac{(0.025 + 0.023 - 2 \times (-6.705))}{2} = +6.729 \text{ mg}$$

(1) 겉보기 질량 차 Δm_X의 평균값의 계산

$$\overline{\Delta m_X} = \frac{(6.700) + (6.708) + (6.718) \cdots\cdots + (6.739) + (6.729)}{10} = 6.726 \text{ mg}$$

(2) 표준 편차 계산

표준 편차 $s =$

$$\sqrt{\frac{(6.700-6.726)^2+(6.708-6.726)^2+\cdots\cdots+(6.739-6.726)^2+(6.729-6.726)^2}{(10-1)}}$$

$= 0.014 \text{ mg}$

2) 공기 밀도 ρ의 계산

공기의 밀도를 정확하게 계산하기 위하여 대기압, 공기 온도, 상대 습도를 미리 측정한 후 다음과 같은 밀도 계산식을 이용한다.

(1) 공기 밀도 계산식

공기 밀도는 공기의 온도(t: ℃), 습도(h: %R.H.), 압력(P: Pa)을 측정하여 NIST(구 NBS)에서 개발한 다음 식을 이용하여 계산한다.

• 온도 20℃부터 30℃ 사이에서 공기 밀도 $\rho(\text{kg/m}^3)$는

$$\rho = \frac{0.00348444 \times P - h \times (0.00252 \times t - 0.020582)}{(t+273.15)}$$

• 온도 15℃부터 50℃ 사이에서 공기 밀도 $\rho(\text{kg/m}^3)$는

$$\rho = \frac{3.48449 \times P - h \times (0.085594 \times t^2 - 1.8504 \times t + 34.47)}{(t+273.15)}$$

1981년 국제도량형국(BIPM)은 상대 정밀도 10^{-4} 수준의 공기 밀도 공식을 새로 개발하여 발표하였다. 이 BIPM 공기 밀도 공식은 현재까지 가장 정밀한 것으로 되어 있으며 다음 식과 같다.

$$\rho = \left[0.0348349 + 1.444583 \times 10^{-9}(X_{\text{co}_2} - 400)\right]\frac{P}{ZT}(1-0.3780X_v)$$

$\quad\quad P$: 기압(Pa)

$\quad\quad T$: 273.15+t(K)

$\quad\quad \rho$: 공기 밀도(kg/m³)

$\quad\quad X_{\text{CO}_2}$: 공기 중 CO_2의 몰분율, 정상 조건일 때 400(ppm)임.

$Z = 1 - P/T[(1.58123 \times 10^{-6} - 2.9331 \times 10^{-8}t + 1.1043 \times 10^{-10}t^2)$

$\quad\quad + (5.707 \times 10^{-6} - 2.051 \times 10^{-8}t)X_v + (1.9898 \times 10^{-4} - 2.376 \times 10^{-6}t)X_v^2]$

$\quad\quad + P^2/T^2[1.83 \times 10^{-11} - 0.765 \times 10^{-8}X_v^2]$

X_v : 공기 중 수분의 몰분율, $X_v = hf(p, t) \, p_{sv}(t)/P$

$$f(p, t) = 1.00062 + 3.14 \times 10^{-8}P + 5.6 \times 10^{-7}t^2$$

$$p_{sv}(t) = \exp[1.2378847 \times 10^{-5}T^2 - 1.9121316 \times 10^{-2}T + 33.93711047$$
$$- 6.3431645 \times 10^3/T]$$

(2) 공기 밀도의 계산

$$\rho = \frac{0.00348444 \times 101018 - 49.5(0.00252 \times 20.2 - 0.020582)}{(20.2 + 273.15) \times 1000}$$

$$= 0.0011948 \text{ g/cm}^3$$

3) 참질량 계산

분동의 참질량은 다음 계산식을 이용하여 구한다.

(1) 계산식

분동의 비교 교정에 있어서 부력 보정을 예를 들어 다음 식에 적용한다.

$$\Delta m_X = \frac{\Delta m_s}{O_3 - O_2}\left(\frac{O_1 - O_2 + O_4 - O_3}{2}\right)$$

여기서 Δm_s는 사용한 감도 분동의 참질량 값이다.

$\Delta m_X = M_S - M_T$에 부력 보정 항을 삽입하여 시험 분동 T의 질량을 구하는 식은 다음과 같다.

$$M_T = \frac{M_s\left(1 - \dfrac{\rho}{d_s}\right) - \overline{\Delta m_X}\left(1 - \dfrac{\rho}{d_{\Delta m_s}}\right)}{1 - \dfrac{\rho}{d_T}}$$

M_s, d_s : 표준 분동의 질량, 밀도

M_T, d_T : 시험 분동의 질량, 밀도

$\overline{\Delta m_X}, d_{\Delta m_s}$: 저울에서 측정된 질량 차이의 평균값, 감도 분동의 밀도

ρ: 공기 밀도

만약 시험 분동의 밀도나 부피가 주어지지 않았을 경우에는 시험 분동의 밀도를 상용 밀도 $8\,000\,\text{kg/m}^3$로 가정하고, 다음 식에 대입하여 시험 분동의 참질량 값을 계산하고 성적서에는 상용 질량 값만을 표시한다.

$$d_{st} = \frac{M_s}{V_{st}} = \frac{d_{s0}}{1 + \alpha_s(t - 20)}$$

M_s: 표준 분동의 질량

d_{st}, V_{st}: 온도 $t\,^\circ$C일 때 표준 분동의 밀도, 부피

d_{s0}: 20 $^\circ$C일 때 표준 분동의 밀도

(2) 교정하고자 하는 시험 분동(T) 1 kg의 질량 값 계산

$$M_T = \frac{1000.010798\left(1 - \dfrac{0.0011948}{7.84}\right) - \dfrac{6.726}{1000}\left(1 - \dfrac{0.0011948}{8.0}\right)}{1 - \dfrac{0.0011948}{8.4}}$$

$$= \frac{999.851671}{0.99985776} = 999.993911\,\text{g}$$

3. 표준 불확도 산출

분동의 표준 불확도를 산출하기 위해서는 A형 표준 불확도와 B형 표준 불확도를 각각 계산한다.

1) A형 표준 불확도(u_A)

앞에서 구한 실험 표준 편차 $s = 0.014$와 측정 횟수 $n = 10$을 다음 계산식에 대입하여 A형 표준 불확도를 구한다.

(1) 계산식

측정 과정의 불확도를 A형 표준 불확도라고 하며, X의 n번 측정 데이터 X_1, X_2, X_3······ X_n의 평균값 $\overline{X}$와 실험 표준 편차는 각각 다음 식과 같다.

$$\overline{X} = \frac{1}{n}\sum_{n=1}^{n} X_n$$

$$s(X_n) = \sqrt{\frac{1}{(n-1)}\sum_{n=1}^{n}(X_n - \overline{X})^2}$$

평균값 $\overline{X}$의 A형 표준 불확도 u_A는 실험 표준 편차 s, 측정 횟수 n에 의존하여 다음과 같이 주어진다.

$$u_A = s(\overline{X}) = \frac{s(X_n)}{\sqrt{n}} = \left[\frac{1}{n(n-1)}\sum_{n=1}^{n}(X_n - \overline{X})^2\right]^{1/2}$$

(2) A형 표준 불확도 u_A의 계산

$$u_A = \frac{s}{\sqrt{n}} = \frac{0.014}{\sqrt{10}} = 0.0044 \, \text{mg}$$

2) B형 표준 불확도(u_B)

시험 분동의 B형 표준 불확도(u_B)는 항상 표준 분동의 불확도(u_N), 공기 부력의 불확도(u_b), 저울의 불확도(u_{ba}) 등으로 구성된다.

$$u_B = \sqrt{u_N^2 + u_b^2 + u_{ba}^2}$$

$$= \sqrt{u_N^2 + u_b^2 + u_s^2 + u_d^2 + u_E^2 + u_{ma}^2}$$

(1) 표준 분동의 불확도(u_N)

$$u_N = \frac{U}{k}$$

여기서 U: 성적서에 주어진 표준 분동의 확장 불확도

k: 성적서에 주어진 표준 분동의 확장 불확도에 대한 포함 인자

표준 분동과 관련된 확장 불확도 U가 없는 경우, 표준 분동의 정확도 등급에 따라 가정되어야 한다. 만약 성적서에 표준 분동의 등급만 주어지고 확장 불확도가 주어지지 않았을 경우, 확장 불확도 U는 $(1/3)\delta_m$ 이내이어야 하고, $k = 2$일 때 값이기 때문에 $u_N = (1/6)\delta_m$의 값을 적용하면 된다.

사용한 분동들의 공분산이 알려지지 않았다면 상관 계수가 1로 가정될 수 있기 때문에 여러 개의 분동을 조합하여 사용하였을 경우에는 다음과 같이 주어진다.

$$u_N = \sum u_{N_i} = \text{사용된 분동들의 불확도의 합}$$

단, 중복하여 사용한 분동의 불확도는 1회만 적용한다.

• 표준 분동의 불확도 계산 결과

$$u_N = \frac{0.044 \, \text{mg}}{2} = 0.022 \, \text{mg}$$

(2) 부력 보정의 불확도(u_b)

부력 보정은 다음 조건에서는 필요하지 않으며, u_b는 무시할 정도로 작다고 볼 수 있다.

$$C \leq \frac{1}{3}\frac{U}{m_0} \quad \text{여기서, } C = \left| \frac{(d_S - d_T)(\rho_a - \rho_0)}{d_S d_T} \right|$$

ρ_a: 공기 밀도, ρ_0: 1.2 kg/m³, d_S: 표준 분동의 밀도

d_T: 시험 분동의 밀도, m_0: 분동의 이름값, U: 확장 불확도

부력 보정은 표준 분동의 상용 질량과 인자($1+C$)를 곱하여 적용한다. 시험 분동을 교정하는 동안의 공기 밀도 ρa가 표준 분동을 교정하는 동안의 공기 밀도와 같을 때 부력 보정의 불확도(u_b)는 공기 밀도의 표준 불확도($u_{\rho a}$), 표준 분동 밀도의 불확도(u_{dS}), 그리고 시험 분동 밀도의 불확도(u_{dT})로부터 계산된다. 이때, 표준 불확도는 신뢰 인자 k를 고려해야 한다.

$$u_b^2 = \left[M_S \frac{d_S - d_T}{d_S d_T} u_{\rho a} \right]^2 + \left(M_S \times \rho_a \right)^2 \left[\frac{u_{dS}^2}{d_S^4} + \frac{u_{dT}^2}{d_T^2} \right]$$

• 공기 밀도의 불확도($u_{\rho a}$): BIPM 공식

$$u^2(\rho_a) = u_F^2 + \left(\frac{\partial \rho_a}{\partial p} u_p \right)^2 + \left(\frac{\partial \rho_a}{\partial t} u_t \right)^2 + \left(\frac{\partial \rho_a}{\partial rh} u_{rh} \right)^2$$

여기서 $u_F = 10^{-4}\,\rho_a$; 공식 자체 불확도

$$\frac{\partial \rho_a}{\partial p} = 10^{-5} Pa^{-1}\rho_a, \quad \frac{\partial \rho_a}{\partial t} = -3.4 \times 10^{-3} K^{-1}\rho_a, \quad \frac{\partial \rho_a}{\partial rh} = -10^{-4}\,\%\text{R.H.}^{-1}\rho_a$$

• 공기 밀도의 불확도($u_{\rho a}$): NIST 공식

여기서 $u_F = 2 \times 10^{-4}\,\rho_a$; 공식 자체 불확도

$$\frac{\partial \rho_a}{\partial p} = 1.19 \times 10^{-7} \text{g} \cdot \text{cm}^{-3} \cdot Pa^{-1}, \quad \frac{\partial \rho_a}{\partial p} = -4.49 \times 10^{-6} \text{g} \cdot \text{cm}^{-3} \cdot K^{-1},$$

$$\frac{\partial \rho_a}{\partial rh} = 1.02 \times 10^{-7} \text{g} \cdot \text{cm}^{-3} \cdot \%\text{R.H.}^{-1}$$

• 부력 보정의 불확도 계산 결과

$$u_b^2 = \left[M_S \frac{d_S - d_T}{d_S\, d_T} u_{\rho a} \right]^2 + (M_S(\rho_a - \rho_o))^2 \left[\frac{u_{dS}^2}{d_S^4} + \frac{u_{dT}^2}{d_T^4} \right]$$

$$= \left(1000.010798 \times \frac{7.84 - 8.4}{7.84 \times 8.4} \times 0.00001 \right)^2$$

$$+ (1000.010798 \times (0.0011948 - 0.0012))^2 \times \left(\frac{0.01^2}{7.84^2} + \frac{0.1^2}{8.4^4} \right)$$

$$= 7.29 \times 10^{-9}$$

$$\therefore u_b = 8.5 \times 10^{-5} \text{g}$$

(3) 저울의 불확도(u_{ba})

저울의 불확도는 감도 불확도(u_s), 분해능 불확도(u_d), 편심 오차 불확도(u_E), 자성 불확도(u_{ma})로 이루어진다.

$$u_{ba} = \sqrt{u_s^2 + u_d^2 + u_E^2 + u_{ma}^2}$$

① 저울 감도의 불확도(u_s): 저울의 감도 시험에 의해서 얻어진 불확도

$$u_s = \sqrt{(u^2(\Delta m_s) + u^2(\Delta I_s))}$$

여기서 $u(\Delta m_s) = \dfrac{u(\Delta m_s)}{k}$, $u(\Delta I_s) = \dfrac{s}{\sqrt{n}}$ 혹은 $u(\Delta I_s) = \dfrac{d}{4\sqrt{3}}$ 이다.

$u(\Delta m_s)$는 감도 시험에 사용된 감도 분동의 불확도, $u(\Delta I_s)$는 감도 분동에 의한 저울 지시 값의 불확도이다.

• 저울 감도의 불확도(u_s) 계산

$$u_s = \sqrt{u^2(\Delta m_s) + u^2(\Delta I_s)} = \sqrt{0.001^2 + 0.0001^2} = 0.001 \text{ mg}$$

② 분해능 불확도(u_d): 저울이 가진 분해능에 기인된 불확도

$$u_d = \frac{d}{2\sqrt{3}} \times \sqrt{2}$$

여기서 d: 저울 눈금 간격, $\sqrt{2}$는 표준 분동과 시험 분동을 각각 읽기 때문에 생긴 것이다.

- 분해능 불확도(u_d) 계산

$$u_d = \frac{d}{2\sqrt{3}} \times \sqrt{2} = \frac{0.001}{2\sqrt{3}} \times \sqrt{2} = 0.0004 \text{ mg}$$

③ 편심 오차 불확도(u_E)

$$u_E = \frac{\dfrac{d_1}{d_2} \times D}{2\sqrt{3}}$$

여기서 d_1: 편심 오차 시험 시 분동 위치의 간격(전후 혹은 좌우)

d_2: 저울 팬 중심에서 한쪽 끝까지의 거리

D: 편심 오차의 최댓값과 최솟값의 차이

만약, 저울이 자동 분동 교환 장치를 가지고 있을 경우는 다음과 같다.

$$u_E = \frac{\left| \Delta I_1 - \Delta I_2 \right|}{\sqrt{3}}$$

여기서 ΔI_1, ΔI_2는 분동의 위치를 바꾸어 놓았을 때 각각 두 분동의 차이 값이다.

- 편심 오차 불확도(u_E) 계산

$$u_E = \frac{\left| \Delta I_1 - \Delta I_2 \right|}{\sqrt{3}} = \frac{\left| 0.002 \right|}{\sqrt{3}} = 0.0012 \text{ mg}$$

여기서 ΔI_1, ΔI_2는 측정에 의해서 얻어진 값이다.

④ 자성의 불확도(u_{ma})

국제법정계량기구(OIML)의 권고에 따라 제작된 분동은 자성 불확도를 0으로 간주한다.

- 자성의 불확도 계산

국제법정계량기구의 권고에 따라 제작된 분동이기 때문에 자성 불확도를 0으로 간주하였다.

⑤ 저울에 의한 불확도는 다음 식에 의해서 구해진다.

$$u_{ba} = \sqrt{(u_s^2 + u_d^2 + u_E^2 + u_{ma}^2)} = \sqrt{(0.001^2 + 0.0004^2 + 0.0012^2 + 0^2)}$$
$$= 0.0016 \text{ mg}$$

(4) B형 표준 불확도(u_B)의 계산 결과

$$u_B = \sqrt{u_N^2 + u_b^2 + u_{ba}^2}$$
$$= \sqrt{0.022^2 + (8.5 \times 10^{-5})^2 + 0.0016^2}$$
$$= 0.088 \text{ mg}$$

4. 합성 불확도

합성 불확도(u_c)는 A형 표준 불확도와 B형 표준 불확도에 의하여 다음 식으로부터 구한다.

1) 합성 불확도 계산식

위의 결과로부터 시험 분동의 합성 표준 불확도(u_c)는 A형 표준 불확도(u_A)와 B형 표준 불확도(u_B)에 의하여 계산된다.

$$u_c = \sqrt{u_A^2 + u_B^2} = \sqrt{u_A^2 + u_b^2 + u_N^2 + u_s^2 + u_d^2 + u_E^2 + u_{ma}^2}$$

2) 합성 불확도 계산 결과

$$u_c = \sqrt{u_A^2 + u_B^2} = \sqrt{0.0044^2 + 0.022^2} = 0.088 \text{ mg}$$

5. 확장 불확도

구하고자 하는 분동의 최종 측정 불확도는 확장 불확도(U)이다. 확장 불확도는 합성 표준 불확도와 포함 인자 k에 의해 다음 식으로 구한다.

1) 확장 불확도 계산식

분동 교정의 확장 불확도 U는 합성 표준 불확도 u_c와 포함 인자 k에 의하여 결정된다.

$$U = k \cdot u_c$$

2) 확장 불확도 계산 결과

$$U = k \cdot u_c = 2 \times 0.088 = 0.176 \text{ mg}$$

교정 기관 명

교정 기관 주소

Tel: 00-000-0000 Fax: 00-000-0000

성적서 번호:

페이지 (1)/(총 2)

1. 의뢰자

기관 명:

주 소:

2. 측정기

기기 명: 분동

제작 회사 및 형식: ○ ○ ○

기기 번호: ○ ○ ○

3. 교정 일자: 0000. 00. 00.

4. 교정 환경

온   도: (20.2 ± 0.3) ℃   습도: (50.3 ± 0.5) % R.H.

교정 장소: ■ 고정 표준실   □ 이동 교정   □ 현장 교정

5. 측정 표준의 소급성

상기 기기는 한국계량측정협회 발행 "분동의 표준교정절차(KASTO 02-02-1050-088)에 따라 국가측정표준기관으로부터 측정의 소급성이 확보된 아래의 표준 장비를 이용하여 교정되었다.

교정에 사용한 표준 장비 명세

사용 장비 명	제작 회사 및 형식	기기 번호	교정 유효 일자	교정 기관
분동 1 ㎏ , 100 ㎎ (E2 급)	Troemner	TR05	0000. 00. 00	KRISS
저울	Mettler	HK1000	–	KRISS

확 인	작성자: 성 명: (서 명)	승인자 직위: (기술 책임자) 성 명 : (서 명)

위 성적서는 국제시험기관인정협력체(International Laboratory Accreditation Cooperation) 상호인정협정(Mutual Recognition Arrangement)에 서명한 한국인정기구(KOLAS)로부터 공인받은 분야의 교정 결과입니다.

○ ○ ○ ○. . .

한국인정기구 인정 ○ ○ **교정기관장 (인)**

(주) 이 성적서는 측정기의 정밀 정확도에 영향을 미치는 요소(과부하, 온도, 습도 등)의 급격한 변화가 발생한 경우에는 무효가 됩니다.

■ 장비 품명: 분동(E2)

　제작 회사 및 기기 번호: −. 11111.

교 정 결 과

이름 값	보정 값 (mg)	상용 질량 값 (g)	확장 불확도(k=2) (mg)
1 kg	1.054	1000.001054	0.5

상용 질량 값: 기준 온도 20 ℃에서 공기 밀도가 1.2 kg/㎥이고 분동의 밀
도를 8 000 kg/㎥로 가정한 분동의 질량 값

이상 끝.

계측 용어 및 관련 계산식

KSA 0002: 2013,
KSB 0163: 2013,
KSQ ISO 21748: 2012 참조

- **계기**(instrument) 특정의 기능을 달성하기 위하여 일정한 형식으로 구성된 것 ⑩ 변환기, 지시계, 기록계, 조절계 등
- **계측**(measurement) 변수의 값을 확정할 것을 목적으로 행하는 일련의 조작으로, 공적으로 결정한 표준을 기초로 하는 계측을 '계량'이라고도 함.
- **계측 기기**(measurement hardware) 프로세스로부터 정보를 수집하기 위한 요소 또는 장치 ⑩ 센서, 트랜스듀서, 전송기, 변환기 등
- **공업 프로세스**(industrial process) 단일 또는 일련의 물리적 변화, 혹은 화학적 변화를 기본으로 실행하는 공업적 조작의 집합
- **구성 요소**(component) 시스템을 구성하는 최소 기능 단위의 요소
- **기기, 하드웨어**(hardware) 특정의 목적이나 기능을 실행하기 위하여 사용하는 기계, 기구, 부품 등
- **기술 시방**(technical specification) 제품 및 서비스에 대한 품질 수준, 성능, 안전, 치수 등의 각종 특성을 기술한 문서
- **디바이스**(device) 소정의 기능을 실행할 수 있는 기기 요소
- **보상**(compensation) 지정된 동작 조건 안에서 각종 요인에 따른 오차 요인을 상쇄하는 것
- **블록선도**(block diagram) 시스템의 기본적인 기능을 기능 블록군으로 표시하고, 기능 블록 사이의 상호 관계를 신호의 흐름 방향을 나타내는 선으로 접속 표시하는 그림
- **선형계**(linear system) 입력 상태 또는 출력의 관계가 선형 방정식으로 기술이 가능한 계
- **시뮬레이션**(simulation) 물리적 또는 추상적인 시스템의 특정 동작 특성을 별도 시스템에서 표현하는 것
- **시스템**(system) 소정의 목적을 달성하기 위하여 요소를 결합한 전체 시스템은 '장치'와 동일한 뜻으로 사용하기도 함.
- **알고리즘**(algorithm) 입력 변수로부터 출력 변수가 산출 가능한, 정확히 결정된 유한의 순서를 가진 명령군

- **장치**(apparatus, equipment)　특정의 목적을 수행하도록 기기류를 조직화한 것 ⓔ 계측 장치, 제어 장치, 감시 장치 등

- **제어**(control)　시스템에서 소정의 목적에 합치하도록 하는 의도적인 조작

- **제어계**(control system)　제어를 위하여 제어 대상에 제어 장치를 결합하여 구성한 계

- **초기화**(initialization)　기본 조건 또는 개시 상태

- **측정 표준**(measurement standards)　어떤 단위나 양의 한 값 또는 여러 값들의 기준을 제공하며, 이들을 정의하거나 현시하거나 보존하거나 재현하기 위한 물적 척도, 측정 기기, 표준물질 또는 측정 시스템 ⓔ 1kg 질량 표준, 100Ω 표준 저항, 세슘 주파수 표준기 등

- **측정**(measurement)　양의 값을 결정하기 위한 일련의 작업

- **측정량**(measurand)　측정의 대상이 되는 특정한 양 ⓔ 20℃에서 물 시료의 증기압

- **측정학**(metrology)　측정에 관한 과학

- **파라미터**(parameter)　어떤 계 안의 변수, 또는 변수를 기술하는 양

- **표준 시방**(standard specification)　공동체의 최적 이익을 목적으로 지역적, 국가적, 국제적으로 승인된 단체가 지지하는 공표된 기술 시방 또는 기술 시방 이외의 문서

- **프로그램**(program)　어떤 성과를 얻기 위하여 계획한 일련의 처리 공정

- **프로세스 계측**(process measurement)　프로세스 변수 값을 확정하기 위한 정보의 획득

- **프로세스 제어**(process control)　프로세스의 조업 상태에 영향을 미치는 여러 변수를 소정의 목표에 합치하도록 의도적으로 행하는 조작

- **플로 다이어그램**(flow diagram)　공업 프로세스의 도표에 의한 표현

- **호환성**(compatibility)　지정한 인터페이스의 시방에 합치할 수 있는 단위 기능의 능력

- **흐름도**(flow chart)　문제의 정의, 분석 또는 해법을 도표로 표현한 것

측정과 단위

- **감도**(sensitivity)　계측기의 입력 변화에 대한 응답 변화의 비

- **계통 오차**(systematic error)　반복성 조건 하에서 같은 측정량을 무한 번 측정하여 얻은 모평균에서 측정량의 참값을 뺀 것(계통 오차 = 오차 – 우연 오차)

- **교정**(calibration)　지정된 조건 하에서 측정 기기의 출력 값과 측정되는 양 사이의 관계를 정하는 것

- **국제단위계**(international system of unit)　국제도량형 총회(CGPM)에서 채택하여 권장하는 일관성 있는 단위계

- **기본 단위**(base unit)　주어진 양의 체계에서 기본량(길이, 질량, 시간, 전류, 열역학적 온도, 물질량, 광도)의 측정 단위

- **명목 값**(nominal value)　측정 기기 사용상에 지침이 되는 그 기기 특성에 대하여 반올림한 값 또는 근삿값
  〔비고〕 a) 표준 저항기 위에 표시된 값으로서 100Ω,
  b) 단일 눈 용적 플라스크 위에 표기된 값으로서 1L,
  c) 온도 조절 수조의 설정 점으로서 25℃

- **반복성 오차**(repeatability error)　전 동작 범위에 걸쳐서 동일 동작 조건 하에 동일 방향으로부터 접근하는 동일 입력 값에 대한 출력을 단시간 반복 측정하였을 때 상하의 측정값의 대수 차

- **보정 값**(correction)　계통 오차를 보상하기 위해 보정된 측정 결과에 대수적으로 더해주는 값
  〔비고〕 보정 값은 추정된 계통 오차의 음수 값과 같음.

- **분해능**(resolution)　상호 식별 가능한 표시 장치 지시 값 사이의 최소 간격

- **불감대**(dead band)　측정 기기 반응에 아무런 변화 없이 주어진 자극이 양쪽 방향으로 변할 수 있는 최대 간격

- **상대 오차**(relative error)　측정 오차를 측정량의 참값으로 나눈 것

- **오차**(error)　측정 결과에서 측정량의 참값을 뺀 것

- **우연 오차**(random error)　반복성 조건 하에서 같은 측정량을 무한정 측정하여 얻은 모평균을 측정 결과에서 뺀 것(우연 오차 = 오차 – 계통 오차)

- **유도 단위**(derived unit)　주어진 양의 체계에서 유도량(힘, 에너지, 압력 등)의 측정 단위

- **재현성 오차**(reproducibility error) 규정 시간 이상에 걸쳐서 동일 동작 조건 하에서 동일 입력 값에 대하여 양 방향으로부터 접근시켜 출력을 반복 측정하였을 때 상하한 측정값의 대수 차

- **정확성**(accuracy) 측정한 값과 측정되는 양의(실용상의), 참값과의 합치성 개념의 정도

- **종합 정밀도**(system accuracy) 다수 개의 기기를 조합하여 동작시켰을 때, 그 결과로 얻어지는 최대 오차의 한계

- **직선성**(linearity) 교정 곡선이 직선과 유사하게 접근하는 정도

- **참값**(true value) 측정량의 정확한 값
  비고 특별한 경우를 제외하고 관념적인 값이며, 실제로는 구할 수 없으므로 참값이라고 간주될 수 있는 협정 참값이 사용됨.

- **최대 오차**(inaccuracy) 정해진 조건 하에서 정해진 순서에 따라 장치를 시험하였을 때 관측되는 정규 특성 곡선에 대한 양(+) 또는 음(−)의 최대 편차

- **측정 단위계**(system of measurement unit) 주어진 양의 체계에 대하여 주어진 규칙에 따라 정의된 기본 단위와 유도 단위의 집합

- **측정 레인지**(measuring range) 측정기에 의하여 측정할 수 있는 양의 범위

- **측정 변수**(measured variable) 측정되는 양, 성질 또는 상태
  비고 일반적인 측정 변수로는 온도, 압력, 유량, 속도 등이 있음.

- **측정 불확도**(uncertainty of measurement) 측정 결과와 관련된 측정량을 합리적으로 추정한 값들의 분산 특성을 나타내는 파라미터

- **측정 정확도**(accuracy of measurement) 측정 결과와 측정량의 참값이 서로 일치하는 정도

- **측정 주기**(measuring period) 어떤 측정 점에서 일정한 시간 간격으로 이루어지는 측정의 한 측정에서 다음 측정까지의 시간 간격

- **측정값**(measured value) 어떤 순간에 측정 장치로부터 얻어지는 정보의 값

- **특성 곡선**(characteristic curve) 기기에 있어서, 그것 이외의 입력량을 일정 값으로 하여 정상 상태에서의 출력량을 하나의 입력량의 함수로 표시한 선

- **편차**(deviation) 어떤 값에서 그 기준 값을 뺀 것

- **환경 오차**(environmental error) 환경 조건으로 그것 이외의 파라미터가 기준 값으로 유지되어 있을 때, 어떤 하나의 파라미터(온도, 전원 등)가 변화함으로써 받는 오차의 최대량

- **히스테리시스**(hysteresis) 각인 표시된 입력 값의 방향성에 따라 출력 값이 다른 기기의 특성

데이터 및 신호 처리

- **감쇠비**(damping ratio) 2차 선형계의 자유 진동에 있어서 진폭이 감소하는 비율

- **게인**(gain) 사인파가 입력된 정상 상태의 선형계에서, 입력과 그것에 대응하는 출력과의 진폭 비

- **공진 주파수**(resonance frequency) 고유 진동수와 강제 진동수가 일치할 때의 주파수로, 계의 고유이고 특별히 큰 출력을 발생시키는 주파수

- **과도 상태**(transient) 두 개의 정상 상태 사이를 이동하는 사이에 변수가 변화하는 상태

- **기준 접점 보상**(reference junction compensation) 열전대 입력의 경우에 기준 쪽 단자 주위 온도의 변화에 의한 측정 오차를 적게 하기 위한 보상

- **데이터**(data) 정보를 표현하는 문자, 혹은 연속적으로 변화 가능한 양 또는 형식

- **디지털 데이터**(digital data) 수치 또는 문자로 표현된 데이터

- **디지털 신호**(digital signal) 숫자에 대응한 이산적인 정보 파라미터로 나타낸 신호

- **라플라스 변환**(Laplace transform) 함수 $f(t)$를 다음 식에 의하여 나타내는 복수 변수 s의 함수 $F(s)$로의 변환

$$F(s) = \int_0^\infty f(t)e^{st}\,dt$$

- **레인지**(range) 대상으로 하는 변수의 상하한 값에 의하여 표시되는 범위

- **로그 게인**(logarithmic gain) 게인의 로그로서, 보통 데시벨로 표시

- **변수**(variable) 계측 가능한 값의 변화량 또는 상태

- **샘플링 주기**(sampling period) 연속 시간 신호 샘플링을 할 때의 시간 간격
- **스팬**(span) 어떤 레인지의 상한 값과 하한 값의 차
  > 비고 레인지가 $-20 \sim 100\,°C$일 때, 스팬은 $120\,°C$임.
- **시간 응답**(time response) 지정된 사용 조건에 있어서 요소·계의 입력 변화에 대한 출력의 시간적 변화
- **신호**(signal) 변수의 정보를 전달하는 파라미터를 갖는 물리적인 양
- **아날로그 데이터**(analogue data) 연속적으로 변화 가능한 양으로 표현되는 데이터
- **아날로그 신호**(analogue signal) 연속적인 양의 정보 파라미터를 표시한 신호
- **안정성**(stability) 외란에 의하여 정상 상태를 벗어난 계가 정상 상태로 돌아가려는 성질
- **양자화 신호**(quantization signal) 양자화된 값으로 표현한 신호
- **양자화**(quantization) 연속적인 양을 몇 개의 구간으로 구분하고, 각 구간을 동일한 값으로 보는 것
- **오프라인**(off-line) 기기와 프로세스가, 프로세스가 진행하고 있는 실시간 중에 서로 관련은 있으나 작용은 하지 않고, 또는 그 한쪽이 다른 쪽으로 작용을 미치는 일이 없는 상태
- **온도 압력 보상**(temperature pressure correction) 온도 및 압력이 그 기준 값으로부터 변동하였기 때문에 나타나는 측정값에의 영향의 보정
- **온라인**(on-line) 기기와 프로세스가, 프로세스가 진행하고 있는 실시간 중에 서로 작용하거나 또는 그 한쪽이 다른 쪽으로 작용을 미치게 하는 상태
- **위상각**(phase angle) 사인과 입력이 있는 정상 상태의 선형계에서, 입력과 그것에 대응하는 출력 사이의 위상차
- **임펄스 응답**(impulse response) 임펄스의 입력을 가한 경우에 나타나는 시간 응답
- **입력 신호**(input signal) 기기에 들어가는 신호
- **전달 함수**(transform function) 시간 불변 선형계에서 모든 초기 조건을 0으로 한 경우의 라플라스 변환된 입력과 출력의 비
- **정상 상태**(steady state) 요소·계의 모든 과도적 영향이 안정적이고, 모든 입력이 일정한 상태

- **제품 시방**(product specification) 특정 제품에 대하여 기술하는 성능, 그 밖의 특성 표시
- **주파수 응답**(frequency response) 사인파가 입력된 정상 상태의 선형계에 있어서, 각 주파수 ω의 함수로 표시된 입력과 출력과의 회전 벡터 비
- **출력 신호**(output signal) 기기에서 나오는 신호
- **푸리에 변환**(Fourier transform) 함수 $f(t)$를 다음 식에 의하여 나타내는 실변수 ω의 함수 $F(j\omega)$로의 변환

$$F(j\omega) = \int_0^\infty f(t)e^{-j\omega t}\,dt$$

계측 기기

- **기록계**(recorder) 계측 값 등을 기록하는 계기
- **내진성**(vibrational proof) 외부로부터 기기에 가해지는 진도에 대한 강도
- **다이어프램 압력 센서**(diaphragm pressure sensor) 압력–변위 변환 요소로서 다이어프램을 사용한 압력 센서
- **로드 셀**(load cell) 가해진 힘에 대하여 어떤 정의된 관계로 신호를 발생하는 기기 예) 액체압, 공기압, 압전, 탄성, 전자 유도 등 물리 현상을 이용한 여러 종류의 로드 셀이 있음.
- **마노미터**(manometer) 압력 측정에 사용되는 계기. 가장 단순한 형식은 물, 기름 또는 수은을 넣은 U자관이며, 한 끝은 측정 대상에 접속하고, 다른 끝은 대기에 개방하거나 봉하거나 또는 다른 압력 상태에 있는 압력 용기에 접속되어 있음.
- **면적식 유량계**(variable area flowmeter) 위로 향하여 벌어지는 원뿔형 수직관을 흐르는 유체 내 플로트의 위치에 의하여 유속을 검출하는 방식의 유량계
- **미터**(meter) 측정량을 눈에 보이는 형식으로 표시하는 출력 장치
- **밀도계**(density) 밀도(단위 용량마다의 물질의 질량)를 측정하는 기기
- **바이메탈**(bimetallic element) 접합된 두 금속의 온도 팽창 차를 이용한 온도 검출기
- **벤투리관**(venturi tube) 단면적이 연속적으로 변화하는 수축관을 사용하여 유체의 속도를 변화시킴으로써 차압을 얻는 유량 센서

- **상대 습도**(relative humidity) 공기 중 특정량의 수증기 질량 또는 용적을 동일한 오도 및 압력에서 그 특정량의 공기가 수증기에 의하여 포화되었을 때의 수증기 질량 또는 용적으로 각각 나눈 값(보통 백분율로 표시)

- **서미스터**(thermistor) 반도체 재료를 사용한 저항식 온도 센서

- **센서, 검출 소자**(sensor) 물리, 화학 현상에 접하여 그 현상에 대응하는 신호를 발생하는 요소 예 열전대, 측온 저항체, 오리피스 등

- **수분계**(moisture meter) 물질이 함유하는 수분을 측정하는 기기

- **습도계**(hygrometer) 습도(절대 습도, 상대 습도, 이슬점)를 측정하는 기기

- **시스 열전대**(sheath type thermocouple) 열전대 바탕선을 가는 관 안에 넣어 이것과 일체화시킨 열전대

- **열전대**(thermocouple) 다른 종류인 두 금속의 한 끝을 접합한 점(열접점)과 접속되지 않은 다른 끝(기준접점 또는 냉접점)과의 온도 차에 의하여 기전력이 나타나는 온도 센서

- **오리피스 판**(orifice plate) 관로 내에 삽입되어 상류 측과 하류 측에 차압을 일으키는 지정된 구멍이 있는 모양의 유량 센서

- **와류 유량계**(vortex shedding flowmeter) 관로 내에 삽입된 와류 발생체에서 발생하는 와류의 변동에 의하여 유속을 검출하는 유량계

- **용적식 유량계**(positive displacement flowmeter) 계량실 내부의 운동자가 유체의 압력에 의하여 운동을 일으키고, 계량실과 운동자에 의하여 주기적으로 일정한 '되'를 구성하며, 이 '되'의 충만, 배출의 반복 횟수를 변수하여 유체의 통과 체적을 측정하는 방식의 유량계

- **유량계**(flowmeter) 순간 유량과 적산 유량 중 어떤 것, 또는 모두를 지시하는 유량 측정 장치

- **이슬점**(dew point) 주어진 압력에 있어서 수증기가 결로를 시작하는 온도

- **절대 습도**(absolute humidity) 단위량의 공기에 포함되어 있는 수증기의 양

- **점도계**(viscosity meter) 점도를 측정하는 기기

- **지시계**(indicator) 계측 값을 시각적으로 표시하는 계기

- **진동**(vibration) 명확한 기본적 진동수를 가진 왕복, 회전 또는 그 쌍방의 주기적 운동

- **질량 유량계**(mass flowmeter) 본질적으로 질량 기준에 의하여 유량을 측정하거나 유량계 내부에서 온도 및 압력의 보정을 시행하여 질량 유량을 측정하는 유량계 예 코리올리 유량계 등

- **차동 트랜스**(differential transformer transducer) 가동 철심을 가진 일종의 변압기로, 가동 철심 부분의 변위에 비례하는 교류 신호를 발생신하는 기기

- **초음파 유량계**(ultrasonic flowmeter) 초음파와 유체 움직임과의 간섭에 의하여 유속을 검출하는 방식의 유량계

- **측온 저항체**(resistance bulb) 전기 저항이 온도에 의하여 변화하는 금속 재료의 저항 소자를 사용한 온도 센서

- **트랜스듀서, 변환기**(transducer) 정해진 관계식에 의하여 입력을 출력으로 변환하는 기기 예 변류기, 변형계 등

- **퍼텐쇼미터**(potentiometer) 활동자의 위치를 전압 신호 또는 저항 값 신호로 변환하는 기기

- **피토관**(pitot tube) 동일 축으로 일체화된 2개의 직관으로 구성되며, 하나의 관에는 유체의 흐름 방향에 개구부가 있어 유체 동압을 측정하고, 다른 관에는 측면에 개구부가 있어 유체의 정방을 측정하여 차압을 구하는 센서

- **회전 속도계**(tachometer) 회전축의 각속도를 측정하는 기기

중요한 공식과 값들

- **감도** 입력 신호의 미소 변화에 대한 출력 신호의 변화율

  감도 $S = \dfrac{dM}{dI}$ (I: 입력 신호, M: 출력 신호)

- **고유 진동 주파수 계산식**

  고유 각 진동수 $\omega_n = \sqrt{\dfrac{k}{m}}$,

  고유 진동 주파수 $f_n = \dfrac{\omega_n}{2\pi}$ 이므로,

$$f_n = \frac{\omega_n}{2\pi} = \frac{1}{2\pi}\sqrt{\frac{k}{m}}$$

- 고체(수정)에서 수정의 음속(v)

$$v = \lambda f = 2tf \ (\text{m/s})$$

λ: 파장(mm), f: 공진 주파수(Hz), t: 진동자의 두께 (mm)

- 동력의 단위

동력 $1\,\text{kW} = 102\,\text{kgf} \cdot \text{m/s}$

영국 마력 $1\,\text{HP} = 0.746\,\text{kW}$

마력 $1\,\text{PS} = 75\,\text{kgf} \cdot \text{m/s} = 735\,\text{W}\,(75\,\text{kg} \cdot \text{m/s} \times 0.980665\,\text{m/s}^2) = 0.735\,\text{kW}$

SI 단위 $1\,\text{W} = 1\,\text{J/s} = 1\,\text{N} \cdot \text{m/s}$

- 로드 셀의 출력 전압(E)

$$E = \frac{R_1 R_3 - R_2 R_4}{(R_1 + R_2)(R_3 + R_4)} Ei$$

(스트레인 게이지 A, B, C, D의 저항 값을 각각 R_1, R_2, R_3, R_4, 입력 전압 Ei)

$$E = \frac{1}{4R}(\Delta R_1 - \Delta R_2 + \Delta R_3 - \Delta R_4)$$

- 모분산(σ^2) (편차)^{2}의 합을 자료 수로 나눈 것

$$\sigma^2 = \frac{\sum \chi i - (\bar{x})^2}{n},$$

$$\sigma^2 = \frac{(-1.875)^2 + (1.125)^2 + \cdots}{8} = 76.543$$

- 모표준 편차(σ) 모분산의 제곱근($\sigma = \sqrt{\text{모분산}}$)

$$\sigma = \sqrt{\sigma^2} = \sqrt{\frac{\sum(xi - \bar{x})^2}{n-1}},$$

$$\sigma = \sqrt{\frac{(-1.875)^2 + (1.125)^2 + \cdots}{8}} = 8.749$$

표본 표준 편차(또는 불편 분산의 제곱근) (s): 표본 분산의 제곱근 ($S = \sqrt{\text{표본 분산}}$)

$$s = \sqrt{s^2} = \sqrt{\frac{\sum(xi - \bar{x})^2}{n-1}},$$

$$s = \sqrt{\frac{(-1.875)^2 + (1.125)^2 + \cdots}{8-1}} = 9.280$$

소표본 ($n \leq 30$)일 때는 표본 표준 편차(불편 분산의 제곱근)를 표준 편차로 함.

- 밀도 $\rho = \dfrac{m}{V}$ (g/cm^3)

표준 공기의 밀도(20℃) $\rho = 0.0012\,\text{g/cm}^3$

증류수의 밀도(4℃) $\rho = 0.99990\,\text{g/cm}^3$

표준 분동의 밀도(20℃) $\rho = 8.0\,\text{g/cm}^3$

- 범위(range R) 데이터의 최대치와 최소치의 차

$$R = X_{\max} - X_{\min}, \ (R = 9 - 2 = 7)$$

- 비중 S

$$\text{비중} = \frac{t_1{}^\circ\text{에 있어서 시료의 용적 무게}}{t_1{}^\circ\text{에 있어서 동일 용적의 물의 무게}}$$

$$= \frac{t_1{}^\circ\text{에 있어서 시료의 밀도}}{t_1{}^\circ\text{에 있어서 물의 밀도}}$$

(여기서 $t_1 = 15\,℃$, $t_2 = 4\,℃$)

- 상대 습도가 60 %인 경우 표시 방법

 − 상대 습도 60 %

 − 습도 60 % R.H

 − 60 % R.H.

- 상대 습도 U의 계산

$$U = \frac{P_\omega}{P_{\omega s}} \times 100 (\% \text{R.H.})$$

(수증기압을 P_ω, 포화 수증기압을 $P_{\omega s}$)

- 섭씨(Celsius)온도 t(℃)와 절대 온도 T(K)와의 관계

$$t = T - 273.16\,(℃)$$

$0\,\text{K} = -273.15\,℃$(K = 물 삼중점의 열역학적 온도의 1/273.16)

섭씨(℃) = (화씨 − 32) × 5/9

- 압력의 단위

법정 계량(유도) 단위 $1\,\text{Pa} = 1\,\text{N/m}^2$

법정 계량(특수) 단위 $1\,\text{bar} = 100\,000\,\text{Pa}$

비법정 계량 단위 $1\,\text{kgf/cm}^2 = 9.806 \times 10^4\,\text{Pa}$

- **역감도** 출력 신호의 미소 변화에 대한 입력 신호의 변화율

  역감도 $S^{-1} = \dfrac{dI}{dM}$

- **오차**(E) = **측정값**(M) − **참값**(T)

  오차율 = 오차(E)**/참값**(T)

  오차 백분율$(E\%)$ = 오차(E)/참값$(T) \times 100$

- **유량의 계산식**

  부피 유량 $Q = Av$ (m³/s)

  질량 유량 $M = \rho Av$ (kg/s)

  중량 유량 $G = \gamma Av$ (kgf/s)

- **음압도**(SPL)

  $\mathrm{SPL} = 10 \log\left(\dfrac{P^2}{P_*^2}\right) = 20 \log\left(\dfrac{P^2}{P_*^2}\right)$

- **음의 전파 속도**

  $c = 331.5 + 0.6t$ (m/s)

  공기(0°C) = 331.3 (m/s)

  물(20°C) = 1 500 (m/s)

  철(20°C) = 5 300 (m/s)

- **음의 파장**

  $\lambda = \dfrac{c}{f}$ (m), 여기서 c(m/s)는 음속, f(Hz)는 주파수

- **조도의 단위**

  조도 (lx) $= \dfrac{\text{광도 (cd)}}{[\,\text{거리 (m)}\,]^2}$

  60와트(W)의 백열등 1 m 아래의 조도는 약 60 럭스(lx)이지만, 전구 2 m 아래의 조도는 15 럭스(lx)가 됨.

- **주파수** f**와 주기** T **및 회전수** N(rpm)**과의 관계**

  $f = \dfrac{1}{T} = \dfrac{N}{60}$ (Hz)

- **중력 가속도 값**

  표준 중력 가속도(해면): $g = 9.80665 \,\mathrm{m/s^2}$

  한국표준과학연구원(대전): $g = 9.7983 \,\mathrm{m/s^2}$

  삼성전기(수원): $g = 9.79916 \,\mathrm{m/s^2}$

- **중앙값**(median) 데이터를 크기 순서로 배열하여 중앙에 위치한 값

  데이터가 짝수인 경우는 중앙 2개의 평균값

  (3, 2, 5, 4, 7, 6, 9인 경우 → 5)

  (3, 2, 3, 5, 4, 7, 6, 9인 경우 → 4.5)

- **중점 값**(midrange M) 데이터 중 최댓값과 최솟값의 평균값

  $M = \dfrac{X_{\max} + X_{\min}}{2}, \left(M = \dfrac{9 + 2}{2} = 5.5\right)$

- **진공압**

  진공의 법정 계량 단위 1 Torr = 1 mmHg = 101 325/760 Pa = 133.332 Pa

- **최빈값**(mode) 데이터 중에서 가장 자주 나타나는 값

  (3, 2, 3, 5, 4, 7, 6, 9인 경우 → 3)

- **킬로그램중과 뉴턴과의 관계**

  $1\,\mathrm{N} = 1\,\mathrm{kg} \cdot \mathrm{m/s^2}$

  $1\,\mathrm{kgf} = 1\,\mathrm{kg} \times 9.80665\,\mathrm{m/s^2} = 9.80665\,\mathrm{kg} \cdot \mathrm{m/s} = 9.80665\,\mathrm{N}$

- **토크의 단위**

  $1\,\mathrm{kgf} \cdot \mathrm{m} = 9.80665\,\mathrm{N} \times 1\,\mathrm{m} = 9.80665\,\mathrm{N} \cdot \mathrm{m}$

- **편차(변량 값−평균)**

  3의 경우: 3 − 4.875 = −1.875, 6의 경우: 6 − 4.875 = 1.125 …

- **평균** 자료의 중심적 경향을 나타내는 산술 평균값$(\bar{x})$

  $\bar{x} = \dfrac{x_1 + x_2 + x_3 + \cdots x_i}{n} = \dfrac{\sum\limits_{i=1}^{n} x_i}{n}$

- **포함 인자** k

  $k = 1$(신뢰 수준이 약 68 %일 때)

  $k = 2$(신뢰 수준이 약 95 %일 때)

  $k = 2.58$(신뢰 수준이 약 99 %일 때)

  $k = 3$(신뢰 수준이 약 99.7 %일 때)

- **표본 분산(또는 불편 분산)**(s^2) (편차)²의 합을 자유도(자료수 −1)로 나눈 것

$$s^2 = \frac{\sum (\chi i - \overline{x})^2}{n-1},$$

$$s^2 = \frac{(-1.875)^2 + (1.125)^2 + \cdots}{8-1} = 86.111$$

• **표준 대기압** 위도 45°, 해면상 온도 0 ℃ 조건으로 수은주 760 mmHg인 압력

표준 대기압 = 101325.0 Pa(exactly),

1 기압 = 1 kgf/cm² = 760 mmHg = 10 mH₂O

= 100 000 Pa

• **합성 불확도** u_c

$$u_c = \sqrt{u_A^2 + u_B^2}$$

• **확장 불확도** U

$$U = k \cdot u_c$$

• **회전력** F와 **전달 토크** T와의 관계식

$$T = F \times r(\text{kgf} \cdot \text{m})$$

$$T = 974\,000\frac{P}{N}(\text{kgf} \cdot \text{mm}) = 974\frac{P}{N}(\text{kgf} \cdot \text{m})$$

$$= 9\,552\frac{P}{N}(\text{N} \cdot \text{m})$$

• **회전 속도** v와 **전달 동력** P와의 관계식

F의 단위가 kgf일 때,

$$P = \frac{F \cdot v}{102}\,(\text{kW}),\ P = \frac{F \cdot v}{102}$$

$$= \frac{F \cdot \pi DN}{102 \times 60 \times 1\,000}\,(\text{kW})$$

F의 단위가 N일 때,

$$P = F \cdot v\,(\text{W})$$

$$P = \frac{F \cdot v}{1\,000} = \frac{F \cdot \pi DN}{1\,000 \times 60 \times 1\,000}\,(\text{kW})$$

$$= \frac{F \cdot \pi DN}{6 \times 10^7}\,(\text{kW})$$

• **회전수** N과 **원주 속도** v **관계식**

$$v = \pi DN\,(\text{mm/min}),\ \ v = \frac{\pi DN}{1\,000}\,(\text{mm/min}),$$

$$v = \frac{\pi DN}{1\,000 \times 60}\,(\text{m/s})\ (D는 회전축의 지름)$$

• **A형 표준 불확도** u_A**의 계산**

– 평균값:

$$\overline{q} = \frac{1}{n}\sum_{j=1}^{n} q_j = \frac{q_1 + q_2 + q_3 + \cdots\cdots + q_n}{n}$$

– 산포 표기의 표준 편차:

$$\sigma = \sqrt{\frac{1}{n}\sum_{j=1}^{n}(q_j - \overline{q})^2}\ ; (n = \infty)$$

– 실험 표준 편차:

$$s(q_j) = \sqrt{\frac{1}{(n-1)}\sum_{j=1}^{n}(q_j - \overline{q})^2}$$

– 평균값에 대한 표준 편차: $s(\overline{q}) = \dfrac{s(q_j)}{\sqrt{n}}$

– A형 표준 불확도: $u_A = \dfrac{s}{\sqrt{n}}$ (여기서 n은 측정 횟수)

• **B형 표준 불확도** u_B

직사각형 분포일 때, B형 표준 불확도 = $\dfrac{a}{\sqrt{3}}$

(여기서 a는 상한과 하한 사이의 반 범위 값)

• **KRISS의 부피 표준구**

부피: (429.286232 ± 0.000131) cm³

질량: (999.838916 ± 0.000076) g

직경: 9.359433614 cm

참고 문헌

- 강기훈 외 2(2007). 온도정밀측정기술. 한국계량측정협회.
- 강성훈(2001). 음향시스템 이론 및 설계. 기전연구사.
- 강창욱(2013). 확률과 통계. 청문각.
- 국제단위계 제7개정판(1999). 한국표준과학연구원.
- 기계공학편람위원회(1995). 기계공학편람. 도서출판 집 문사.
- 김광식 외 3(1994). 기계진동·소음공학. 교학사
- 김광식(1987). 기계진동학. 보성출판사.
- 김민형 외 3(1998). 계측공학. 웅보.
- 김성원 외 3(1995). 기계진동학. 반도출판사.
- 김윤제 외 1(1998). 신편 계측공학. 동명사.
- 김재수(2008). 소음진동학. 도서출판 세진사.
- 대한기계학회(1990). 1990년도 정밀계측기술 강습회.
- 박상규 외 3(2002). 소음·진동학. 동화기술.
- 부경대학교. 진동법에 의한 설비진단의 실제.
- 분동의 표준교정절차(2007). 한국계량측정협회.
- 사종성 외 1(2007). 알기 쉬운 생활 속의 소음진동. 청문각.
- 양보석(2006). 기계설비의 진동상태감시 및 진단. 도서출판 인터비젼.
- 은희준 외 3(1986). 음향 및 소음. 한국표준연구소.
- 이근철 외 2(1988). 설비진단기술[5]. 기전연구사.
- 이양규(1991). 소음진동방지대책 I·II. 유통방진주식회사.
- 이진걸(1996).계측공학. 대광서림.
- 이채욱(1994). 디지털 신호처리-기초와 응용. 청문각.
- 전력연구원(1997). 기계 고장원인 분석 및 대책.
- 전성택(1992). 소음진동 편람. 동화기술.
- 정일록 외 3(2008). 최신 소음진동. 신광문화사.
- 차기준 외 2(2000). 실용공업계측. 태훈출판사.
- 최부희(1997). 계량기기. 안성여자기능대학.
- 최부희(2005). 공업계측제어이론. 한국산업인력공단.
- 최부희(2013). 설비진단기술. 일진사.
- 최부희(2014). 계측공학일반. 한국폴리텍대학 안성여자캠 퍼스.
- 포항제철(주)(1985). 설비진단기술.
- 한국계량측정협회(KASTO). 측정불확도 교육자료.
- 한국공업표준협회. CBM과 설비진단실무과정.
- 한국과학기술진흥회(1989). VIBROTEC 89 진동측정과 분석기술 심포지엄 교재.
- 한국전력공사(1996). 회전기계의 상태감시 및 분석.
- 한국표준과학연구원(KRISS)(1998). 측정불확도 표현 지침.
- 한응교 외 3(2013). 최신 정밀계측기술. 동일출판사.
- 한일엔지니어링(주). 펌프의 소음진동 및 밸브, 파이프, vent의 소음대책.
- 현대경영개발원. 진동 및 음향에 의한 설비진단기술 세미나.
- 홍준희(1998). 계측공학의 기초. 시그마프레스.
- 환경부(2001). 소음·진동 환경개선 중·장기 계획.
- 효성 편집부(1994). 현장소음대책. 도서출판 효성.
- B&K. Basic Introduction to the Sound & Vibration.
- B&K. Frequency analysis.
- B&K. 소리의 측정.
- B&K. 소음·진동의 기초이론(소음편).
- B&K. 소음·진동의 기초이론(진동편).
- B&K. 소음진동 분석실무.
- C. M. Harris(1997). Shock and Vibrarion Handbook. McGRAW-HILL.
- F. S. Tse etc(1978). Mechanical Vibrations. Allyn and Bacon, Inc.
- G. M. Ballou(1991). Handbook for Sound Engineers. Focal Press.
- Guide for the Use of the International System of Units (SI)(1995). Barry N. Taylor, NIST SP 811, U. S. DoC National Institute of Standards and Technology.
- Istone(1993). IQN single measurement uncertainty. Paper presented at colloquium, Uncertainty in Electrical Measurement. Institution of Electrical Engineers.
- KTM Engineering Inc., 회전기계 진단기술.
- Le Systeme international d'unites(1998). The International System of Units, BIPM, 7 e edition.
- Quantities and Units, ISO Standards Handbook. Third edition 1993, ISO.
- S.K. Kimothi(2002). The Uncertainty of Measurements.
- SI단위소개. 한국표준과학연구원(KRISS).
- Standard for Use of the International System of Units (SI)(1997): The Modern Metric System. IEEE/ANSI SI 10-1997. IEEE/ANSI.
- The International Bureau of Weights and Measures 1875·1975(1975). NBS SP 420, U. S. DoC National Bureau of Standards.

계측공학의 이해

저 자	최부희	
1판 3쇄 발행	2021년 3월 1일	
발 행 처	씨마스	
발 행 인	이미래	
편 집	백상현·김경원	
디 자 인	이기복·김영수	
주 소	서울 중구 서애로 23	
연 락 처	전화 02)2274-1590~2, 전송 02)2278-6702	
홈 페 이 지	www.cmass21.co.kr	

등 록 제301-2011-214호
ISBN 979-11-5672-034-8
가 격 25,000원